数学の世界 数と数式編

数と数式の不思議な世界，そして神秘にせまる！

1

素数

協力 吉村 仁，監修 小山信也

2

無理数の不思議な世界

協力 木村俊一，協力・監修 小山信也

3

円周率πと無限の数

協力・監修 黒川信重／小山信也

4

虚数

協力 和田純夫，協力・監修 木村俊一

5

指数と対数

協力・監修 小山信也

6

数式が生む曲線と円の神秘

協力 磯田正美

7

世界一美しい「オイラーの式」

協力・監修 小山信也

8

フェルマーの最終定理

協力 小山信也

9

数学の超難問「ABC予想」

協力 小山信也，協力・監修 加藤文元

1
章

素数

協力　吉村 仁
監修　小山信也

素数は自然数（正の整数）の中に気まぐれにあらわれ，どこまでもつづいていく。これまでに，名だたる大数学者たちがそこにかくれたルールを探究してきたが，素数には今もなお，深い謎が残されている。本章ではそんな，“素数の不思議”にせまっていく。

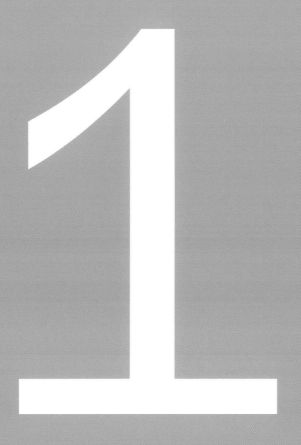

「素数」とは いったいどんな数?

1，2，3…と，どこまでもつづく自然数（正の整数）。この自然数のあちらこちらに，2500年以上にわたって数学者たちをとりこにしてきた「素数」がかくれている。

素数とは，**1よりも大きく，自分と1以外に約数をもたない自然数のことだ。**たとえば5は，2でも3でも4でも割り切れないので，素数である。これに対し6は，2や3で割り切れるので，素数ではない。6のような数は「合成数」といい，合成数を割り切る数を「約数」という。つまり2以上の自然数は，素数と合成数からなるのである。

合成数（2以上で素数以外の自然数）はすべて，素数のかけ算（積）であらわすことができる。たとえば30は，「2×3×5」とあらわすことができる。しかも，掛ける順番を考えなければ，その方法は1通りだ。このようなことから，素数は「数の原子」ともよばれている。

1を素数に分類しない理由

1は，なぜ素数に分類されていないのだろうか。2，3，4…とつづく数は，素数か合成数しかない。しかも，合成数をつくる素数の組み合わせ（素数の種類やそれぞれの個数）は1通りしかない。これらの性質は，すでに古代ギリシャ時代に証明されており，「算術の基本定理」とよばれている。

ところが，もし1が素数だとすると，合成数をつくる素数の組み合わせは1通りではなくなってしまい，算術の基本定理とつじつまが合わなくなる。たとえば15は，「1×3×5」とも「1×1×1×3×5」ともあらわせるようになってしまうのだ。そこで数学者たちは，算術の基本定理が成り立つほうが便利（合理的）であるため，1を素数に分類しないのである。

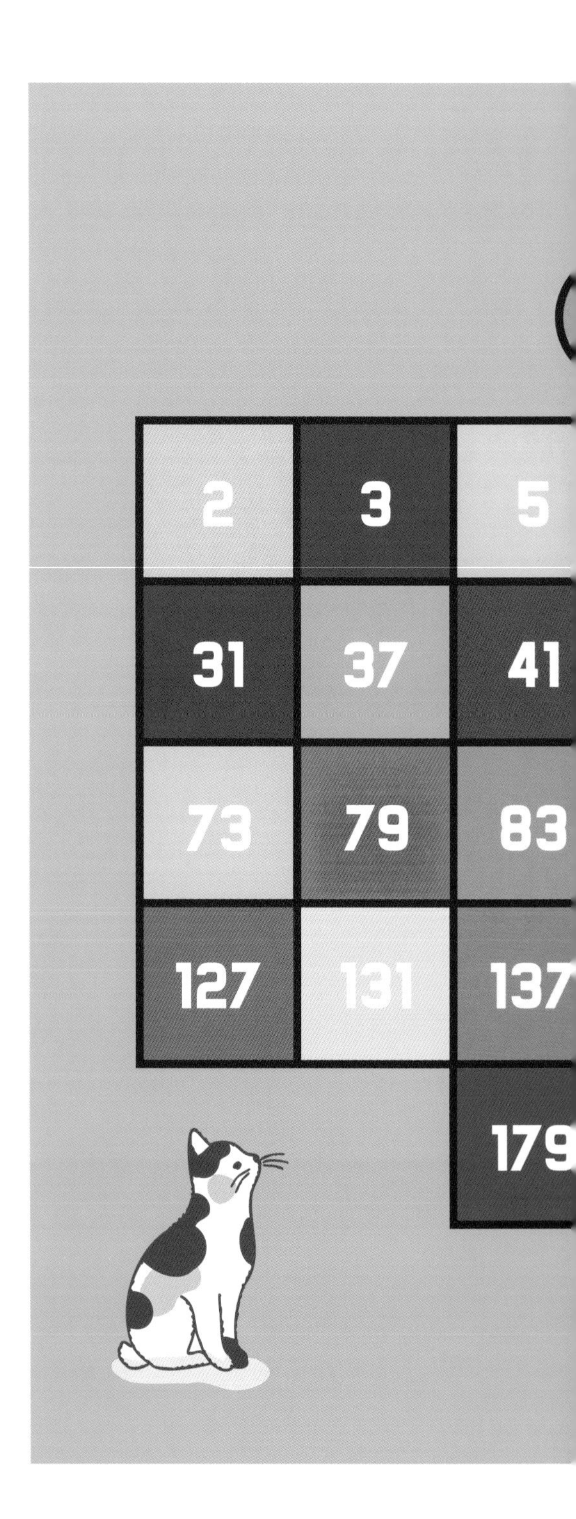

PRIME NUMBERS

7	11	13	17	19	23	29
43	47	53	59	61	67	71
89	97	101	103	107	109	113
139	149	151	157	163	167	173
181	191	193	197	199		

素数の問題に挑戦してみよう

ではここで，素数(そすう)に関する簡単な問題に挑戦してみよう。答えは，このページの下に掲載したので，かくしながら読み進めてほしい。

問題1　1から100までの間に，素数はいくつあるだろうか。

はじめは簡単でも，40をすぎるあたりから，素数かどうかがとっさにわからない数が出てくるはずだ。

問題2　1から9の数が書かれた9枚のカードを並べかえて，9けたの素数をつくることはできるだろうか。

この問題は，右に示した「3，7，11で割れるかがわかる『早わかり法』」をヒントにしてみてほしい。

問題3　次の8個の数には，一つだけ素数ではない数がまざっている（その数は17で割り切れる）。31, 331, 3331, 33331, 333331, 3333331，33333331，333333331のうち，どれだろうか。

この問題は，もし「17で割れる」というヒントがなかったらとてもむずかしくなる。素数かどうかを確かめたい数が大きいほど，約数を見つけるのがむずかしくなるためだ。

3，7，11で割れるかがわかる「早わかり法」

ある数の1の位が2，4，6，8，0なら，割ってみなくても2で割り切れるとわかる。また，ある数の1の位が5か0なら，5で割り切れるとわかる。同じように，3，7，11で割り切れるかどうかがすぐにわかる方法を紹介しよう。

3の場合	「9432」が3で割り切れるかを確かめたいとしよう。各けたの数を足すと，9＋4＋3＋2＝18となる。18は3で割り切れるので，9432も3で割り切れる。このように，各けたの数の和が3で割り切れるとき，元の数も3で割り切れる。
7の場合	「4494」を例とする。4494の1の位は4であり，これを2倍すると8になる（①）。一方，4494の1の位をなくした数は449になる（②）。②－①を計算すると，449－8＝441となる。 この441が7で割り切れるならば，元の数である4494も7で割り切れる。これを知るには，441に対して上と同じ方法をくりかえせばよい。すなわち，441の1の位は1であり，それを2倍すると2になる（①'）。一方，441の1の位をなくした数は44になる（②'）。②'－①'を計算すると42。42は7で割れるので，441も4494も7で割り切れることがわかる。 このように，「1の位をなくした数」から「1の位を2倍した数」を引いた数が7で割り切れるとき，元の数も7で割り切れる。
11の場合	「7194」を例とする。奇数けた目の数を足すと4＋1＝5，偶数けた目の数を足すと9＋7＝16となる。これらの差をとると，16－5＝11となる。この11は11で割り切れるので，元の数も11で割り切れる。 このように，「奇数けた目の数の和」と「偶数けた目の数の和」の差が11で割り切れるとき，元の数も11で割り切れる。

問題3　この数は素数？

右の数のうち7個は素数だが，1個は素数ではなく17で割り切れる。電卓を使ってさがしてみよう。

31
331
3331
33331
333331
3333331
33333331
333333331

解答

問題1：25個。問題2：9枚のカードをどのように並べかえても，素数にはならない。1から9までの数をすべて足すと，45になる。45は3で割り切れるので，元の数も3で割り切れる（早わかり法参照）。そのため，どう並べかえても素数にはならない。問題3：333333331。

1	2	3	4	5	6	7	8	9	10	11	12	13	14	15	16	17	18	19	20	21	22	23	24	25
26	27	28	29	30	31	32	33	34	35	36	37	38	39	40	41	42	43	44	45	46	47	48	49	50
51	52	53	54	55	56	57	58	59	60	61	62	63	64	65	66	67	68	69	70	71	72	73	74	75
76	77	78	79	80	81	82	83	84	85	86	87	88	89	90	91	92	93	94	95	96	97	98	99	100

問題1　素数をさがしてみよう

100以下の素数に，小さい順に丸をつけていってみよう。全部でいくつあるだろうか。

問題2　9枚のカードで素数はつくれる？

1

9枚のカードでつくった数字の例

素数は気まぐれにあらわれる

右ページの表では，1から1000までの間にある素数を赤く示した。素数は全部で168個あるが，その出現に規則性はあるのだろうか。

古来，多くの数学者たちは，素数の表をながめながら，素数の法則をさがしだしてきた。そして，スイスの数学者レオンハルト・オイラー（1707～1783）は次のように書き残している。

「この世には，人知ではうかがい知れない神秘が存在する。素数の表を一目見ればよい。そこに，秩序も規則もないことに気づくだろう」

素数かどうかを見抜くには？

ある自然数が素数であるかどうかを調べるには，その自然数の「素因数」を見つけるという方法がある。つまり，**その数を割り切る素数をさがすのだ。**なお，自分以外の素因数をもつ数は，素数ではない。

調べる自然数がたくさんある場合，それらの素因数を一つひとつさがしていくのは大変だ。より効率的に，かつ確実に素数であるかどうかを調べる方法を次節で紹介しよう。

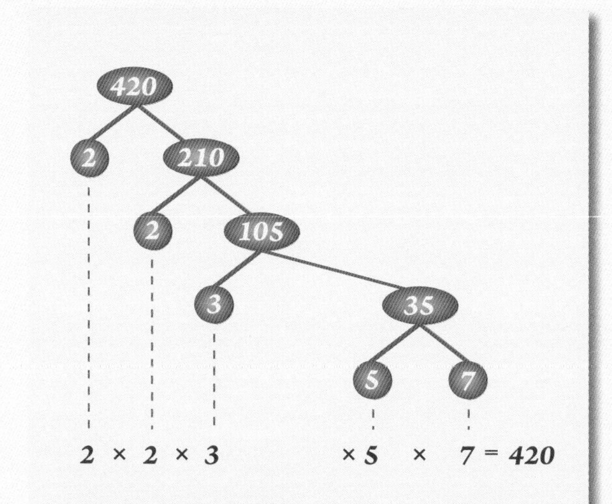

素因数を見つける方法

ある自然数の素因数を見つけるには，小さな素数で割っていけばよい。割り切れない場合は，別の素数で割ってみる。これを次々とつづけ，最後に素数が残ったところで完成となる。つまり，どの素数でも割り切れない（割る素数が見つからない）数は，素数とみなせるのだ。

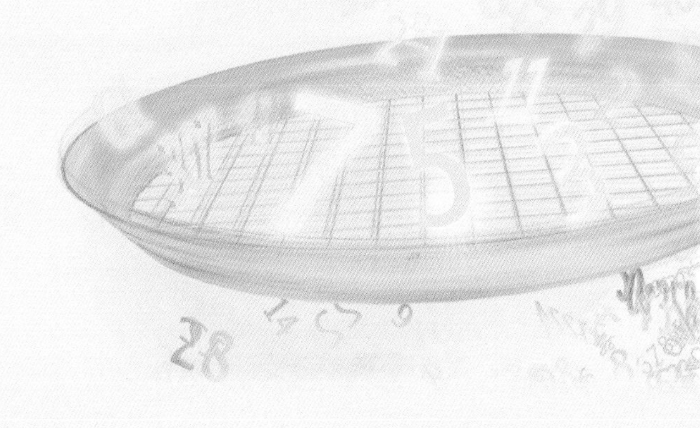

素数は神出鬼没（→）

1から1000までの素数を表にまとめた。素数は11と13のように一つおきに出てくることもあれば，887と907のように19も間隔があくこともある。

なお，1000以上の数の場合は，下記のウェブサイトで調べることができる（約9000兆まで）。

A Primality Test（英語のサイト）
https://primes.utm.edu/curios/includes/primetest.php

1	**2**	**3**	4	**5**	6	**7**	8	9	10	**11**	12	**13**	14	15	16	**17**	18	**19**	20	21	22	**23**	24	25
26	27	28	**29**	30	**31**	32	33	34	35	36	**37**	38	39	40	**41**	42	**43**	44	45	46	**47**	48	49	50
51	52	**53**	54	55	56	57	58	**59**	60	**61**	62	63	64	65	66	**67**	68	69	70	**71**	72	**73**	74	75
76	77	78	**79**	80	81	82	**83**	84	85	86	87	88	**89**	90	91	92	93	94	95	96	**97**	98	99	100
101	102	**103**	104	105	106	**107**	108	**109**	110	111	112	**113**	114	115	116	117	118	119	120	121	122	123	124	125
126	**127**	128	129	130	**131**	132	133	134	135	136	**137**	138	**139**	140	141	142	143	144	145	146	147	148	**149**	150
151	152	153	154	155	156	**157**	158	159	160	161	162	**163**	164	165	166	**167**	168	169	170	171	172	**173**	174	175
176	177	178	**179**	180	**181**	182	183	184	185	186	187	188	189	190	**191**	192	**193**	194	195	196	**197**	198	**199**	200
201	202	203	204	205	206	207	208	209	210	**211**	212	213	214	215	216	217	218	219	220	221	222	**223**	224	225
226	**227**	228	**229**	230	231	232	**233**	234	235	236	237	238	**239**	240	**241**	242	243	244	245	246	247	248	249	250
251	252	253	254	255	256	**257**	258	259	260	261	262	**263**	264	265	266	267	268	**269**	270	**271**	272	273	274	275
276	**277**	278	279	280	**281**	282	**283**	284	285	286	287	288	289	290	291	292	**293**	294	295	296	297	298	299	300
301	302	303	304	305	306	**307**	308	309	310	**311**	312	**313**	314	315	316	**317**	318	319	320	321	322	323	324	325
326	327	328	329	330	**331**	332	333	334	335	336	**337**	338	339	340	341	342	343	344	345	346	**347**	348	**349**	350
351	352	**353**	354	355	356	357	358	**359**	360	361	362	363	364	365	366	**367**	368	369	370	371	372	**373**	374	375
376	377	378	**379**	380	381	382	**383**	384	385	386	387	388	**389**	390	391	392	393	394	395	396	**397**	398	399	400
401	402	403	404	405	406	407	408	**409**	410	411	412	413	414	415	416	417	418	**419**	420	**421**	422	423	424	425
426	427	428	429	430	**431**	432	**433**	434	435	436	437	438	**439**	440	441	442	**443**	444	445	446	447	448	**449**	450
451	452	453	454	455	456	**457**	458	459	460	**461**	462	**463**	464	465	466	**467**	468	469	470	471	472	473	474	475
476	477	478	**479**	480	481	482	483	484	485	486	**487**	488	489	490	**491**	492	493	494	495	496	497	498	**499**	500
501	502	**503**	504	505	506	507	508	**509**	510	511	512	513	514	515	516	517	518	519	520	**521**	522	**523**	524	525
526	527	528	529	530	531	532	533	534	535	536	537	538	539	540	**541**	542	543	544	545	546	**547**	548	549	550
551	552	553	554	555	556	**557**	558	559	560	561	562	**563**	564	565	566	567	568	**569**	570	**571**	572	573	574	575
576	**577**	578	579	580	581	582	583	584	585	586	**587**	588	589	590	591	592	**593**	594	595	596	597	598	**599**	600
601	602	603	604	605	606	**607**	608	609	610	611	612	**613**	614	615	616	**617**	618	**619**	620	621	622	623	624	625
626	627	628	629	630	**631**	632	633	634	635	636	637	638	639	640	**641**	642	**643**	644	645	646	**647**	648	649	650
651	652	**653**	654	655	656	657	658	**659**	660	**661**	662	663	664	665	666	667	668	669	670	671	672	**673**	674	675
676	**677**	678	679	680	681	682	**683**	684	685	686	687	688	689	690	**691**	692	693	694	695	696	697	698	699	700
701	702	703	704	705	706	707	708	**709**	710	711	712	713	714	715	716	717	718	**719**	720	721	722	723	724	725
726	**727**	728	729	730	731	732	**733**	734	735	736	737	738	**739**	740	741	742	**743**	744	745	746	747	748	749	750
751	752	753	754	755	756	**757**	758	759	760	**761**	762	763	764	765	766	767	768	**769**	770	771	772	**773**	774	775
776	777	778	779	780	781	782	783	784	785	786	**787**	788	789	790	791	792	793	794	795	796	**797**	798	799	800
801	802	803	804	805	806	807	808	**809**	810	**811**	812	813	814	815	816	817	818	819	820	**821**	822	**823**	824	825
826	**827**	828	**829**	830	831	832	833	834	835	836	837	838	**839**	840	841	842	843	844	845	846	847	848	849	850
851	852	**853**	854	855	856	**857**	858	**859**	860	861	862	**863**	864	865	866	867	868	869	870	871	872	873	874	875
876	**877**	878	879	880	**881**	882	**883**	884	885	886	**887**	888	889	890	891	892	893	894	895	896	897	898	899	900
901	902	903	904	905	906	**907**	908	909	910	**911**	912	913	914	915	916	917	918	**919**	920	921	922	923	924	925
926	927	928	**929**	930	931	932	933	934	935	936	**937**	938	939	940	**941**	942	943	944	945	946	**947**	948	949	950
951	952	**953**	954	955	956	957	958	959	960	961	962	963	964	965	966	**967**	968	969	970	**971**	972	973	974	975
976	**977**	978	979	980	981	982	**983**	984	985	986	987	988	989	990	**991**	992	993	994	995	996	**997**	998	999	1000

巨大な整数は素数かどうかの見分けが困難

古代ギリシャの学者エラトステネス（紀元前276ごろ～紀元前194ごろ）は，連続してたくさんある自然数の中から，素数だけを抜きだす方法を発見した。これは,「エラトステネスの篩（ふるい）」とよばれる方法である。

エラトステネスの篩は，簡単にいってしまうと「消去法」だ。まず，調べたいすべての自然数を順番に書きだし，一覧表にする。一覧表ができたら，最初は2の倍数を消す（ただし, 2は素数なので残す）。次に, 残った自然数の中から3の倍数を消す（3は素数なので残す）。その次は，同様に5の倍数を消す（5は素数なので残す）。**こうして次々に素数の倍数を消していくと，最後に素数が残るというわけだ**（ただし，1は素数ではない）。

エラトステネスの発見した方法は単純で原始的だが, 2000年以上たった現在でも，これよりすぐれた方法は見つかっていない。ちなみにコンピュータを使って素数だけを抜きだす場合も，基本的には，素数の倍数を消していく計算をコンピュータにさせている。

なお，何千万けたもあるような巨大な自然数が素数であるかどうかを見分けるのは，たとえその自然数が1個しかなく，スーパーコンピュータを使えたとしても，きわめて困難だ。これは，その自然数が自分以外の素因数をもつかどうかを調べるには，**その自然数の平方根※以下の素数を1個ずつ使って割り算をし，余りが出るかどうかを確認する必要があるためだ。**

参考までに，1万以下の素数は1229個ある。

※：平方根とは,「2乗すると元の数になる数」のことだ。自然数が二つの数の積であるとき，その二つの数のうちの一方は平方根以下になる。

エラトステネスは，素数を残しながら，素数の倍数を順番に消していく方法（エラトステネスの篩）を発見した。右ページに示したのは，素数以外がふるい落とされた結果だ。

なお,「偶数」は2の倍数であるため，2以外は素数ではない。つまり2以外の素数は，すべて「奇数」である。

エラトステネス

素数以外がふるい落とされた結果

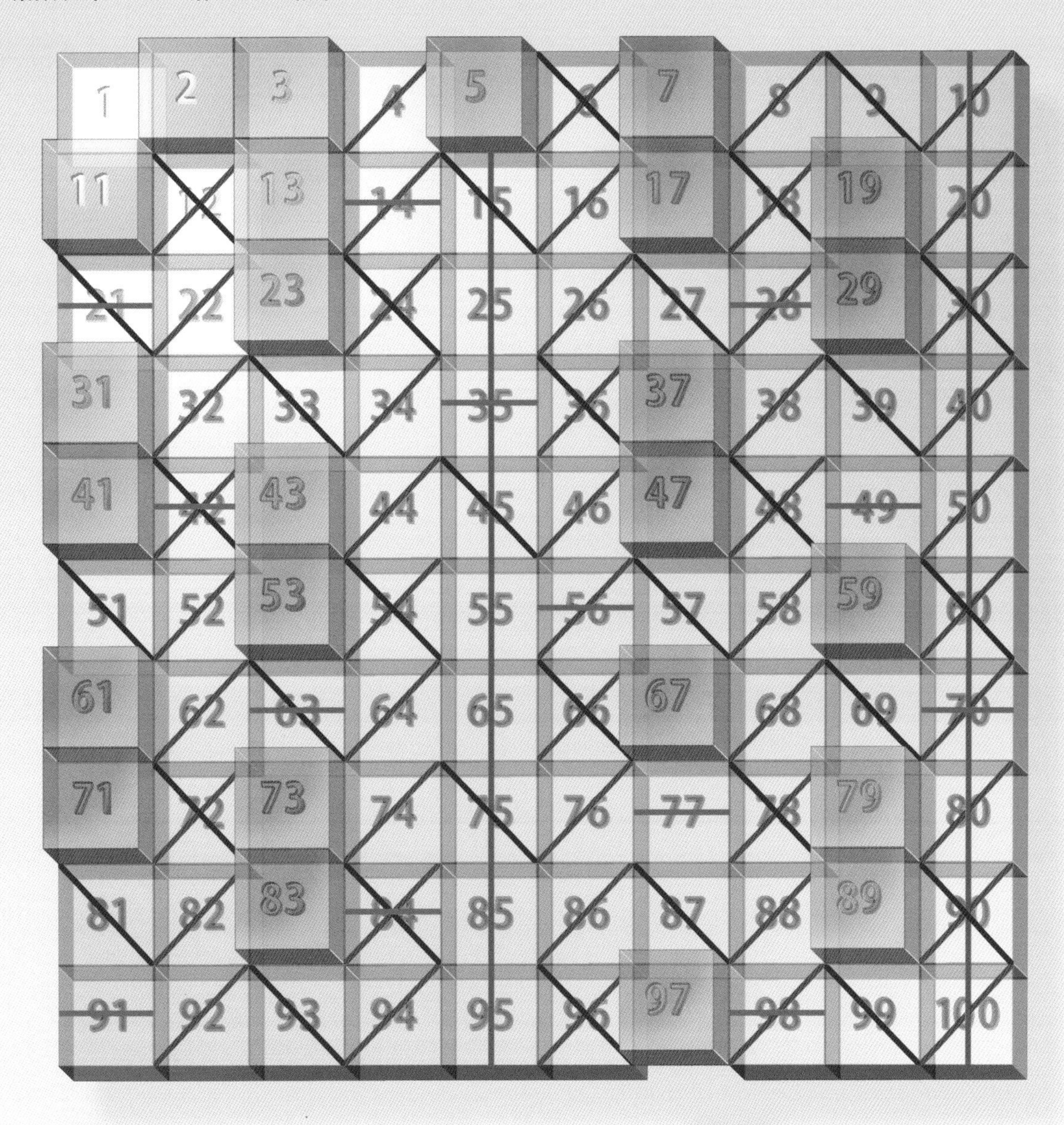

凡例

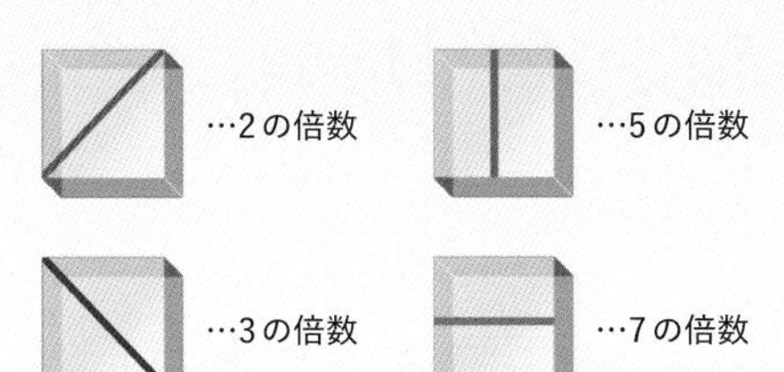

注：2・3・5・7（の倍数）の次に消すのは，11の倍数だ。しかし，11の次に消されるのは，121（＝11×11）である。121は100よりも大きいので，ここでは（100までの素数をさがす作業では），これ以上素数の倍数を消す作業をしなくてもよいことがわかる。

このように，ある数n以下の素数をエラトステネスの篩で調べたいとき，nの平方根以下の素数で割れる数を除外していけば，残りはすべて素数であるとわかる。たとえば，前節のように1から1000までを調べたい場合には，1000の平方根は約31.62なので，31以下の素数で割れるかを調べればよい。

なぜ「素数は無限にある」ことがわかったのか

実は，素数は無限にあることがわかっている。とはいえ，無限にあるものを数えることなどできないはずだ。素数が無限にあることが，なぜわかったのだろうか。

これを証明したのは，古代ギリシャの数学者ユークリッド（前330ごろ〜前270ごろ）である。その方法は，次のようなものだ。

有限個の素数（たとえば2と3と5）があるとき，この有限個の素数の積に1を加えてできる「31」は，2・3・5のどれでも割り切れない。よって「31」の素因数（この場合は「31」自身）は，2・3・5以外の新たな素数である。つまり，“4個目の素数”を見つけることができる。

このことは，有限個の素数が

ユークリッド
ユークリッドは紀元前300年ごろに，著書『原論』の中で，素数が無限にあることを証明した。原論には，図形や空間についての学問もまとめられており，その学問は「ユークリッド幾何学（きかがく）」とよばれる。私たちが小学校や中学校で学ぶ図形は，ユークリッド幾何学である。

有限個の素数（2と3と5）を掛け，1を足した数（31）をつくる。

2で割ると1余る

あるかぎりつねに成り立つので（同様の方法により，素数がn個［有限個］あれば，$n+1$個目の素数が存在することを示すことができるので），**どんな有限の数よりも多い個数の素数が存在することがわかる。**

ユークリッドの互除法（ごじょほう）

ユークリッドは，ある二つの数について，共通する最大の約数（最大公約数）を簡単にみちびける「ユークリッドの互除法」という方法を発見している。たとえば，119と91の最大公約数を知りたいとしよう。まず，119を91で割り算し，119÷91＝1余り28という式をつくる。ここから91と28を取りだし，同じように91を28で割り，91÷28＝3余り7とする。さらに28と7を取りだし，28を7で割ると，28÷7＝4となる。この，余りがなくなったときの「7」が，119と91の最大公約数である。

このような，有限回の作業で問題を解くことができる手順を「アルゴリズム」という。ユークリッドの互除法は，古くからあるアルゴリズムとして知られており，英語では「Euclidean algorithm」（ユークリッドのアルゴリズム）ともよばれている。

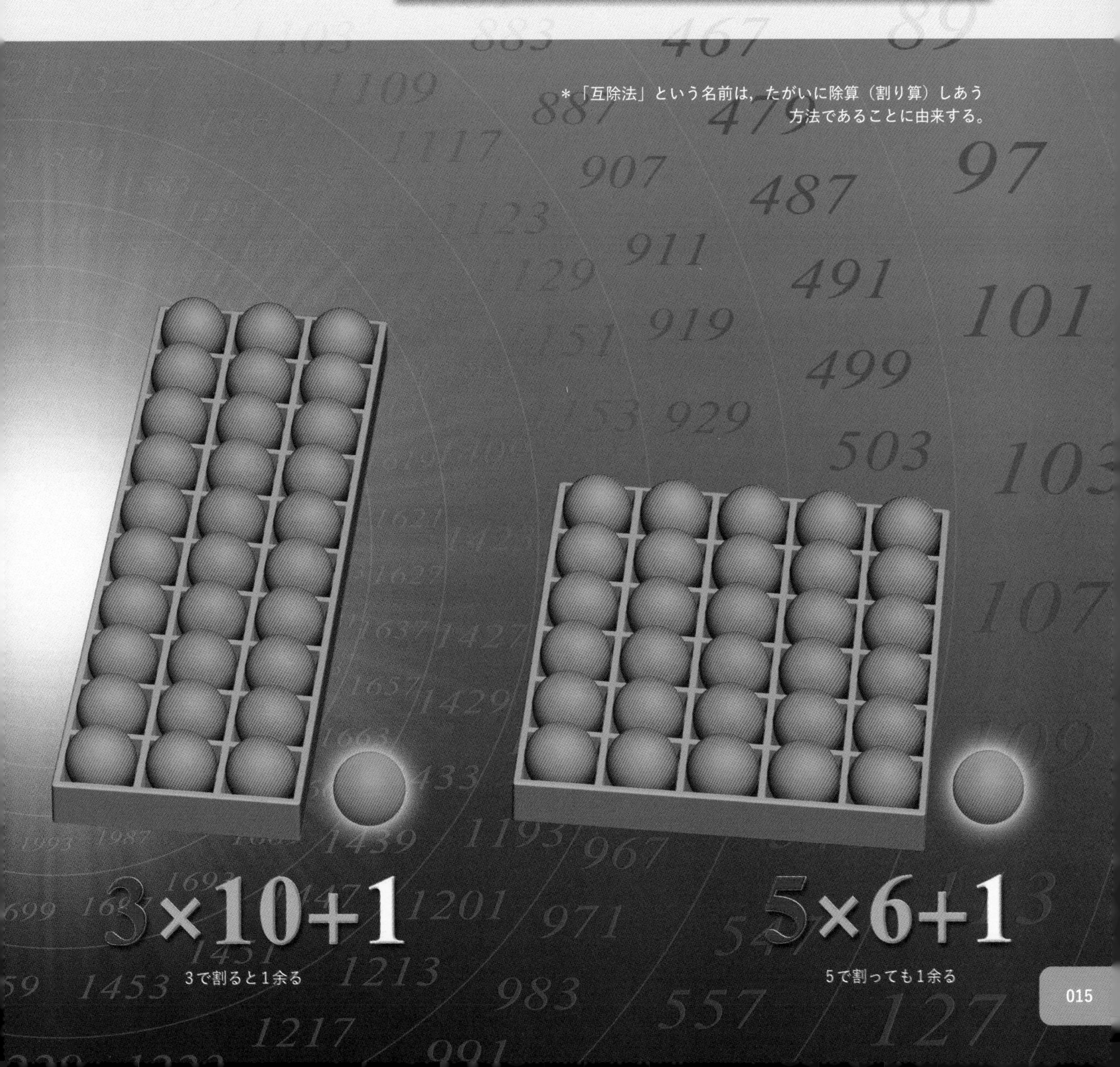

＊「互除法」という名前は，たがいに除算（割り算）しあう方法であることに由来する。

素数には“奇妙な素数”が存在する

右ページの数列は，1089けたの巨大な素数を，左上から右下に向かって33行×33列(＝1089文字)であらわしたものだ。

まず，横方向の33行の数字(青色の線の上の数字)は，左から右に読むと，1行ずつがすべて素数だ。また，縦方向の33列の数字(黄色の線の上の数字)も，上から下に読むと，1列ずつがすべて素数だ。そして，2本の対角線の上にある数字(緑色の線の上の数字)も，上から斜め下に読むと，それぞれが素数だ。つまり行と列と対角線が，すべて素数なのである。

これだけでもおどろきだが，驚異的なのは，**33行の数字を逆から読んでも(右から左に読んでも)，また33列の数字を逆から読んでも(下から上に読んでも)，さらに2本の対角線上にある数字を逆から読んでも(下から斜め上に読んでも)，すべて素数であるということだ。**

この3ではじまる1089けたの奇妙な素数は，イェンス・クルーゼ・アンデルセン氏によって，「Prime Curios !」というウェブサイト(https://primes.utm.edu/curios/)に投稿されたものだ。このサイトは，アメリカ・バージニア州の高校で数学と科学を教えるG.L.ホネーカー Jr.教師と，テネシー州のテネシー大学マーチン校で数学と統計学を教えるクリス K. コールドウェル教授が編集している。

サイトには，奇妙な素数がほかにもたくさん掲載されているので，興味のある人はぜひご覧いただきたい(下でいくつか紹介する)。

文字が浮かび上がる素数(→)

517けたの素数(1と5の数字だけでできている)を，11行×47列に並べたもの。5で囲まれた1をつなぐと，「PRIME」という文字が浮かび上がる。

https://primes.utm.edu/curios/page.php?number_id=2753

1 1 1 1 1 1 1 1 1 1 1 1 1 1 1 1 1 1 1 1 1 1 1 1 1 1 1 1 1 1 1 1 1 1 1 1 1 1 1 1 1 1 1 1 1 1 1

1 5 5 5 5 5 5 5 5 5 5 5 5 5 5 5 5 5 5 5 5 5 5 5 5 5 5 5 5 5 5 5 5 5 5 5 5 5 5 5 5 5 5 5 5 5 1

1 5 5 1 1 1 1 5 5 5 1 1 1 1 5 5 5 1 1 1 1 1 5 5 1 5 5 5 5 5 5 5 5 5 5 5 1 5 5 1 1 1 1 1 5 5 1

1 5 5 1 5 5 5 1 5 5 1 5 5 5 1 5 5 5 5 1 5 5 5 5 1 1 5 5 5 5 5 5 5 5 5 1 1 5 5 1 5 5 5 5 5 5 1

1 5 5 1 5 5 5 1 5 5 1 5 5 5 1 5 5 5 5 1 5 5 5 5 1 5 1 5 5 5 5 5 5 5 1 5 1 5 5 1 1 1 5 5 5 5 1

1 5 5 1 1 1 1 5 5 5 1 1 1 1 5 5 5 5 5 1 5 5 5 5 1 5 5 1 5 5 5 5 5 1 5 5 1 5 5 1 5 5 5 5 5 5 1

1 5 5 1 5 5 5 5 5 5 1 5 5 1 5 5 5 5 5 1 5 5 5 5 1 5 5 5 1 5 5 5 1 5 5 5 1 5 5 1 5 5 5 5 5 5 1

1 5 5 1 5 5 5 5 5 5 1 5 5 5 1 5 5 5 5 1 5 5 5 5 1 5 5 5 5 1 5 1 5 5 5 5 1 5 5 1 5 5 5 5 5 5 1

1 5 5 1 5 5 5 5 5 5 1 5 5 5 1 5 5 1 1 1 1 1 5 5 1 5 5 5 5 5 1 5 5 5 5 5 1 5 5 1 1 1 1 1 5 5 1

1 5 5 5 5 5 5 5 5 5 5 5 5 5 5 5 5 5 5 5 5 5 5 5 5 5 5 5 5 5 5 5 5 5 5 5 5 5 5 5 5 5 5 5 5 5 1

1 1 1 1 1 1 1 1 1 1 1 1 1 1 1 1 1 1 1 1 1 1 1 1 1 1 1 1 1 1 1 1 1 1 1 1 1 1 1 1 1 1 1 1 1 1 1

切り捨て可能な素数(→)

「73939133」という素数は，右側から順に切り捨てていった数がすべて素数になる。このように右側から切り捨てて素数になる数字は，どのけたにも0は含まない。

また，このような素数で現代知られている最大の素数は，「357686312646216567629137」である。

https://primes.utm.edu/curios/page.php/73939133.html

73939133

7393913

739391

73939

7393

739

73

7

1890けたの素数(→)

どの行・列・対角線の数を，どちらの方向から読んでも，素数になっている。

https://primes.utm.edu/curios/page.php?number_id=2962

3 1 3 9 9 1 3 9 9 3 7 1 1 9 9 1 3 1 1 3 9 7 9 9 3 3 1 9 1 1 3 7 7

1 4 7 5 2 9 8 9 5 9 4 1 9 9 1 5 8 7 8 7 9 4 5 6 3 6 1 4 1 6 7 9 3

3 4 3 7 9 7 7 5 4 2 8 9 8 5 2 5 7 5 5 1 7 1 3 3 3 1 2 6 8 4 2 6 9

9 4 3 6 9 5 9 7 8 9 4 6 6 4 4 5 1 6 8 6 3 6 4 8 9 6 1 5 3 6 9 8 1

3 5 4 9 7 7 3 7 5 9 3 5 6 7 3 4 1 8 7 9 5 2 8 7 3 6 9 4 9 4 1 8 9

3 7 3 4 7 8 6 2 3 6 4 1 2 3 9 1 6 2 9 1 9 3 7 9 2 6 9 2 9 4 3 1 9

9 4 1 8 7 1 9 8 5 7 9 4 9 3 3 3 9 9 7 3 9 2 3 5 5 2 3 6 9 1 6 5 7

1 5 4 8 3 7 8 8 9 1 1 7 8 3 4 2 3 2 6 7 8 9 7 4 4 4 9 6 5 8 2 7 9

1 1 7 1 2 9 5 2 2 8 9 5 4 8 8 2 2 2 6 1 2 4 4 9 7 1 6 4 3 5 6 5 1

1 1 2 7 9 7 8 6 8 1 1 8 7 2 2 4 7 5 1 1 2 3 6 7 3 1 8 7 1 8 3 5 9

9 5 4 3 3 2 7 5 6 8 5 1 1 5 2 8 4 5 6 7 3 5 5 4 3 4 3 8 3 3 4 2 3

9 5 8 3 2 4 1 2 9 2 7 9 2 4 2 5 7 1 5 4 3 9 5 6 2 4 4 3 1 2 1 5 9

1 4 9 6 5 6 9 7 1 4 9 9 1 6 4 1 4 8 7 4 7 2 2 7 1 5 9 7 9 8 1 1 9

9 1 5 5 3 1 7 8 9 3 9 6 8 8 9 3 1 4 9 2 6 5 5 4 9 9 8 5 6 7 3 8 9

1 8 9 1 7 7 1 8 4 3 7 8 4 1 1 3 5 6 8 8 7 5 7 9 9 6 6 7 3 2 5 1 9

3 9 5 7 6 9 6 3 4 4 8 4 9 4 6 4 8 4 1 5 5 7 3 6 8 5 9 1 9 5 7 7 3

9 7 6 4 8 5 5 8 7 5 9 8 8 1 1 7 1 3 1 9 6 9 2 2 7 7 2 6 4 8 3 1 9

7 4 2 4 1 3 2 5 9 6 6 5 7 9 8 1 1 1 5 6 6 3 1 4 8 4 5 9 5 4 5 5 1

3 4 4 3 2 1 2 9 2 7 9 2 1 7 8 5 8 3 2 1 8 1 5 5 7 1 1 1 4 3 6 1 1

7 3 5 4 9 9 3 2 4 7 2 9 4 6 9 2 3 2 6 7 9 6 4 3 2 1 2 6 4 4 5 1 1

7 5 5 5 4 4 7 2 6 5 9 4 4 5 4 6 8 3 1 9 3 6 2 3 6 2 6 9 5 7 7 1 1

3 2 4 8 9 5 1 1 4 4 9 6 1 2 8 4 7 8 8 9 6 3 7 5 1 5 7 5 9 7 6 5 9

9 7 4 2 4 6 4 6 7 3 1 5 9 3 6 9 1 1 5 3 1 7 9 2 2 8 8 2 3 9 2 4 9

1 3 6 4 9 4 3 2 9 7 8 8 8 4 5 7 2 8 8 3 1 6 1 1 7 2 8 8 5 7 6 3 9

3 4 3 3 3 7 4 4 9 4 9 3 2 2 1 5 6 1 7 3 8 9 5 9 3 3 9 1 4 1 3 4 7

1 1 9 1 3 8 3 3 2 6 5 3 2 1 9 1 1 9 6 1 2 9 8 4 1 6 3 6 6 9 3 1 7

3 5 6 6 2 4 6 3 1 9 5 2 9 5 6 1 8 8 1 2 7 6 4 8 7 8 4 8 4 6 5 8 3

3 6 1 8 1 3 6 4 6 1 3 1 9 1 3 1 5 7 4 5 6 6 3 2 9 2 8 1 6 9 5 1 3

7 4 7 2 3 1 2 2 4 1 3 8 4 2 5 9 6 2 2 4 3 3 4 3 3 7 1 1 4 5 4 8 7

7 4 5 9 5 4 4 1 2 5 8 7 4 8 4 8 3 7 9 3 3 2 3 8 6 4 2 2 7 8 8 5 1

9 5 5 1 4 8 5 7 4 5 1 2 5 9 5 1 9 9 9 6 9 6 8 5 6 1 2 2 4 5 4 3 9

1 1 8 7 3 7 6 2 6 3 9 9 7 4 2 1 9 6 1 4 3 7 4 2 5 7 7 8 1 9 1 1 7

9 1 7 3 1 9 9 7 9 9 9 9 7 7 7 3 7 1 3 1 1 3 7 1 9 9 9 7 9 3 3 9 3

素数を生みだす式をつくりだせ

エラトステネスの篩(ふるい)は，素数(そすう)をもれなく抜きだすことを可能にした。しかし素数は無限に存在する。たとえ決まった範囲の整数から素数を抜きだせたとしても，素数の普遍的な性質を知ることはできない。

もし，すべての素数をつくる式（変数nに具体的な値を入れていくと，すべての素数が得られるような関数）ができれば，素数の普遍的な性質を知ることができるかもしれない。はたして，そのような式は実際に存在するのだろうか。

ある修道士が予想した巨大素数

フランス・カトリック教会の修道士マラン・メルセンヌ（1588～1648）は，「nが257以下のとき，2^n-1で計算される数は，nが2，3，5，7，13，17，19，31，67，127，257の場合に素数になる」と予想した。この，**2^n-1で計算される数（自然数）は「メルセンヌ数(すう)」とよばれる。**

当時メルセンヌの予想は，$n=19$までは正しいことがわかっていた。その後，$n=30$までは確認されたが，$n=31$以降についてはすぐにはわからなかった（nが巨大な場合，メルセンヌ数も巨大な数になるため）。

多くの数学者たちがこの予想に挑戦し，まず1772年に，オイラーが$n=31$のメルセンヌ数が素数であることを示した。そして1878年，フランスの数学者エドゥアール・リュカ（1842～1891）が，メルセンヌ数が素数であるかどうかを判定できる方法（リュカ・テスト）を発表したことで，メルセンヌの予想は正しくないことが明らかにされた。現在では，リュカ・テストを改良した「リュカ－レーマー・テスト」を使って，メルセンヌ数から巨大な素数を見つける試みが行われている。

メルセンヌ数（→）

メルセンヌの予想に反して，メルセンヌ数が素数になるのは，nが257以下のとき，nが2，3，5，7，13，17，19，31，61，89，107，127の場合である。2022年6月15日現在で，発見されている最も巨大な素数は，nが82589933の場合のメルセンヌ数で，その大きさは2486万2048けたにもおよぶ。

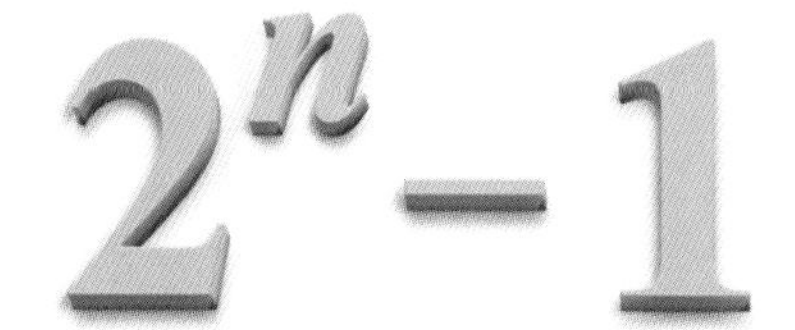

マラン・メルセンヌ

n	2^n-1 ［素数のうしろの（　）の中は発見された年］
1	$2^1-1=1$ 素数ではない
2	$2^2-1=3$ 素数（古代）
3	$2^3-1=7$ 素数（古代）
4	$2^4-1=15$ 素数ではない
5	$2^5-1=31$ 素数（古代）
6	$2^6-1=63$ 素数ではない
7	$2^7-1=127$ 素数（古代）
8	$2^8-1=255$ 素数ではない
9	$2^9-1=511$ 素数ではない
10	$2^{10}-1=1023$ 素数ではない
11	$2^{11}-1=2047$ 素数ではない
12	$2^{12}-1=4095$ 素数ではない
13	$2^{13}-1=8191$ 素数（1456年）
14	$2^{14}-1=16383$ 素数ではない
15	$2^{15}-1=32767$ 素数ではない
16	$2^{16}-1=65535$ 素数ではない
17	$2^{17}-1=131071$ 素数（1588年）
18	$2^{18}-1=262143$ 素数ではない
19	$2^{19}-1=524287$ 素数（1588年）　メルセンヌが予想を残した当時に知られていた，最大の素数。
31	$2^{31}-1=2147483647$ 素数（1772年）　オイラーが確かめた素数。
61	$2^{61}-1=$（19けたの数）素数（1883年）
67	$2^{67}-1=$（21けたの数）素数ではない
89	$2^{89}-1=$（27けたの数）素数（1911年）
107	$2^{107}-1=$（33けたの数）素数（1914年）
127	$2^{127}-1=$（39けたの数）素数（1876年）　リュカが発見した素数。人が手で計算して発見した，最大の素数として知られている。
257	$2^{257}-1=$（78けたの数）素数ではない
521	$2^{521}-1=$（157けたの数）素数（1952年）　コンピュータによって発見された初の最大素数。
21701	$2^{21701}-1=$（6533けたの数）素数（1978年）
1398269	$2^{1398269}-1=$（42万921けたの数）素数（1996年）　GIMPS※が最初に発見した素数。
74207281	$2^{74207281}-1=$（2233万8618けたの数）素数（2016年1月）
77232917	$2^{77232917}-1=$（2324万9425けたの数）素数（2017年12月）
82589933	$2^{82589933}-1=$（2486万2048けたの数）素数（2018年12月）

※：GIMPS（Great Internet Mersenne Prime Search）とは，世界中のパソコンユーザーに余っている計算力を提供してもらうことで，メルセンヌ素数さがしを進めるプロジェクト。だれでも参加することができる（http://www.mersenne.org/）。

1〜40の数字を使って素数を生みだす式

天才数学者レオンハルト・オイラー（1707〜1783）は，「素数をつづけて生みだす式」をいくつも考えた。たとえば，二次式「n^2-n+41」である。

この式の計算結果は，nが1〜40のとき，連続してすべて素数になるのだ（右ページ表）。しかしこの式は万能ではなく，nが41以上になると，とたんに素数ではない自然数がまざるようになってしまう。

では，えんえんと素数ばかりを生みだす式はあるだろうか。**実は「n^2-n+41」のような，文字と整数であらわされる式で，素数ばかりを生みだす式をつくることはできないことが証明されている。**素数はそれほど神秘的で，気まぐれにあらわれるのだ。

なお，ある数が素数かどうかを判定できる方法に，「ウィルソンの定理」というものがある（左下ミニコラムでくわしく紹介）。ただし，計算に時間がかかるという問題がある。

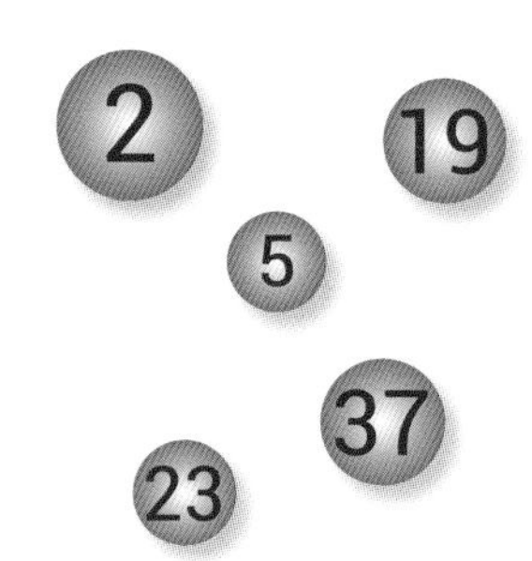

百発百中で素数を判定する「ウィルソンの定理」

ある数Pが，素数かどうかを確かめたいとする。もし，1から（$P-1$）までをすべて掛けてPで割ったときに，余りが（$P-1$）ならば，Pは素数である。

これは「ウィルソンの定理」とよばれるもので，その名は，イギリスの数学者ジョン・ウィルソン（1741〜1793）にちなんでつけられた。ウィルソンの定理を使って，13が素数かどうかを実際に調べてみよう。まず，1から順に，12（＝13－1）まで掛ける。すると，

$$1\times2\times3\times4\times5\times6\times7\times8\times9\times10\times11\times12 = 479001600$$

となる。この数を13で割ると，

$$479001600 \div 13 = 36846276 \text{ 余り } 12$$

となる。余りは「12（＝13－1）」なので，13が素数であることがわかった。

では同様に，10001が素数かどうかをこの定理で調べられるだろうか。この場合1万回もかけ算をする必要があり，事実上不可能だ。残念ながらウィルソンの定理は，エラトステネスの篩（ふるい）にかわるような，便利な方法とはいえないのである。

$$n^2-n+41$$

レオンハルト・オイラー

n	$n^2 - n + 41$
1	$1^2 - 1 + 41 = 41$ 素数
2	$2^2 - 2 + 41 = 43$ 素数
3	$3^2 - 3 + 41 = 47$ 素数
4	$4^2 - 4 + 41 = 53$ 素数
5	$5^2 - 5 + 41 = 61$ 素数
6	$6^2 - 6 + 41 = 71$ 素数
7	$7^2 - 7 + 41 = 83$ 素数
8	$8^2 - 8 + 41 = 97$ 素数
9	$9^2 - 9 + 41 = 113$ 素数
10	$10^2 - 10 + 41 = 131$ 素数
11	$11^2 - 11 + 41 = 151$ 素数
12	$12^2 - 12 + 41 = 173$ 素数
13	$13^2 - 13 + 41 = 197$ 素数
14	$14^2 - 14 + 41 = 223$ 素数
15	$15^2 - 15 + 41 = 251$ 素数
16	$16^2 - 16 + 41 = 281$ 素数
17	$17^2 - 17 + 41 = 313$ 素数
18	$18^2 - 18 + 41 = 347$ 素数
19	$19^2 - 19 + 41 = 383$ 素数
20	$20^2 - 20 + 41 = 421$ 素数
21	$21^2 - 21 + 41 = 461$ 素数
22	$22^2 - 22 + 41 = 503$ 素数
23	$23^2 - 23 + 41 = 547$ 素数
24	$24^2 - 24 + 41 = 593$ 素数
25	$25^2 - 25 + 41 = 641$ 素数
26	$26^2 - 26 + 41 = 691$ 素数
27	$27^2 - 27 + 41 = 743$ 素数
28	$28^2 - 28 + 41 = 797$ 素数
29	$29^2 - 29 + 41 = 853$ 素数
30	$30^2 - 30 + 41 = 911$ 素数
31	$31^2 - 31 + 41 = 971$ 素数
32	$32^2 - 32 + 41 = 1033$ 素数
33	$33^2 - 33 + 41 = 1097$ 素数
34	$34^2 - 34 + 41 = 1163$ 素数
35	$35^2 - 35 + 41 = 1231$ 素数
36	$36^2 - 36 + 41 = 1301$ 素数
37	$37^2 - 37 + 41 = 1373$ 素数
38	$38^2 - 38 + 41 = 1447$ 素数
39	$39^2 - 39 + 41 = 1523$ 素数
40	$40^2 - 40 + 41 = 1601$ 素数
41	$41^2 - 41 + 41 = 1681$ 素数ではない
42	$42^2 - 42 + 41 = 1763$ 素数ではない
43	$43^2 - 43 + 41 = 1847$ 素数
44	$44^2 - 44 + 41 = 1933$ 素数
45	$45^2 - 45 + 41 = 2021$ 素数ではない

15歳のガウスが見つけた素数の個数にあらわれる規則

ドイツの数学者カール・フリードリヒ・ガウスは1792年，xまでの自然数に含まれる素数の個数に，おおよその法則があることに気づき，数式であらわした。これは「素数定理」とよばれる。

今，自然数の列の中に，素数があらわれるたびに一段上がる階段を考えてみよう。すると，下図のように段の幅がふぞろいな階段になる。素数定理によれば，この階段を大きな数までのばしていくと，階段の高さ（素数の個数）と右ページ下に示した式の右辺からみちびかれる曲線（右ページのグラフ）の高さの比は1に近づいていく。そして無限

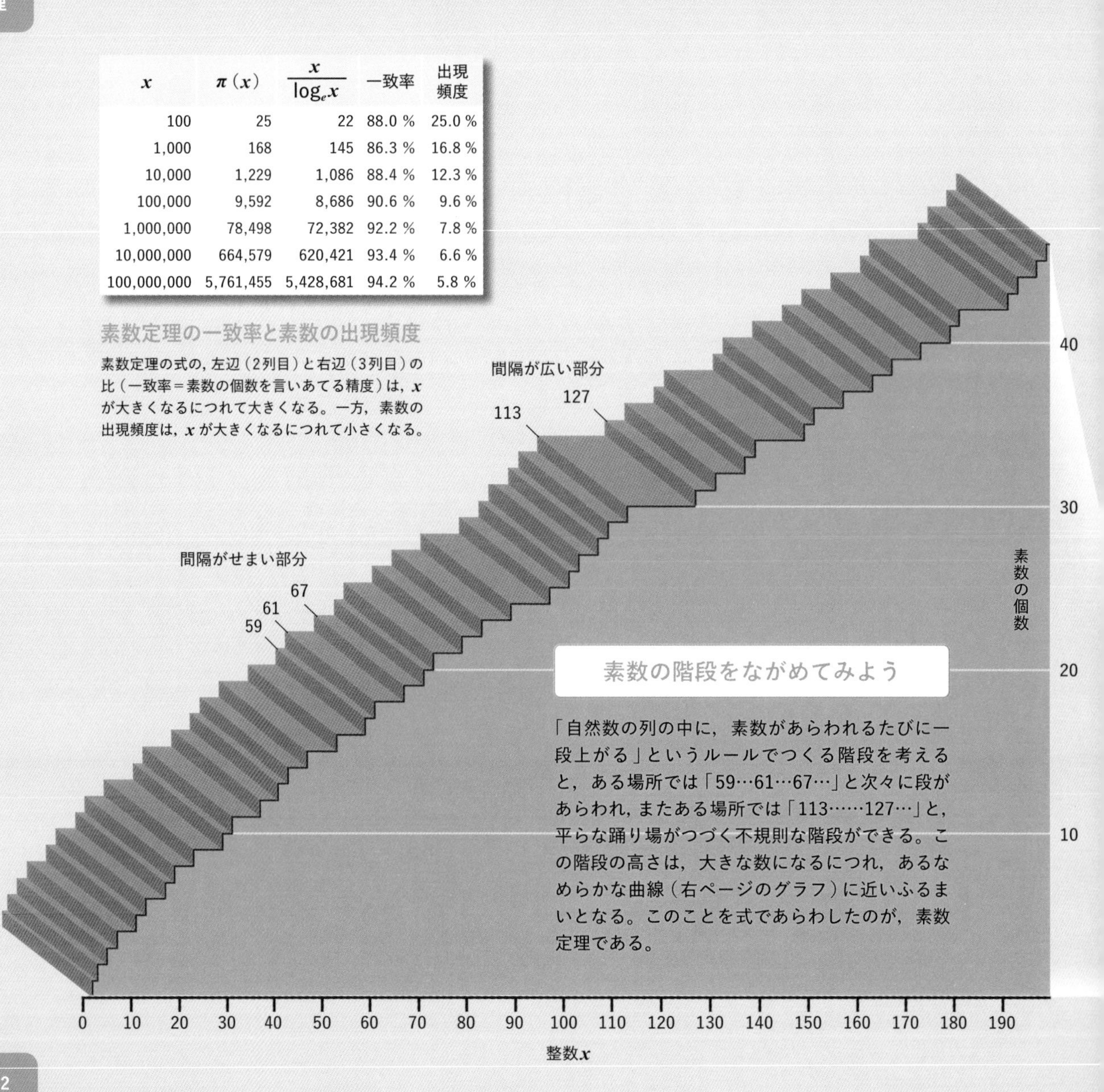

x	$\pi(x)$	$\frac{x}{\log_e x}$	一致率	出現頻度
100	25	22	88.0 %	25.0 %
1,000	168	145	86.3 %	16.8 %
10,000	1,229	1,086	88.4 %	12.3 %
100,000	9,592	8,686	90.6 %	9.6 %
1,000,000	78,498	72,382	92.2 %	7.8 %
10,000,000	664,579	620,421	93.4 %	6.6 %
100,000,000	5,761,455	5,428,681	94.2 %	5.8 %

素数定理の一致率と素数の出現頻度

素数定理の式の，左辺（2列目）と右辺（3列目）の比（一致率＝素数の個数を言いあてる精度）は，xが大きくなるにつれて大きくなる。一方，素数の出現頻度は，xが大きくなるにつれて小さくなる。

素数の階段をながめてみよう

「自然数の列の中に，素数があらわれるたびに一段上がる」というルールでつくる階段を考えると，ある場所では「59…61…67…」と次々に段があらわれ，またある場所では「113……127…」と，平らな踊り場がつづく不規則な階段ができる。この階段の高さは，大きな数になるにつれ，あるなめらかな曲線（右ページのグラフ）に近いふるまいとなる。このことを式であらわしたのが，素数定理である。

の先では，それまでにあらわれる素数の個数と，曲線の高さの比が完全に1に一致するという。つまり，**素数定理の式を用いれば，素数の個数を一定の精度で言いあてることができるのだ。**

素数定理の式が成り立つことは，のちにほかの数学者によって証明されている。その研究は，ドイツの数学者ベルンハルト・リーマン（1826～1866）が書いた1859年の論文を引き継ぐ形で行われた[※1]。

リーマンはこの論文で，素数の個数をゼータ関数のゼロ点であらわす「明示公式」を発見し，その過程でゼロ点に関するある仮定を設定した。リーマンが設定したこの仮定は「リーマン予想」とよばれる[※2]。現代の数学では，さまざまな根拠によってリーマン予想は正しいと考えられているが，その証明は未解決のままである。

※1：素数定理は1896年，フランスの数学者ジャック・アダマールと，ベルギーの数学者シャルル＝ジャン・ド・ラ・バレ・プーサンが，リーマンの方針を受け継いだ証明によって，それぞれ独立に証明した。

※2：ゼータ関数の自明ではないゼロ点は，実数部分が$\frac{1}{2}$であるという予想。くわしくは3章後半で解説する。

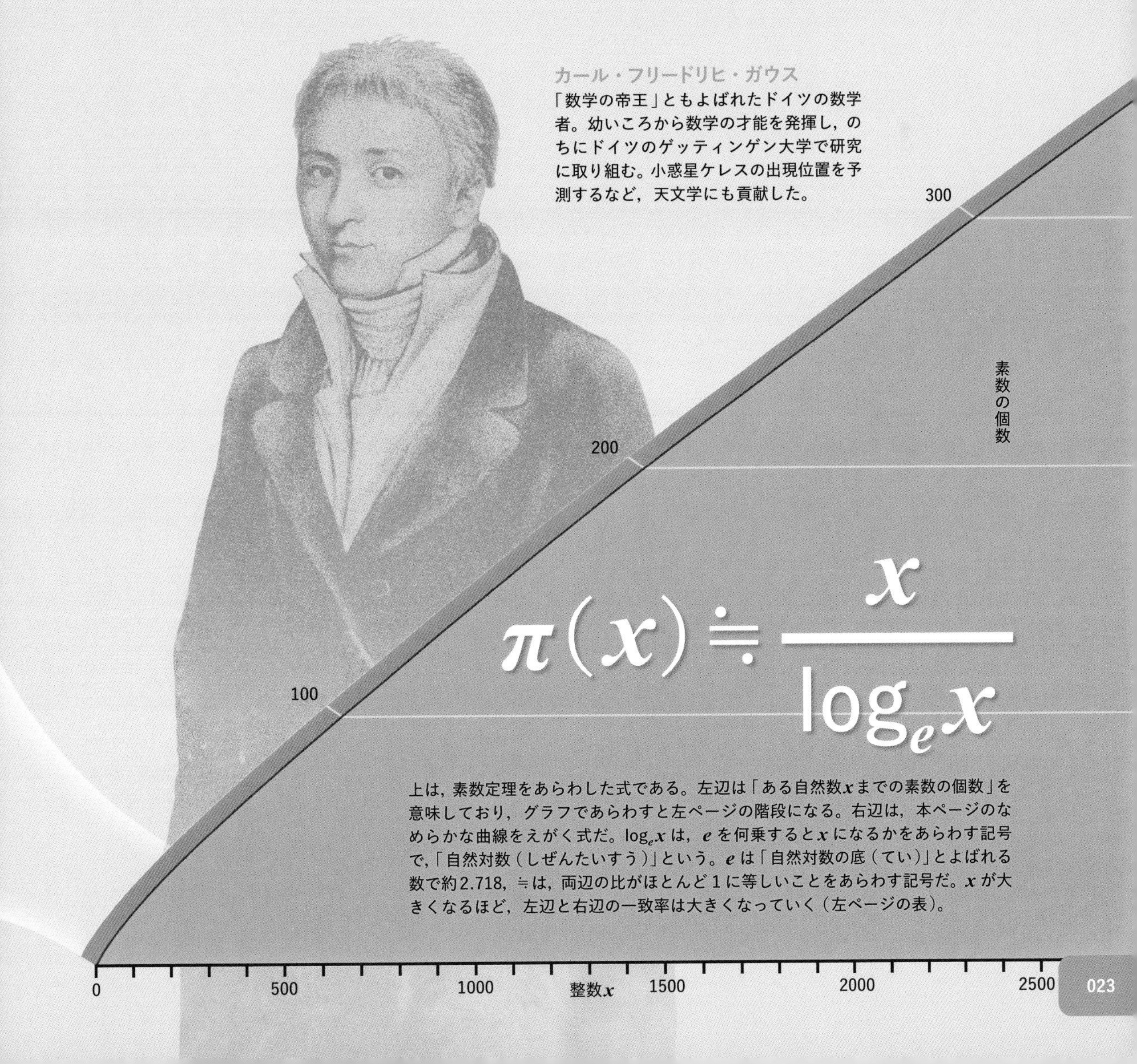

カール・フリードリヒ・ガウス
「数学の帝王」ともよばれたドイツの数学者。幼いころから数学の才能を発揮し，のちにドイツのゲッティンゲン大学で研究に取り組む。小惑星ケレスの出現位置を予測するなど，天文学にも貢献した。

$$\pi(x) \fallingdotseq \frac{x}{\log_e x}$$

上は，素数定理をあらわした式である。左辺は「ある自然数xまでの素数の個数」を意味しており，グラフであらわすと左ページの階段になる。右辺は，本ページのなめらかな曲線をえがく式だ。$\log_e x$は，eを何乗するとxになるかをあらわす記号で，「自然対数（しぜんたいすう）」という。eは「自然対数の底（てい）」とよばれる数で約2.718，≒は，両辺の比がほとんど1に等しいことをあらわす記号だ。xが大きくなるほど，左辺と右辺の一致率は大きくなっていく（左ページの表）。

素数には さまざまな未解決問題がある

アメリカの数学者スタニスラフ・ウラム（1909～1984）は，整数をらせん状に並べて素数(そすう)に印をつけると，**斜めの線や縦横の線がいくつも走っているかのような模様があらわれることを発見した。**下図のようなこの模様は，「ウラムのらせん」とよばれている。規則性を示すようにもみえるが，この模様が何を意味するものなのかはわかっていない。

素数には，このような未解決の問題がいくつもある。素数の出現パターンの中で，「3と5」や「11と13」のように，差が2のペアを「双子(ふたご)素数」という。また,「5と11」や「7と13」のように，差が6のペアを「セクシー素数」という※。**双子素数やセクシー素数は，無限に存在**

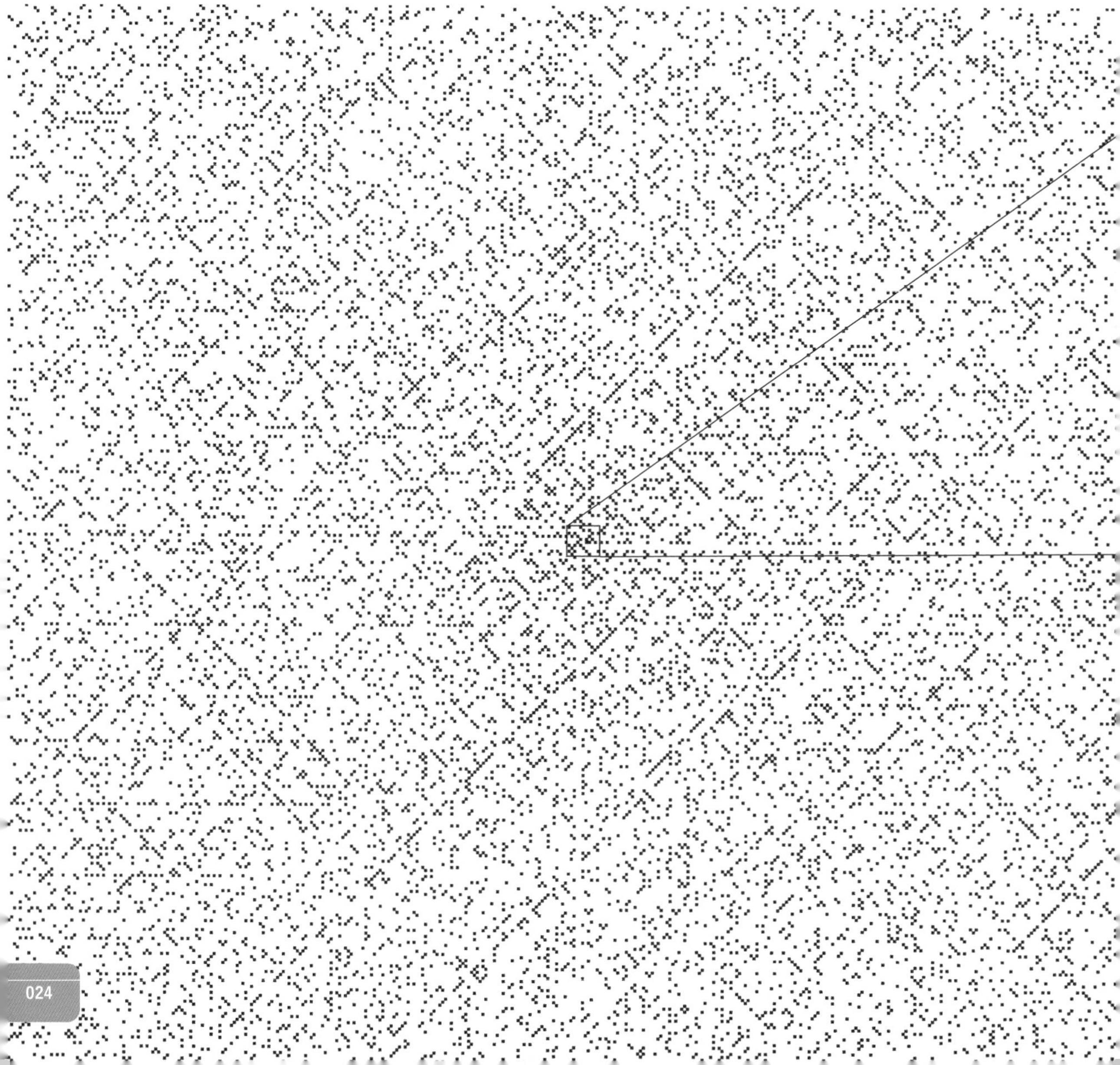

するのではないかと予想されているが，本当に無限に存在するのかどうかについては証明されていない。

また，ドイツの数学者クリスチャン・ゴールドバッハ（1690～1764）は，「4＝2＋2」や「6＝3＋3」「8＝5＋3」のように，**あらゆる偶数は2個の素数の和であらわせるのではないかと予想した。**このページの下にある表を見てほしい。いちばん左の列には上から順に，2，3，5…と素数が並んでいる。いちばん上の行にも同じように，左から順に，2，3，5…と素数が並んでいる。左と上の素数をそれぞれ足しあわせた数が，交差するマス目に書かれている。これらのマス目を見ていくと，たしかに4から36までのすべての偶数がある。

ゴールドバッハの予想は，400兆以下の偶数で正しいことが確認されているものの，本当にあらゆる偶数で正しいのかどうかは証明されていない。

※：ラテン語で，数字の6を「sex（セクス）」ということに由来する。

101	100	99	98	97	96	95	94	93	92	91
102	65	64	63	62	61	60	59	58	57	90
103	66	37	36	35	34	33	32	31	56	89
104	67	38	17	16	15	14	13	30	55	88
105	68	39	18	5	4	3	12	29	54	87
106	69	40	19	6	1	2	11	28	53	86
107	70	41	20	7	8	9	10	27	52	85
108	71	42	21	22	23	24	25	26	51	84
109	72	43	44	45	46	47	48	49	50	83
110	73	74	75	76	77	78	79	80	81	82

(←)ウラムのらせん

ウラムは会議中の退屈しのぎに，整数をらせん状に並べる落書きをしたという。素数だけに印をつけてみると，いくつもの斜めの線や縦横の線が走っているようにみえる，不思議な模様があらわれた。

＊イラスト資料提供：ウルフラムリサーチ（courtesy of Wolfram Research）

ゴールドバッハ予想(→)

4以上のすべての偶数を，二つの素数の和であらわすことができると予想するのが，ゴールドバッハ予想である。右表は，4から36までのすべての偶数が，二つの素数（左端と上端の数）の和であらわせることを示している。

ゴールドバッハ予想は，400兆以下の偶数について正しいことがコンピュータで確かめられているが，すべての偶数で成り立つかどうかについては証明されていない。

	2	3	5	7	11	13	17	19	…
2	4								
3		6	8	10	14	16	20	22	…
5			10	12	16	18	22	24	…
7				14	18	20	24	26	…
11					22	24	28	30	…
13						26	30	32	…
17							34	36	…
⋮								…	…

ネットショッピングでカードが使えるのは巨大な素数のおかげ

私たちはインターネット上で買い物をするとき，クレジットカードの番号を入力することがある。第三者からの読み取りを防ぐため，カード番号はコンピュータやスマホの中で暗号化されてから送信されるが，この暗号化に使われるのが，素数(そすう)を利用した「RSA(アールエスエー)暗号」である。

暗号化する際，利用者は店（ネットショップ）のコンピュータから「公開鍵」を手に入れる。公開鍵は，二つの自然数の組である。一方，暗号を元にもどす際に使われるのが，店のコンピュータに保管されている「秘密鍵」だ。秘密鍵は，二つの巨大な素数である。

公開鍵のうちの一方の自然数は，秘密鍵の二つの巨大な自然数の積だ。二つの巨大な素数をかけ算してつくった巨大な自然数を素因数(そいんすう)分解することは，現時点では不可能だ※。つまり，**素数の“分解しにくい”という特徴を“鍵”として有効利用したのが，RSA暗号なのである。**

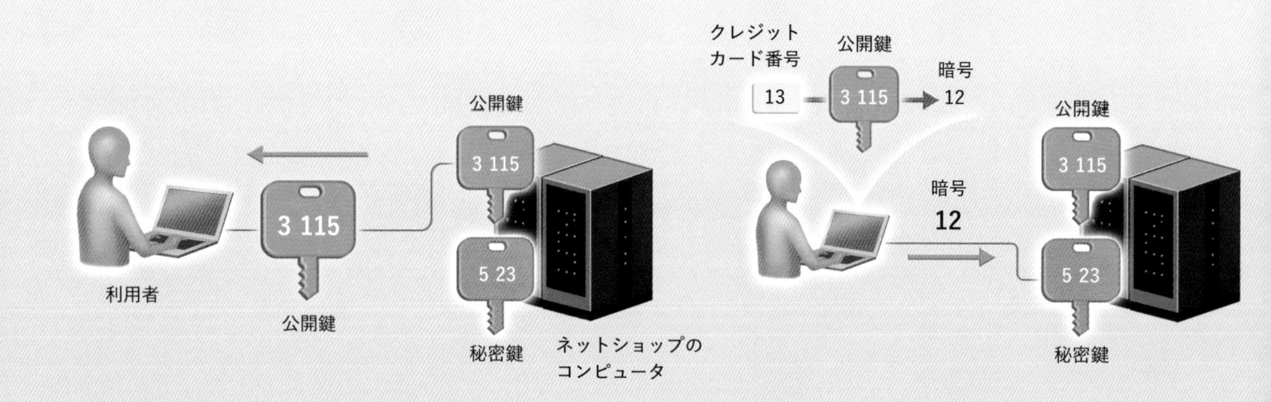

1. 利用者が「公開鍵」を手に入れる

ネットショップの利用者は，店のコンピュータから「公開鍵」を手に入れる（だれでも手に入れられる）。公開鍵は，m（ここでは3）とn（ここでは115）の二つの自然数でできている。

店のコンピュータには，公開鍵のほかに，公開されることのない「秘密鍵」がある。秘密鍵は，p（ここでは5）とq（ここでは23）の二つの巨大な素数でできている。

公開鍵のn（115）と，秘密鍵のp（5）とq（23）の間には，「pとqの積がn」という関係がある。nからpとqを推測できないようにするため，pとqには巨大な素数を使う。

2. 公開鍵を使ってカード番号を「暗号」にする

ネットショップの利用者は自分のコンピュータ（スマホ）の中で，手に入れた公開鍵を使って，クレジットカード番号を「暗号」にかえる。カード番号G（13）を，m乗（3乗）してn（115）で割ったときの余りが，暗号X（12）だ。暗号は，店のコンピュータに向けて送信される。

$13^3 \div 115$は，商が19で余りが12
暗号は12

＊公開鍵のm（3）には，右ページの4で説明するS（88）と共通の約数をもたない数を選ぶ。
＊秘密鍵は通常，あらかじめ計算しておいたD（59）をさすが，ここでは二つの巨大な素数pとqの役割をわかりやすくするために，秘密鍵はp（5）とq（23）としている。

素数を使った暗号は，インターネットだけでなく，テレビの有料放送や，国家の機密情報の通信などにも使われているという。つまり私たちの生活は，見えないところで素数に支えられているのだ。

※：現在のRSA暗号に使われている二つの巨大な素数は300けた程度，二つの巨大な素数の積は600けた程度の自然数である。600けたの整数の平方根である300けた程度の数までに含まれる素数の数は，おおよそ1.45×10^{297}個ある。600けたの自然数を，1.45×10^{297}個の素数を1個ずつすべて使って割り算をし，余りが出るかどうかを確認するには，たとえスーパーコンピュータを使っても10^{273}年程度かかるとみられる。

一方で，近年開発が進められている量子コンピュータを使い，巨大な自然数を素因数分解するための方法（量子アルゴリズム）はすでに知られている。本格的な量子コンピュータの開発に成功すれば，RSA暗号を短時間で解読できるとされている。

クレジットカード番号を暗号化して送信する方法（↓）

RSA暗号を暗号化に直接使う手順を，以下に示した。ネットショップの利用者は，公開鍵を使ってクレジットカード番号を暗号にし，送信する（1～3）。暗号を受信したショップは，秘密鍵を使って暗号をカード番号にもどす（4）。なお，ブラウザ等で実際に使われている公開鍵による暗号通信は，公開鍵の検証なども含む複雑な手順である。

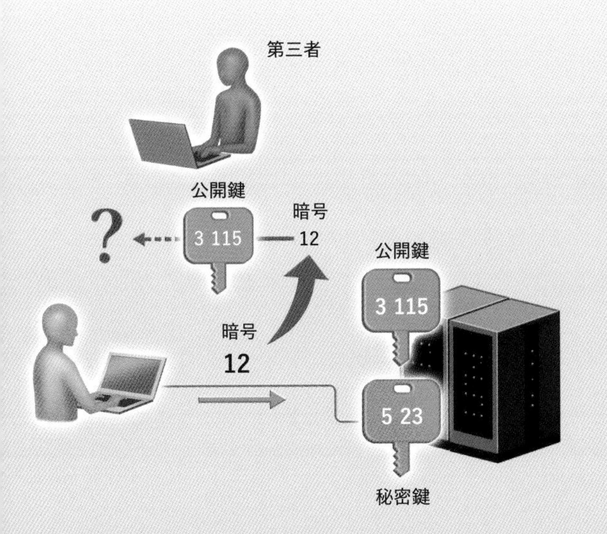

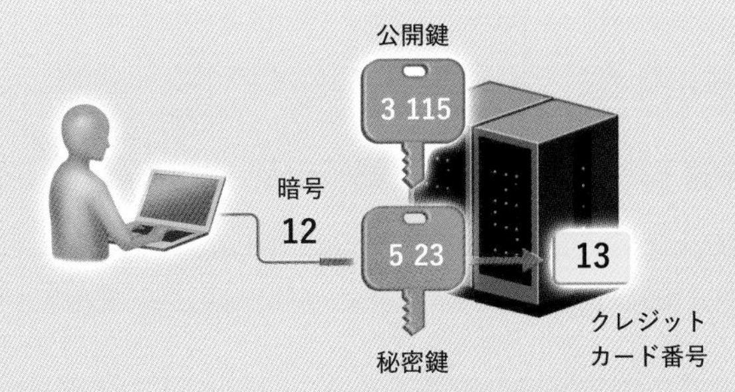

3. 暗号を公開鍵でもどすことは現時点では不可能

暗号は送信中に，悪意をもった第三者に奪われてしまうかもしれない。しかし暗号を，公開鍵を使ってカード番号にもどすことは困難だ。m乗（3乗）してn（115）で割ったときの余りが暗号X（12）になる数（カード番号G）を，一つずつ数を試しながらさがして見つけるのは，事実上不可能である。

$1^3 \div 115$は，商が0で余りが1
$2^3 \div 115$は，商が0で余りが8
$3^3 \div 115$は，商が0で余りが27
$4^3 \div 115$は，商が0で余りが64
$5^3 \div 115$は，商が1で余りが10
⋮

＊実際のカード番号Gは14～16けたの数字でできており，nは600けた程度の巨大な自然数であるため，計算に莫大な時間がかかる。

4. 暗号は「秘密鍵」でカード番号にもどされる

暗号は店のコンピュータに届くと，「秘密鍵」を使ってカード番号にもどされる。秘密鍵は二つの自然数（pとq）でできているので，p（5）とq（23）を使えば，カード番号G（13）を計算によって求めることができる。複雑だが，その計算方法を紹介しておく。

「$p-1$」(4)と「$q-1$」(22)の積S（88）を求める。公開鍵のm（3）を掛けてS（88）で割ると余りが1になる数D（59）を，「ユークリッド互除法」（15ページ参照）で計算する。すると，暗号X（12）をD乗（59乗）して公開鍵のn（115）で割った余りが，カード番号G（13）になる。

$(5-1) \times (23-1)$は，88
$D \times 3 \div 88$は，商がAで余りが1
（88のA倍に1を足した数が，$D \times 3$になる）
Dは59
$12^{59} \div 115$は，余りが13
→「カード番号は13」

13年または17年ごとに羽化する「素数ゼミ」

アメリカには，13年または17年ごとに羽化(うか)する（地中にいた幼虫が地上に出てきて成虫になる），かわったセミ※1が生息している。13と17はどちらも素数(そすう)であることから，このセミたちは，日本では広く「素数ゼミ」（正式には周期ゼミ：*periodical cicada*）の名で知られている。

13年ごとに羽化するのは主に南に生息する素数ゼミ，17年ごとに羽化するのは主に北に生息する素数ゼミだ。素数ゼミの羽化する周期がこのようになっているのは偶然ではなく，13と17が素数であるからこそだと考えられている。いったい，どういうことなのだろうか。

素数はほかの数との最小公倍数が大きくなる

素数ゼミの祖先には，素数以外の周期で羽化するものもいたと推測されている。主に南に生息する素数ゼミの祖先には，12年，13年，14年，15年周期で羽化する群れが，主に北に生息

2008年6月に，アメリカ・ペンシルベニア州ベルフォントの街路樹で撮影された，17年周期の素数ゼミ。幼虫から羽化したばかりの成虫は，白い色をしている（羽化した成虫は，時間がたつと，色が黒くなる）。成虫の素数ゼミの大きさは，体長（頭から腹の先まで）が2～3センチメートルほどだ。

＊写真提供：京都大学・曽田貞滋教授

する素数ゼミの祖先には，14年，15年，16年，17年，18年周期で羽化する※2群れがいたと想定できる。

ことなる周期で羽化する群れどうしは，まれに同じ年に羽化することがあった。それは，「羽化する周期の最小公倍数にあたる年」である。このとき，羽化する周期のことなる雄（おす）と雌（めす）から生まれることとなった幼虫は，羽化する周期が親とずれてしまうことがあったため，親の周期の群れはしだいに小さくなってしまったのではないかと推測されている。

13年あるいは17年周期で羽化する群れは，ほかの周期の群れと同じ年に羽化する周期が大きくことなる（下表）。素数は1と自分自身以外に約数をもたないため，ほかの数との最小公倍数が大きくなるためだ。つまり，13年あるいは17年周期で羽化する群れは，ほかの群れと同じ年に羽化する機会が少なかったために，絶滅することなく現在にいたったと考えられているのである。

※1：このセミたちの多くは，「*Magicicada septendecim*」（*septende-* は17の意味）や「*Magicicada tredecim*」（*trede-* は13の意味）のように，学名に数字が入っている。

※2：素数ゼミが羽化する周期は，遺伝子で決まっていると考えられている。一方，素数ゼミ以外の普通のセミが成虫になるまでの年数は，数年のばらつきがあるため，環境によって決まると考えられている。

素数ゼミの祖先たちが羽化する周期

A. 主に南に生息する素数ゼミの祖先が羽化する周期

	12年ゼミ	13年ゼミ	14年ゼミ	15年ゼミ
12年ゼミ	−	156年周期	84年周期	60年周期
13年ゼミ	156年周期	−	182年周期	195年周期
14年ゼミ	84年周期	182年周期	−	210年周期
15年ゼミ	60年周期	195年周期	210年周期	−

素数でない14（年ゼミ）と15（年ゼミ）は，それぞれ12年ゼミと「84年」「60年」という，13年ゼミ（素数ゼミ）より短い周期で同時発生する。これにより，ことなる周期のセミどうしが交尾することになる。結果として幼虫の羽化する周期が親とずれることで，群れの絶滅につながったと考えられる。

B. 主に北に生息する素数ゼミの祖先が羽化する周期

	14年ゼミ	15年ゼミ	16年ゼミ	17年ゼミ	18年ゼミ
14年ゼミ	−	210年周期	112年周期	238年周期	126年周期
15年ゼミ	210年周期	−	240年周期	255年周期	90年周期
16年ゼミ	112年周期	240年周期	−	272年周期	144年周期
17年ゼミ	238年周期	255年周期	272年周期	−	306年周期
18年ゼミ	126年周期	90年周期	144年周期	306年周期	−

17は素数であるため，17年ゼミがほかの群れと同じ年に羽化する周期は大きくなる。ところが，14年，15年，16年，18年の周期は，それぞれ112年（16年ゼミと），90年（18年ゼミと），112年（14年ゼミと），90年（15年ゼミと）というより短い周期で出会ってしまうため，ことなる周期のセミどうしで頻繁に子孫をつくることになる。

無理数の不思議な世界

協力　木村俊一
協力・監修　小山信也

分母と分子が整数の分数であらわせる「有理数」に対し，分母と分子が整数の分数であらわすことができず，小数点以下の数字が循環せずに無限につづく数を「無理数」という。本章では，有理数と無理数の不思議な世界にスポットを当てる。

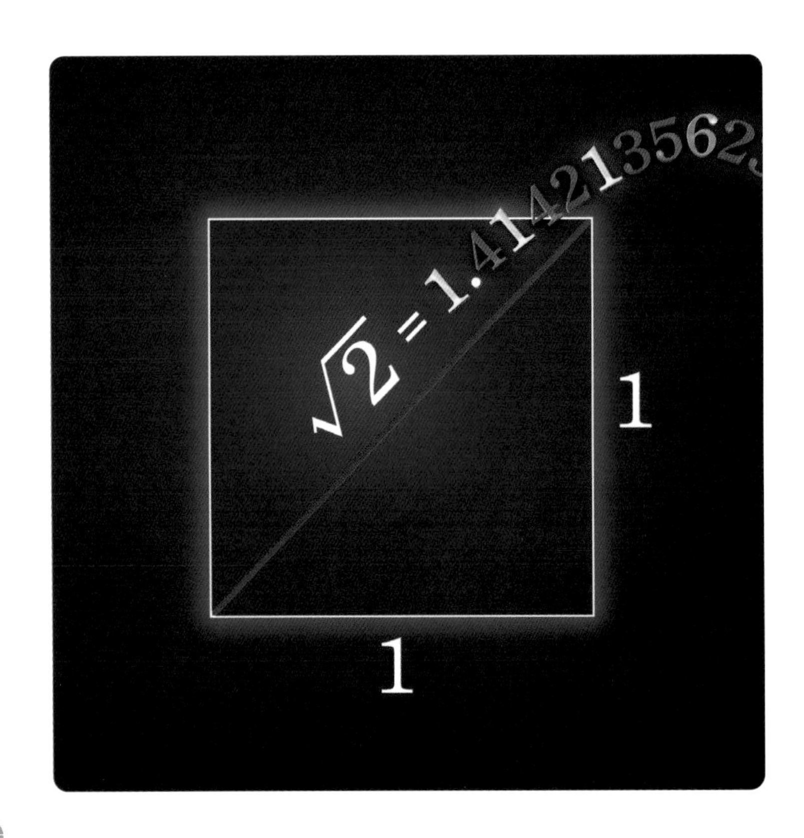

数には さまざまな種類がある

私たちの日常は,「数」にあふれている。商品の値段,時間,気温,距離や速さなど,数にふれない日はないだろう。

1, 2, 3…のような数を「自然数」という。たとえばリンゴやミカンは,「5個のリンゴ」「3個のミカン」などと,自然数を使って数えられる。また「左から5番目のリンゴ」のように,ものの順番をあらわすときにも使われる。個数も順番も同じように「5」などであらわせるのは,**自然数があくまで人間の頭の中に存在する抽象的な概念であるためだ。**

また,自然数と「ゼロ」,そして自然数にマイナスの符号をつけた数(負の数)を合わせて「整数」という。

整数どうしを足したり引いたりすると,必ず整数の中に答えが見つかる。ところが整数どうしで割り算を行うと,整数の中に答えが見つからないことがある(例:1÷3)。そこでつくられた新たな数が,「分数」である。分数は,「小数」であらわすこともできる。

整数と分数を合わせたものが「有理数」だ(負の分数も含む)。さらに,分数であらわすことができない数が「無理数」である。そして,これらの数をすべて含めたもの,つまり有理数と無理数を合わせたものを「実数」という。この実数が,私たちがふだん使っている“普通の数”のすべてである。

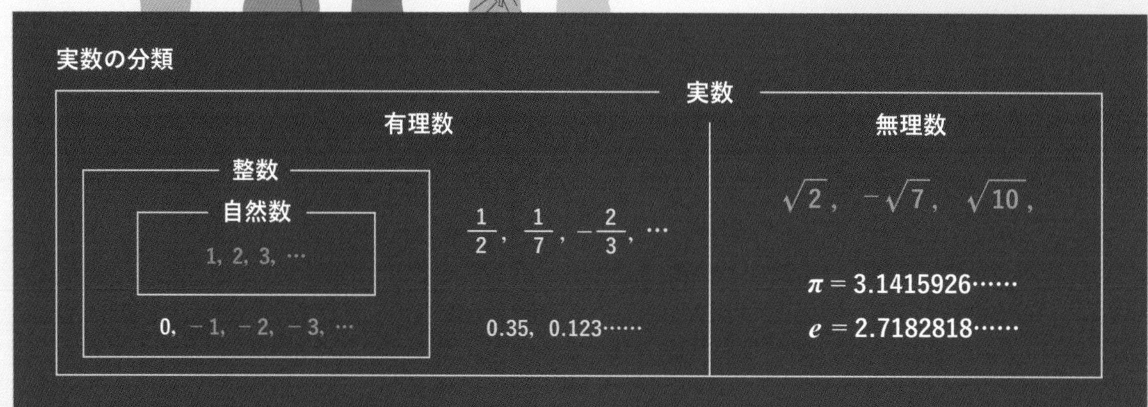

5個のリンゴ

3個のミカン

リンゴとミカンの
総数は8個

数として認められるまでに長い年月がかかった「ゼロ」

ゼロは，私たちにとって身近な数である。しかしゼロが発明され，それが「数」として認められるまでには，長い年月がかかった。

ゼロは最初,「10」の1の位(くらい)の0や,「101」の10の位の0のように，その位に「何の数もない(空位(くうい))」ことをあらわすための記号として登場した。このような「位取りのゼロ」を導入することで，1～9，そして「0」というたった10個の記号（数字）だけで,どんな数もあらわすことができるようになったのである。

位取りのゼロは，古くは紀元前3世紀ごろのメソポタミア文明や，紀元前1世紀ごろのマヤ

マヤでは，貝をあらわす記号によってゼロをあらわした（左）。また，下あごに手をそえた横顔の絵文字で，ゼロをあらわすこともあった（右）。

古代にみられた「ゼロ」

古代の世界各地でみられた初期のゼロの表記法を，地図上に示した。

文明などで使われていたことが知られている。

6〜7世紀のインドで
ゼロは「数」と認められた

しかし当時のゼロは，それ自体が1, 2, 3…などのような「数」であるとは認められていなかった。ゼロが数とみなされるようになったのは，6〜7世紀のインドが発端とされている。**ゼロを数と認めるということは，ゼロそのものを計算の対象としてあつかうということだ。**つまり，「0＋4＝4」や「10×0＝0」のような計算が可能になったのである。

インドで生まれた数としてのゼロとその表記法は，その後アラビアのイスラム文化圏を経由して，ヨーロッパ全域に広まった。このゼロが，今日の私たちが使っているゼロである。

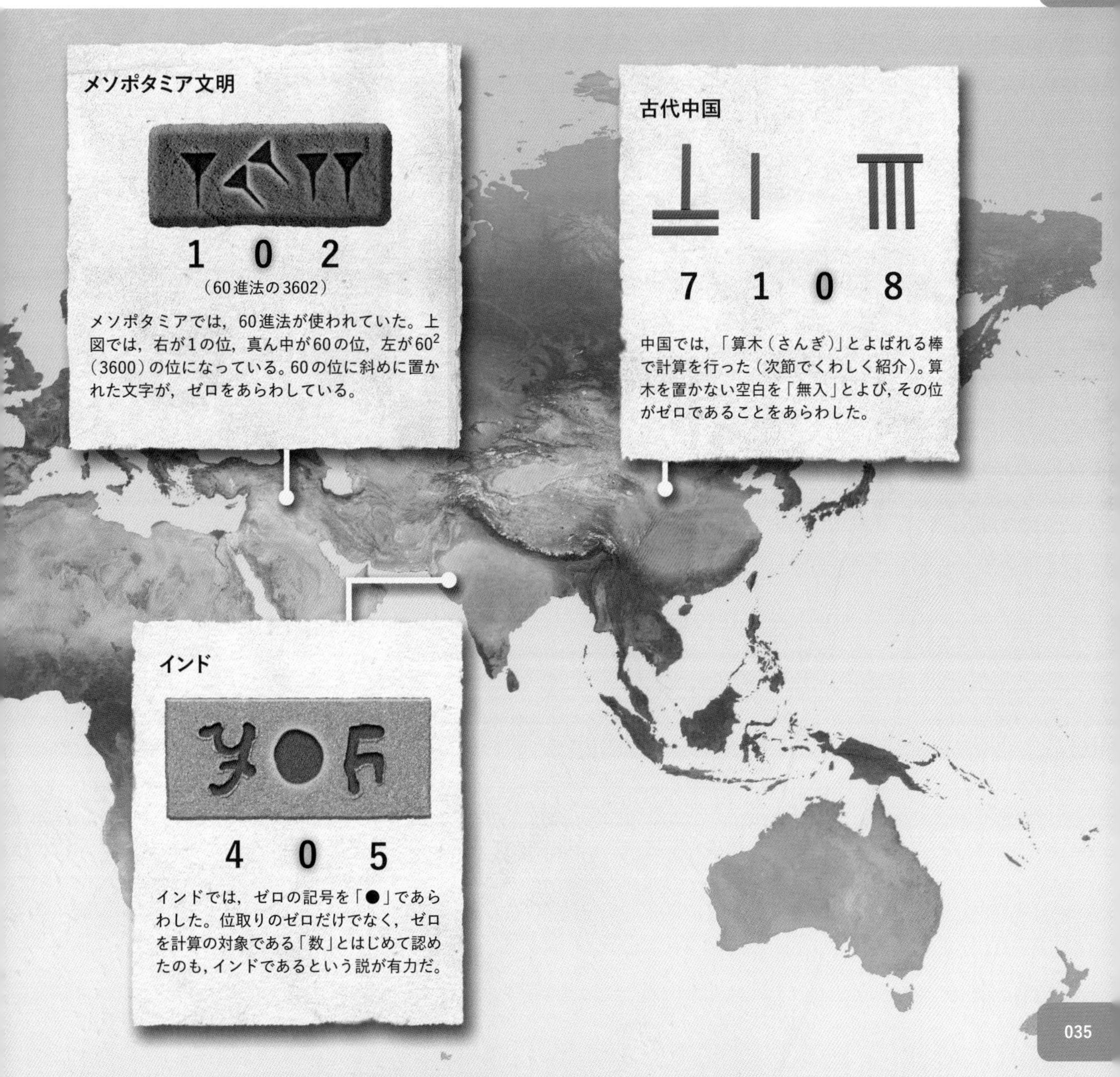

メソポタミアでは，60進法が使われていた。上図では，右が1の位，真ん中が60の位，左が60^2（3600）の位になっている。60の位に斜めに置かれた文字が，ゼロをあらわしている。

中国では，「算木（さんぎ）」とよばれる棒で計算を行った（次節でくわしく紹介）。算木を置かない空白を「無入」とよび，その位がゼロであることをあらわした。

インドでは，ゼロの記号を「●」であらわした。位取りのゼロだけでなく，ゼロを計算の対象である「数」とはじめて認めたのも，インドであるという説が有力だ。

古代の中国やインドで登場した「負の数」は人類がなかなかイメージできない数だった

私たちは，「冷凍庫の温度は－18℃」「今期の利益は前年比－10%」などと，負の数（マイナスの数）を何気なく使っている。しかし負の数もまた，ゼロと同様に，広く受け入れられるまでに長い年月がかかった。

負の数がいち早く登場するのは，紀元前1～2世紀ごろに書かれたとされる『九章算術（きゅうしょうさんじゅつ）』という中国最古の数学書である。当時の中国では，正方形のマス目をえがいた布などの上に「算木（さんぎ）」とよばれる棒を置き，それを操作することで計算を行っていた（右図）。このとき，赤い算木は正の数（プラスの数）を，黒い算木は負の数（マイナスの数）をあらわした。

また，劉徽（りゅうき）という数学者が3世紀ごろに書いた『九章算術』の定本（ていほん）（誤りを修正し，ととのえた本）の注釈には，算木を置くのではなく，算木を紙に書いて負の数をあらわすときに，いちばん下の位の数字（算木）に斜めの線を加える方法がしるされている。

負の数が本格的な数として導入されたのは6～7世紀ごろのインドだといわれている。インドでは会計の計算の際に，「財産」を正の数，「借金」を負の数として表現したようだ。

さらに，インドの数学者ブラフマグプタ（598ごろ～660ごろ）は628年に，天文書『ブラーマ・スプタ・シッダーンタ』をあらわし，この中で，ゼロとともに負の数を使った計算ルールをしるしている。

古代中国では
黒い算木で負の数をあらわした

算木を使って，「63702－6451」を計算するようすをえがいた。「商」と書かれた行の，位をあらわすそれぞれのマス目に，6，3，7，0，2に対応する「赤い算木」（正の数）を置く。空白のマス目は「ゼロ」をあらわす。「実」と書かれた行には，－6，－4，－5，－1に対応する「黒い算木」（負の数）を置く。これらの算木を動かして引き算を行う。

たとえば1の位を見てみよう。2本の赤い算木が置かれたマス目に，その下の1本の黒い算木を移動する。そして，赤と黒の算木1本ずつを相殺する（取り除く）と，赤い算木が1本残る（2－1＝1）。この例の十の位のように，赤い算木が足りない場合には，一つ上の位から繰り下げる。これをすべての位で行うと，商の行に残った算木のあらわす数が引き算の答えとなる。

＊古代中国では，10万の意味で「億」が使われていた。

負の数が登場しても受け入れられなかった

インドで確立した負の数は，その後アラビアを経由してヨーロッパへと伝わった。16世紀には，方程式の解としての負の数がたびたび登場するが，負の数は「理不尽な数」とよばれていた。また，17世紀のフランスの数学者ルネ・デカルト（1596～1650）も「偽の解」とよぶなど，**負の数は認識はされていても，受け入れられるまでには少なからぬ時間がかかったのである。**ちなみに，虚数（きょすう）が誕生したのもこの時代で，負の数と虚数が忌避（きひ）されるようすはよく似ている（虚数については，4章でくわしく紹介）。

小数点以下が循環する「有理数」循環せずに無限につづく「無理数」

「$\frac{3}{5}$」などの分数のように，分母も分子も整数になる分数であらわせる数のことを「有理数（ゆうりすう）」とよぶ。6，－3のような整数も「$\frac{6}{1}$」「$-\frac{3}{1}$」とあらわせるので，有理数である。

有理数は小数を使ってあらわすと，**小数部分が有限になるか，小数部分が循環しながら無限につづく数になる。**たとえば$\frac{3}{5}$は「0.6」で，小数部分が有限だ。$\frac{3}{7}$は「0.428571428571428571……」となり，“428571”という配列を無限にくりかえす。

一方，**小数部分が循環せずに無限につづく**のが「無理数（むりすう）」である。たとえば円周率π（＝3.14159…）は，無理数であることがわかっている。

無理数は特別な数というわけではなく，正方形というありふれた図形の中にもかくれている。一辺が1の正方形の対角線の長さをxとすると，「三平方（さんへいほう）の定理※」により，$x^2=1^2+1^2=2$となる。つまり，xは「2乗して（同じ数を掛けあわせて）2になる数」である。このような数を「$\sqrt{2}$」とあらわす。$\sqrt{2}$を小数を使ってあらわすと，「1.4142135623730950488…」と循環せずに無限につづく無理数であることがわかる。

次節からは，有理数と無理数についてくわしくみていくことにしよう。

循環する小数であらわせる有理数の例

$$\frac{3}{7}=0.428571428571428\ldots$$

無理数は小数点以下が循環せずに無限につづく

$$\sqrt{2}=1.4142135\ldots$$

1

1

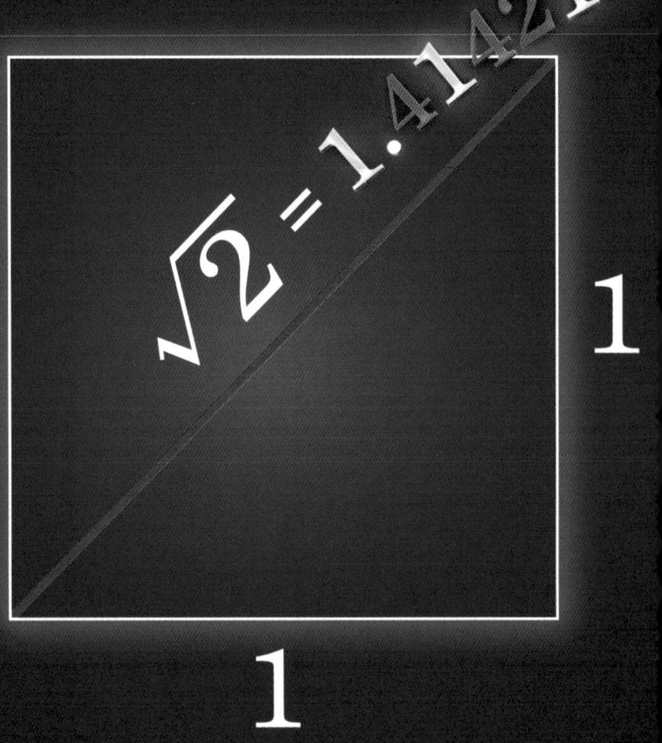

※：直角三角形の斜辺の長さをc，それ以外の二辺の長さをa，bとすると，$c^2=a^2+b^2$が必ず成り立つというもの（→44，180ページ）。

1428571428571……

有理数と無理数

有理数は，小数部分が有限になるか，小数部分が循環しながら無限につづく。一方，一辺が1の正方形の対角線の長さは$\sqrt{2}$という無理数になる。無理数は，小数部分が循環せずに無限につづく。

図では，小数を使ってあらわした数の各々の数字を色分けして示した。

「0.99999…」は「1」と等しい？

有理数(ゆうりすう)は，分母と分子が整数の分数であらわせることを前節で紹介した。有理数は英語で，「rational number」という。ratioは「比（分数）」，rationalは「比になる（分数になる）」という意

ケーキは小さくなってしまった？

今，大きさ「1」のケーキがある（1）。このケーキを3等分にカットすると，それぞれのカットケーキの大きさは，「0.333…」となる（2）。三つのカットケーキを一つにして盛りつけると，合計で「0.999…」となる（3）。もともと大きさ「1」だったケーキが，カットして盛りつけしなおしたところ，「0.999…」になったということになる。はたしてケーキは，小さくなってしまったのだろうか（カットの際に，ケーキは欠けないものとする）。

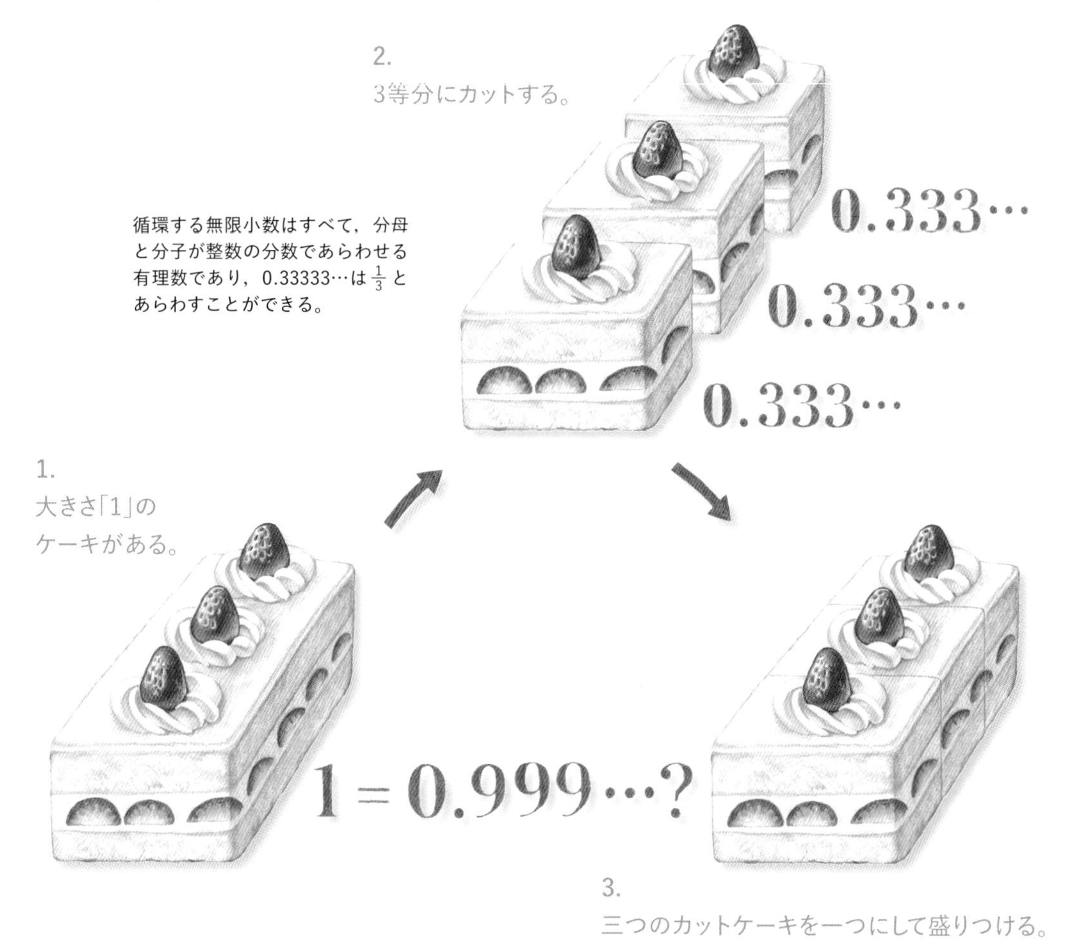
2.
3等分にカットする。
0.333…
0.333…
0.333…
循環する無限小数はすべて，分母と分子が整数の分数であらわせる有理数であり，0.33333…は$\frac{1}{3}$とあらわすことができる。
1.
大きさ「1」のケーキがある。
1＝0.999…？
3.
三つのカットケーキを一つにして盛りつける。

味である。つまり有理数は，言うなれば“有比数（ゆうひすう）”なのである。

たとえば，1を3で割ると「0.33333…」となる。これは，小数点以下が循環しながら無限につづく無限小数だ。循環する無限小数は，分数であらわせる有理数であり，0.33333…は「$\frac{1}{3}$」とあらわすことができる。

無限につづく3がかくれている

さて，$\frac{1}{3}$は「1を3等分したもの」であるはずだ。では，0.33333…も，1を3等分したものであるといえるだろうか。

また，もし0.33333…＝$\frac{1}{3}$であるならば，両辺を3倍した「0.99999…＝1」も成り立つことになる。これは正しいのだろうか（左ページ図）。

実は，0.33333…＝$\frac{1}{3}$という式は，**「0.33333…の小数点以下のけた数を無限にふやしていくと，行きつく先が$\frac{1}{3}$になる」ということを意味している**※。このため，0.33333…は「＝$\frac{1}{3}$」であり，0.99999…は「＝1」なのである。

もし，0.33333…の小数点以下のけた数が有限のけた数で終わると，0.33333…＝$\frac{1}{3}$という式はその時点で成り立たなくなる（0.33333…の小数点以下には，3が無限につづいている）。

※：0.33333…＝$\frac{1}{3}$という式は，次のように書きかえることができる。

$$\lim_{n\to\infty}\{0.3+0.03+0.003+\cdots+0.3\times(0.1)^{n-2}+0.3\times(0.1)^{n-1}\}=\frac{1}{3}$$

「$\lim_{n\to\infty}$」は，nが無限大（∞）にかぎりなく近づくときの，式の極限値を計算する記号である（「リミットn無限大」などと読む）。

なぜ「0.33333…」は「＝$\frac{1}{3}$」なのか

0のあとの小数点以下に，3がn個つづく数を「S_n」とすると，S_nは次のようにあらわすことができる。

$$S_n=0.333\cdots3$$
$$=0.3+0.03+0.003+\cdots\cdots+0.3\times(0.1)^{n-2}+0.3\times(0.1)^{n-1}$$

両辺を0.1倍する。

$$0.1S_n=0.03+0.003+0.0003+\cdots\cdots+0.3\times(0.1)^{n-1}+0.3\times(0.1)^{n}$$

S_nから，$0.1S_n$を引き算する。

$$S_n-0.1S_n=0.3+0.03+0.003+\cdots\cdots+0.3\times(0.1)^{n-2}+0.3\times(0.1)^{n-1}$$
$$-\{0.03+0.003+0.0003+\cdots\cdots+0.3\times(0.1)^{n-1}+0.3\times(0.1)^{n}\}$$
$$0.9S_n=0.3-0.3\times(0.1)^{n}\quad\cdots\cdots①$$

nを無限に大きくするときのS_nを，「S_∞」と書くことにする。
nを無限に大きくすると，①の$(0.1)^n$はかぎりなく0に近づくことから，

$$0.9S_\infty=0.3$$
$$S_\infty=\frac{0.3}{0.9}=\frac{1}{3}$$

となる。また，nを無限に大きくすると，

$$S_\infty=0.3+0.03+0.003+\cdots\cdots=0.33333\cdots$$

となる。したがって，nを無限に大きくすると，次のようになる。

$$S_\infty=\frac{1}{3}=0.33333\cdots$$

数字が循環する「無限小数」は分数であらわすことができる

小数点以下が循環しながら無限につづく数「0.33333…」は，「$\frac{1}{3}$」という分数であらわせた。では，そのほかの有理数（ゆうりすう）である「整数」や，小数点以下が有限の数は，分数であらわせるだろうか。

たとえば2は「$\frac{2}{1}$」，0は「$\frac{0}{1}$」などといったように，整数は分母を1とする分数としてあらわせる。また，小数点以下が有限の数は，**10の累乗（るいじょう）（10を何回かかけ算した数）を掛けて小数部分をなくしたうえで，同じ10の累乗で割り，約分すれば，分数であらわせる。**「0.25」であれば，100を掛けて100で割れば$\frac{25}{100}$となり，約分すると「$\frac{1}{4}$」

1234567890 1234567890 1234567890 1234567890
1234567890 1234567890 1234567890 12345678
0.1234567890 1234567890 1234567890 1234567890 12345678901
1234567890 1234567890 1234567890 1234567890 1234567890 123456
901234567890 1234567890 1234567890 1234567890 123456789
234567890 1234567890 1234567890 1234567890 12345678901
7890 1234567890 1234567890 1234567890 1234567890 1234
01234567890 1234567890 1234567890 1234567890 12345678
234567890 1234567890 1234567890 1234567890 1234567890
567890 1234567890 1234567890 1234567890 12345678901
901234567890 1234567890 1234567890 1234567890
1234567890 1234567890 1234567890 1234567890 123456789
234567890 1234567890 1234567890 1234567890 123456789
1234567890 1234567890 1234567890 1234567890 1234567890
01234567890 1234567890 1234567890 1234567890 12
01234567890 1234567890 1234567890 1234567890 1234
1234567890 1234567890 1234567890 1234567890 1234
34567890 1234567890 1234567890 1234567890 12345
567890 1234567890 1234567890 1234567890 1234567
567890 1234567890 1234567890 1234567890 12345678
67890 1234567890 1234567890 1234567890 12345678
890 1234567890 1234567890 1234567890 12345678
901234567890 1234567890 1234567890 1234567
901234567890 1234567890 1234567890 1234567
901234567890 1234567890 1234567890 123456
890 1234567890 1234567890 1234567890 1234567890… = ?
890 1234567890 1234567890 1234567890
7890 1234567890

Newton

とあらわせる。

では，0.33333…以外の，循環する無限小数の場合はどうだろうか。この場合は，**小数に10の累乗をかけ算してから元の小数を引き算して，小数点以下を消すとよい。**

たとえば，0.252525…と，小数点以下に「25」がくりかえし循環する無限小数xを分数にするとしよう。xを100倍※した$100x$から，元のxを引き算する。すると，$100x$の小数点以下がxの小数点以下に引かれ，$99x = 25$となる。この式は，$x = \frac{25}{99}$と解ける（分数であらわすことができた）。

※：ここで倍数を100にする理由は，小数点以下を元の小数と同じにするためである。

「循環する無限小数」を分数にする方法

「0.1234567890123456789012345678 90…」は，小数点以下が循環しながら無限につづく，循環する無限小数だ。小数点以下が循環しながら無限につづく数は，どんな数であっても，分数にすることができる。

$x = 0.123456789012345678901234567890\cdots$とする。

xを10000000000倍（10^{10}倍）する。倍数を10000000000にする理由は，小数点以下を元の小数と同じにするためだ。

$$10000000000x = 1234567890.123456789012345678 90\cdots$$

$10000000000x$から，xを引き算する。

$$\begin{aligned} 10000000000x - x &= 1234567890.123456789012345678 90\cdots \\ &\quad - 0.123456789012345678901234567890\cdots \\ 9999999999x &= 1234567890 \end{aligned}$$

したがって，次のようになる。

$$x = \frac{1234567890}{9999999999} = \frac{137174210}{1111111111}$$

$$0.123456789012345678901234567890\cdots = \frac{137174210}{1111111111}$$

小数点以下の途中のけたから先が，循環しながら無限につづく数（たとえば「123.45123123123…」など）を，分数であらわす方法も紹介しておこう。

この場合は，123.45123123123…を「x」として，xを100倍（10^2倍）した数と，xを100000倍（10^5倍）した数を用意する。倍数を100と100000にする理由は，小数点以下をそろえるためだ。そして，$100000x$から$100x$を引き算する。

$$\begin{aligned} 100000x - 100x &= 12345123.123123\cdots - 12345.123123123\cdots \\ 99900x &= 12332778 \end{aligned}$$

したがって，次のようになる。

$$x = \frac{12332778}{99900} = \frac{2055463}{16650}$$

$$123.45123123123\cdots = \frac{2055463}{16650}$$

ピタゴラスは無理数の存在を“もみ消した”!?

三平方の定理（ピタゴラスの定理）で知られる古代ギリシャの数学者ピタゴラス（前570ごろ〜前496ごろ）は，あらゆる物体は，自然数（正の整数）の比であらわせると考えていた（このためピタゴラスは，みずから創設したといわれる「ピタゴラス教団」で，自然数を神聖な存在としていた）。

ところがピタゴラスの考えに反して，自然数の比にならないものが見つかってしまった。正方形の一辺の長さと，正方形の対角線の長さの比である。一辺の長さが1の正方形の対角線の長さは，この定理を使うと$\sqrt{2}$と求められる。$\sqrt{2}$は根号（$\sqrt{\ }$）

正方形の対角線の長さは小数点以下が循環せずに無限につづく

一辺の長さが1の正方形は，対角線の長さが$\sqrt{2}$になる。$\sqrt{2}$は根号を使わないであらわすと，小数点以下が循環せずに無限につづくため，正方形の一辺の長さと対角線の長さは，自然数の比にはならない。

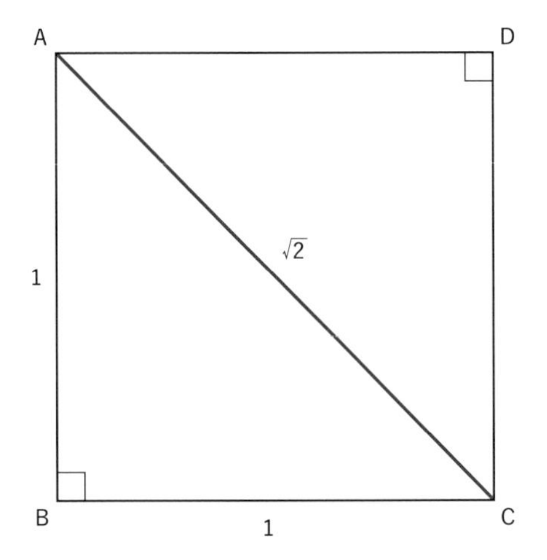

一辺の長さが1の正方形ABCDに，対角線ACを引く。すると三角形ABCは，直角二等辺三角形になる。

三平方の定理から，

$$(AC)^2 = (AB)^2 + (BC)^2$$
$$(AC)^2 = (1)^2 + (1)^2$$
$$(AC)^2 = 2$$

となる。したがって，次のようになる。

$$AC = \sqrt{2}$$

ピタゴラス

＊三平方の定理（ピタゴラスの定理）は，ピタゴラスが発見したのではなく，紀元前2000年ごろのバビロニア人の間ではすでに知られていたようだ。そしてその定理を証明したのが，ピタゴラスたち古代ギリシャ人だと考えられている（諸説あり）。

$\sqrt{2}$などが無理数であることの発見は，古代ギリシャの哲学者プラトン（前427ごろ〜前347ごろ）の著書『テアイテトス』の中に書かれている。右ページの証明の仕方も，『テアイテトス』の中に書かれているものだ。

を使わないであらわすと，「1.41421356…」と**小数点以下が循環せずに無限につづき，分母と分子が整数の分数であらわせない。つまり無理数（むりすう）なのだ。**

無理数は英語で「irrational number」といい，irrationalは「比にならない（分数にならない）」という意味だ。整数にならない平方根（へいほうこん）は，すべて無理数である。すなわち，正方形の一辺の長さと対角線の長さは，自然数の比にならないのである※。

ピタゴラスは，正方形の一辺と対角線が自然数の比にならないことを明らかにした人を教団から追放した。そして，墓をたててその人が死んだことにして，真実をもみ消したといわれている（諸説あり）。

※：一辺の長さが1の正方形の対角線の長さを，$\frac{7}{5}$などの分数であらわすことができれば，正方形の一辺の長さと対角線の長さの比は「1：$\frac{7}{5}$」，すなわち「5：7」となり，自然数の比になる。

$\sqrt{2}$を根号を使わないであらわすと小数点以下が循環せずに無限につづくことの証明（背理法）

「$\sqrt{2}$は有理数である（$\sqrt{2}$を根号を使わないであらわすと，小数点以下が循環せずに無限につづくことはない）」と仮定する。有理数は，共通の約数をもたない二つの整数pとqの分数であらわせるはずだ（pとqは0以外）。

$$\sqrt{2}=\frac{q}{p} \quad \cdots\cdots ①$$

①の両辺を2乗すると，

$$2=\frac{q^2}{p^2} \quad \cdots\cdots ②$$

となる。②の両辺にp^2を掛けると，次のようになる。

$$2p^2=q^2 \quad \cdots\cdots ③$$

③の$2p^2$は，2倍してあるので「偶数」だ。q^2は，$2p^2$と等しいので「偶数」だ。
2乗して偶数になる数は偶数しかありえないので，qは「偶数」である。
qは偶数なので，$q=2r$とあらわせる（rは0以外の整数）。

$q=2r$を③に代入すると，

$$2p^2=(2r)^2$$
$$2p^2=4r^2$$
$$p^2=2r^2 \quad \cdots\cdots ④$$

となる。④の$2r^2$は，2倍してあるので「偶数」だ。
p^2は，$2r^2$と等しいので「偶数」だ。
2乗して偶数になる数は偶数しかありえないので，pは「偶数」である。

したがって，qもpも偶数であり，共通の約数「2」をもつことになる。
これは，pとqが共通の約数をもたないという最初の仮定と矛盾する。
このため，$\sqrt{2}$は有理数ではなく無理数であり，小数点以下が循環せずに無限につづくといえる。

$\sqrt{2}$を筆算で計算する「開平法」

根号（$\sqrt{\ }$）を使わないであらわした$\sqrt{2}$の数の冒頭を，「ひとよひとよにひとみごろ…」（1.41421356…）の語呂あわせで暗記したという人も多いのではないだろうか。実は根号は，**「開平法」とよばれる方法を使って，筆算ではずすことができる。**

たとえば，開平法で$\sqrt{60516}$の根号をはずすと，答えは「246」となる（＝60516の正の平方根は246）。やり方については下図を参照してほしいが，ここでは少し複雑だが，手順の意味を解説しよう。

まず，60516の正の平方根を「$100a+10b+c$」とする。aは100の位の数，bは10の位の数，cは1の位の数だ（今回は$a=2$，$b=4$，$c=6$）。

$\sqrt{60516}=100a+10b+c$な

根号を筆算ではずす「開平法」

開平法は割り算の筆算に似ているが，大きくことなるのは，割る数がどんどん大きくなること，そして割られる数を2けたずつ下へおろす点だ。$\sqrt{60516}$の筆算（A）で練習して，Bの$\sqrt{2}$の根号を開平法ではずす穴埋めパズルに挑戦してみてほしい。ただし，$\sqrt{2}$の根号をはずすと，小数点以下が循環せずに無限につづく数になるため，最後までは計算できない。

A. $\sqrt{60516}$の筆算

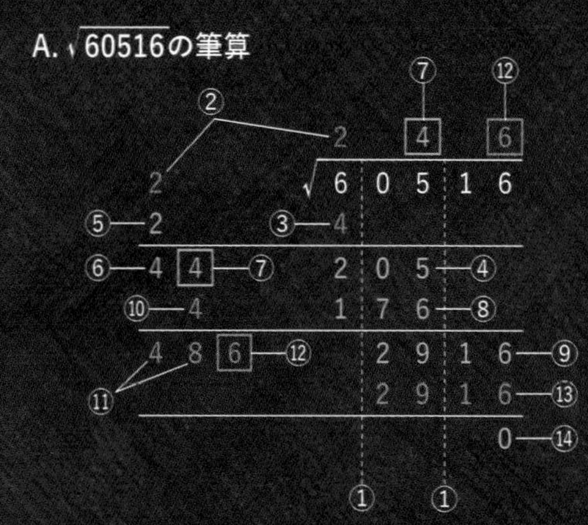

①小数点を基準に2けたずつ点線で区切る
②2乗すると6に最も近くなる数（ただし2乗しても6をこえない数）を書く → 2
③2 × 2 = 4
④6 − 4 = 2，「05」を下へおろす → 205
⑤上と同じ数を書く → 2
⑥2 + 2 = 4（2 × 2 = 4）
⑦4□ × □の値が，205に最も近くなるように（ただし205をこえないように），□の中に同じ数を書く → 4
⑧44 × 4 = 176
⑨205 − 176 = 29，「16」を下へおろす → 2916
⑩上と同じ数を書く → 4
⑪44 + 4 = 48（40 + 4 × 2 = 48）
⑫48□ × □の値が，2916に最も近くなるように（ただし2916をこえないように），□の中に同じ数を書く → 6
⑬486 × 6 = 2916
⑭2916 − 2916 = 0 → $\sqrt{60516}$ = 246
60516の正の平方根は「246」

ので，この式の両辺を2乗すると，次のように変形できる。

$$
\begin{aligned}
60516 &= (100a+10b+c)^2 \\
&= (100a+10b+c) \\
&\quad \times (100a+10b+c) \\
&= (100a)^2+2000ab \\
&\quad +(10b)^2+200ac+20bc+c^2 \\
&= (100a)^2+(100a\times2+10b)10b \\
&\quad +(100a\times2+10b\times2+c)c
\end{aligned}
$$

最後の行に注目してほしい。「$(100a)^2$」の部分は，左ページ下「2×2」(②) に相当する（筆算では0が省略されているが，実際に行われているのは200×200である）。

「$(100a\times2+10b)\ 10b$」の部分は「4□×□」(⑦) に，「$(100a\times2+10b\times2+c)\ c$」の部分は「48□×□」(⑫) に相当する。つまり，開平法の手順は「$(100a)^2$＋ $(100a\times2+10b)10b$＋ $(100a\times2+10b\times2+c)\ c$」を順番に計算しながら，答えが60516になる a，b，c をさがしていたというわけだ。

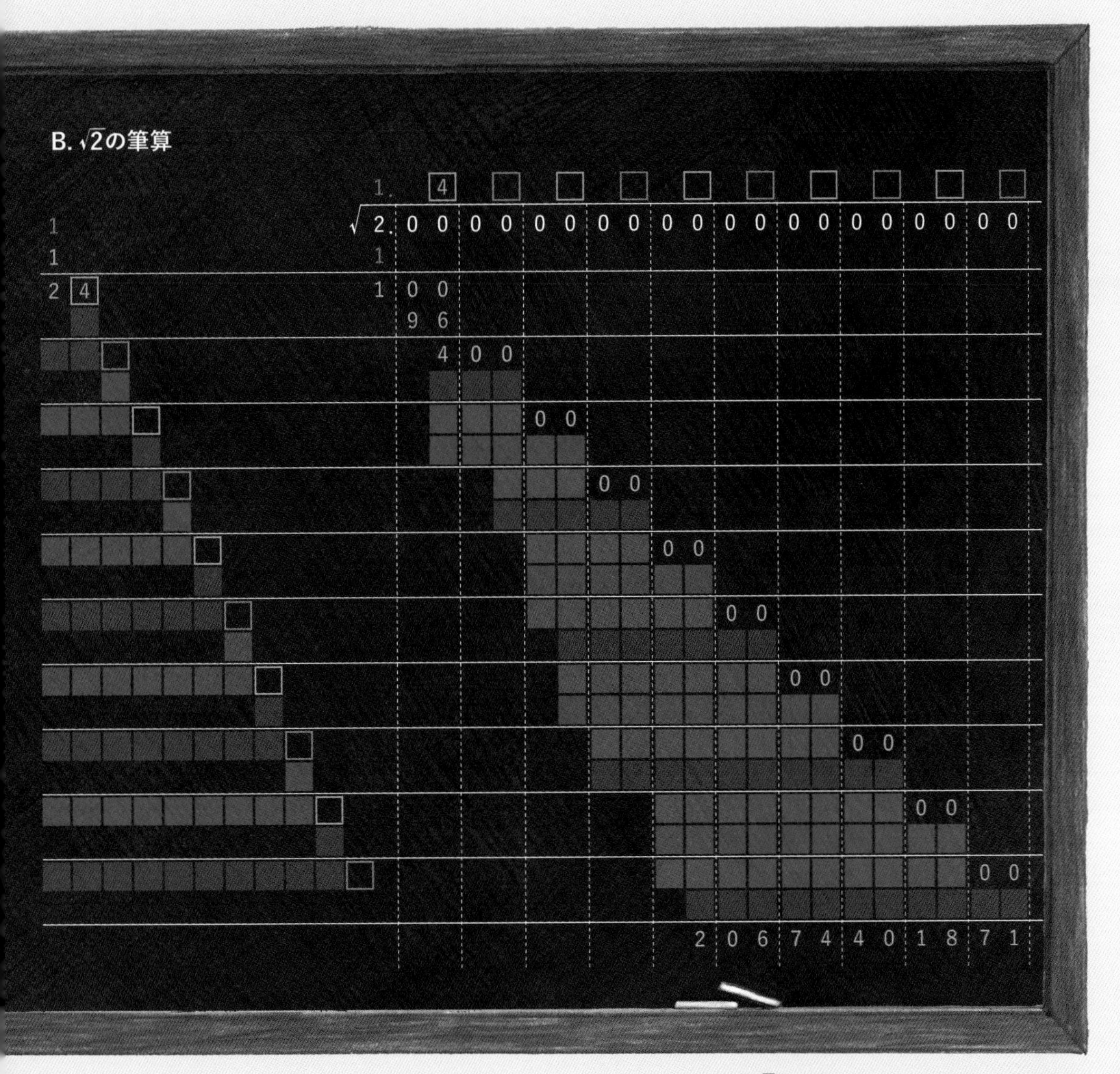

＊答え（√2の根号をはずした数）は，38ページ誌面参照。

A4の原稿をA3に拡大コピーするには一辺の長さを$\sqrt{2}$倍すればいい

平方根(へいほうこん)は，何の役に立っているのだろうか。

たとえば，コピー機でA4サイズの原稿を，面積が2倍のA3サイズの用紙に拡大コピーするとき，コピー機の液晶パネルには，倍率が「141％」と表示されているはずだ。これは，長方形の面積を2倍にする場合，長方形の一辺の長さを$\sqrt{2}$倍（約1.41倍）にすればいいことを意味している。すなわち，**一辺の長さを$\sqrt{2}$倍にすれば，面積は$\sqrt{2}$倍×$\sqrt{2}$倍で，2倍の大きさになるのである。**

また，カメラのレンズには，カメラ内部に取りこむ光の量を調節する「絞り(しぼ)」という装置がある。この絞りは，目盛りが$\sqrt{2}$倍きざみになっている※。たとえば絞り「1.4」は，絞り「1.0」

A4をA3に拡大コピーするときは「$\sqrt{2}$倍」

A4用紙は，A3用紙を半分に切り分けたものだ。これらは相似形になっていて，A3用紙はA4用紙の2倍の大きさ（面積）がある。一辺の長さを$\sqrt{2}$倍（約1.41倍）すると，面積は$\sqrt{2}\times\sqrt{2}$で「2倍」となるため，A4からA3に拡大コピーするときは「141％」の設定が適していることになる。

A4用紙

面積＝62,370mm^2

縦＝210mm

横＝297mm

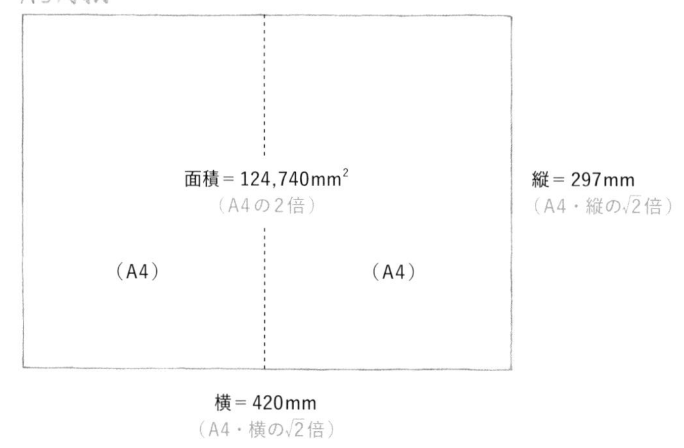

用紙の縦横比

日本でよく使われる用紙の大きさには，「A判」と「B判」がある。A判は，A0用紙（縦841mm，横1189mm）を次々と半分に切り分けたもの，B判はB0用紙（縦1030mm，横1456mm）を次々と半分に切り分けたものである。

今，ある用紙の縦の長さをx，横の長さをaxとする。この長方形の用紙を半分に切り分けてできる用紙は，縦の長さが$\frac{ax}{2}$，横の長さがxである。二つの用紙の縦横比は等しいので，

$$x : ax = \frac{ax}{2} : x$$
$$\frac{a^2x^2}{2} = x^2$$
$$a^2x^2 = 2x^2$$
$$a^2 = 2$$
$$a = \sqrt{2}$$

となる。以上の結果から，用紙の縦横比を$1:\sqrt{2}$にしておけば，半分に切り分けた用紙も縦横比が等しい相似形になることがわかる。

の50%の光が本体に入る設定だ。「1.4」では，光が通過する穴の半径が「1.0」の$\frac{1}{\sqrt{2}}$倍（約$\frac{1}{1.4}$倍）になる，つまり穴の面積は$\frac{1}{\sqrt{2}}\times\frac{1}{\sqrt{2}}$で$\frac{1}{2}$倍となり，本体に入る光の量が50%に調節されるというわけだ。

ほかにも，中学校の技術の授業などで使う「さしがね」という工具の裏面にも，$\sqrt{2}$倍きざみの目盛りがふられている。さしがねを，直角二等辺三角形をつくるように丸太の断面にあてがうと，その丸太から得られる角材の対角線の長さを，目盛りを読むだけで知ることができる。

※：0.7，1.0，1.4，2，2.8，4，5.6，8，…のように，1を基準にした$\sqrt{2}$倍きざみになっている。絞りの最小値と最大値は，カメラのレンズごとにことなるが，最小値は絞りを全開にしたときの値で，レンズの焦点距離をレンズの直径で割った値である。

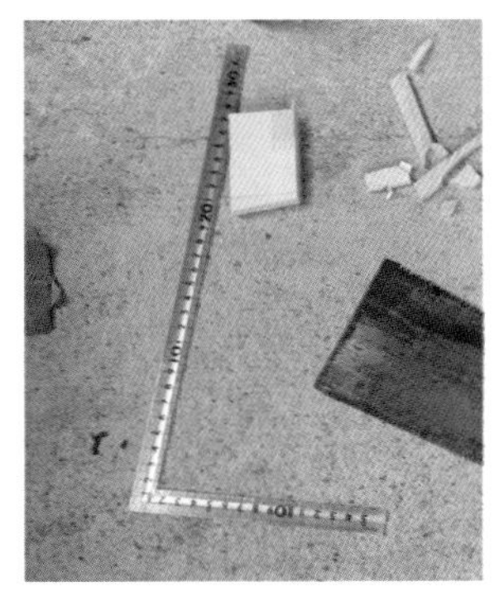
さしがね

絞りは目盛りが「$\sqrt{2}$倍」きざみ

カメラの絞りの目盛りは，$\sqrt{2}$倍きざみになっている。絞りを1段階大きくすると，絞りの穴の半径が$\frac{1}{\sqrt{2}}$倍になり，絞りの穴の面積は$\frac{1}{\sqrt{2}}\times\frac{1}{\sqrt{2}}$で$\frac{1}{2}$倍になる。下に示した各絞りの穴の半径と面積は，「1.0」の何倍になっているかをあらわしている。

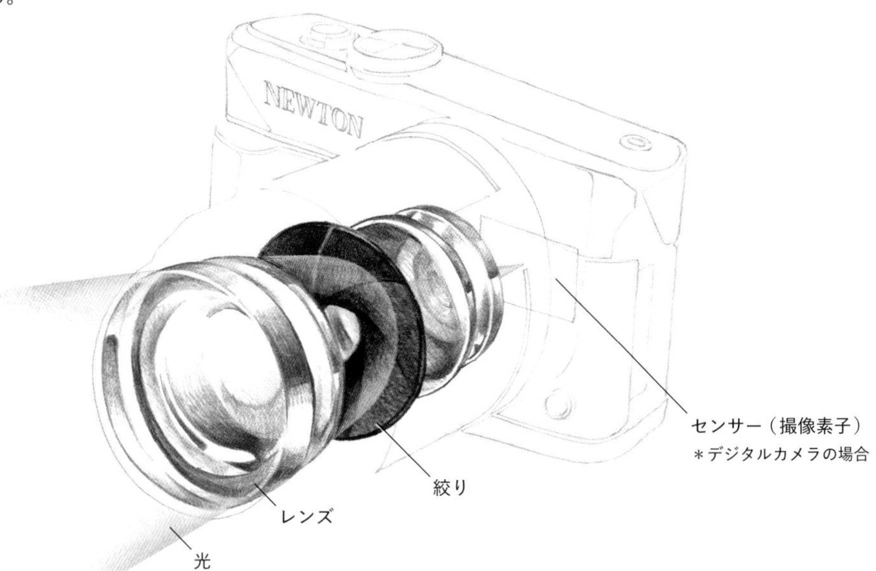

絞り1.0

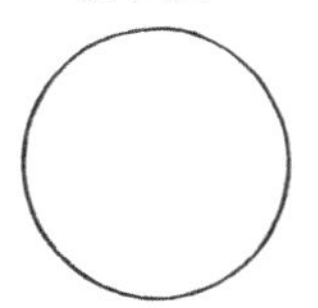

穴の半径＝1

穴の面積＝1

絞り1.4

半径＝$\frac{1}{\sqrt{2}}$倍＝約$\frac{1}{1.4}$倍

面積＝$\frac{1}{2}$倍

絞り2

半径＝$\frac{1}{\sqrt{4}}$倍＝$\frac{1}{2}$倍

面積＝$\frac{1}{4}$倍

絞り2.8

半径＝$\frac{1}{\sqrt{8}}$倍＝約$\frac{1}{2.8}$倍

面積＝$\frac{1}{8}$倍

絞り4

半径＝$\frac{1}{\sqrt{16}}$倍＝$\frac{1}{4}$倍

面積＝$\frac{1}{16}$倍

絞り5.6

半径＝$\frac{1}{\sqrt{32}}$倍＝約$\frac{1}{5.6}$倍

面積＝$\frac{1}{32}$倍

古代メソポタミアの粘土版にきざまれた$\sqrt{2}$

右の図は，およそ4000年前の古代メソポタミア（世界最古とされる文明が誕生した地）の粘土板（ねんどばん）「YBC7289」の復元図である。表面には，正方形とその対角線がえがかれている。また対角線上には，「1」「24」「51」「10」という数がくさび形文字できざまれているのが，おわかりいただけるだろう。

これらは60進法であらわされた数であり，私たちがふだん使っている10進法に直せば「1.41421296296…」となる（計算は図の左下に示した）。これは「$\sqrt{2}$」のきわめて正確な，より具体的にいえば小数点以下5けたまで正しい近似値（きんじち）である。

さらに，対角線上の下には，正方形の一辺の長さを30としたときの対角線の長さ，すなわち60進法で「42」「25」「35」という数，10進法に直せば「42.4263888…」もきざまれている。

メソポタミア人はどうやって求めた？

メソポタミア人は，どのようにして$\sqrt{2}$の近似値を求めたのだろうか。有力な説は次のとおりで，「バビロニアの方法」とよばれている。

2は，「1の2乗（＝1）」よりは大きいものの，「2の2乗（＝4）」よりは小さい数だ。したがって，$\sqrt{2}$は「1と2の間」に存在することがわかる。

もし，1と2の平均である$\frac{3}{2}=1.5$が$\sqrt{2}$そのものであれば，$(2\div\frac{3}{2})$の計算結果も$\frac{3}{2}$になるはずだ。しかし実際には，$2\div\frac{3}{2}=\frac{4}{3}=1.3333\cdots$となるので，$\sqrt{2}$は「$\frac{4}{3}$と$\frac{3}{2}$の間」に存在することがわかる。

そこで，今度は$\frac{4}{3}$と$\frac{3}{2}$の平均である$\frac{17}{12}=1.41666\cdots$を新たな$\sqrt{2}$の候補とし，これで2を割ると，$2\div\frac{17}{12}=\frac{24}{17}=1.41176\cdots$となるので，$\sqrt{2}$は「$\frac{24}{17}$と$\frac{17}{12}$の間」に存在することがわかる。

以下，次々と候補をとっては「その候補の逆数の2倍と，その候補自体との平均を計算して，それを新たな候補とする」という操作をくりかえす（ただし，バビロニアでは分数でなく小数を使っていたので，逆数をどうやって計算していたかについては，今も議論されている）。

すると，$\frac{17}{12}$の次の候補は$\frac{577}{408}$で，これを60進法であらわすと，最初の4けたは「1」「24」「51」「10」となり，粘土板と一致する。

粘土板「YBC7289」

4000年前の古代メソポタミアの粘土板「YBC7289」（イェール大学所蔵）の復元図。真ん中にえがかれた正方形の一辺は，7～8センチだ。粘土板には，2のきわめて正確な近似値や，正方形の一辺の長さを30としたときの対角線の長さがきざまれている。

$$1+\frac{24}{60}+\frac{51}{60^2}+\frac{10}{60^3}=1.41421296296\cdots$$

$$\sqrt{2}=1.41421356237\cdots$$

30
1
24
51
10
35
25
42

古代から 最も美しいとされる比率「黄金比」

「黄金比(おうごんひ)」とは，**古代より多くの数学者や芸術家たちを魅了してきた“最も美しい”とされる比率で，「1.618033…:1」である。**この「1.618033...」を黄金数(おうごんすう)といい，「ϕ(ファイ)」という記号であらわす。

黄金数ϕは，図形の中にふいに“出没”する。たとえば正五角形の一辺を1とすると，対角線の長さは黄金数ϕになる。また，すべての面が同じ大きさの正多角形となっているような凸多面体，つまり正多面体※1を考えると，その中にも黄金数ϕがあらわれる。

紀元前300年ごろに活躍した数学者ユークリッドは，さまざまな数学の理論をわかりやすく紹介する『原論(げんろん)』という書物を著した。黄金比は，この中にも登場する。ユークリッドは『原論』において，黄金比※2を次のように定義した。

「ある線分において，全体に対する長い部分の比が，長い部分に対する短い部分の比と等しくなるとき，線分は黄金比で分けられている。このとき短い部分が1であれば，長い部分はϕとなる」

※1：正多面体が五つしかないことを，ピタゴラスよりのちの時代の哲学者プラトン（前427～前347）が重要視したので，これらは「プラトン立体」とよばれる。
※2：ユークリッドは「外中比（がいちゅうひ）」という言葉を使った。これが黄金比と名づけられたのは，後年のことだ。

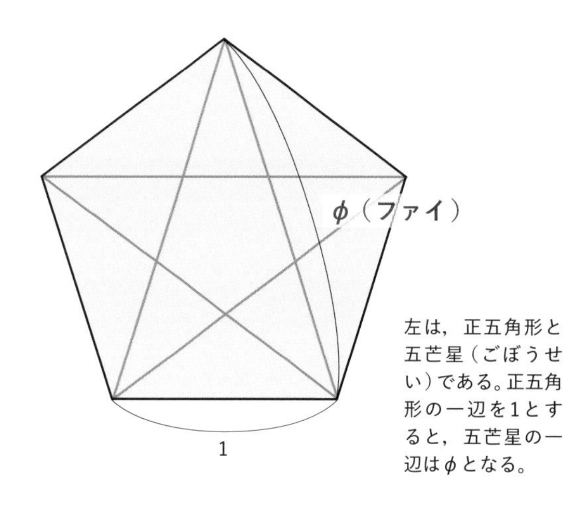

左は，正五角形と五芒星（ごぼうせい）である。正五角形の一辺を1とすると，五芒星の一辺はϕとなる。

ユークリッドは黄金比を，「$C:A = A:B$ となる比率」と定義した（式を変形すると，$A^2 = BC$ となる。また，B が1のとき A は ϕ）。

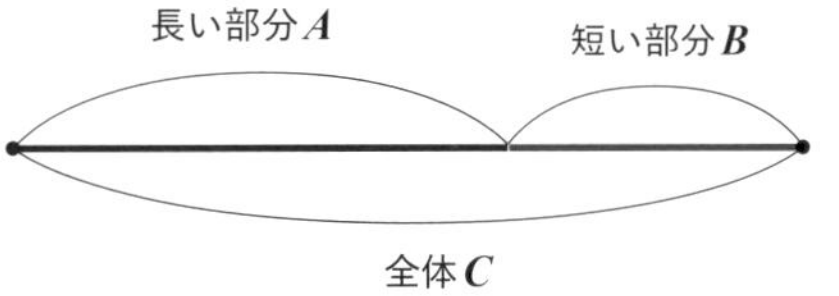

黄金数 ϕ は，パルテノン神殿やミロのヴィーナスなどにみられる。身近なところでは，名刺の基本的な縦横比も黄金比になっている（写真はパルテノン神殿）。

自然界にあらわれる「フィボナッチ数列」

イタリアの数学者レオナルド・フィボナッチ（1180ごろ〜1250ごろ）は，『計算の書』という著書の中で次のような問題を紹介した。

「ウサギのつがいが生まれた。このつがいは成長して親になるのに1か月かかり，2か月目からは毎月つがいを産む。生まれたつがいも1か月間成長して，2か月目から毎月つがいを産む。この場合，12か月目にはウサギは何つがいになっているだろうか」

ウサギのつがいの数は1，1，2，3，5…とふえていき，12か月目には144になる。このように**1，1ではじまり，前の2項を足すと次の項になるという単純なルールにもとづく数列**のことを「フィボナッチ数列」という。フィボナッチ数列は，雄（おす）のミツバチの家系図や，植物の茎につく葉の数，パイナップルなど（集合果（しゅうごうか））の表面にあらわれるらせんの列の数などにもあらわれる。

フィボナッチ数は黄金数と表裏一体

実は，黄金数とフィボナッチ数は密接な関係がある。まずは，フィボナッチ数列を縦に並べてみよう。そして，上下に並んだ数字の比をみていく。

1÷1＝1, 2÷1＝2, 3÷2＝1.5…とくりかえしていくと，だんだんとある数字に近づいていく。その数字が1.618033…，すなわち黄金数なのだ（右ページA）。フィボナッチ数列のとなりあう数の比は，数が大きくなるにつれて，黄金数にかぎりなく近づくのである。

もう一つ，フィボナッチ数列と黄金数の密接な関係を示す例がある。それは，n番目のフィボナッチ数をあらわす式だ（B）。n番目のフィボナッチ数をあらわす式には，黄金数（$\frac{1+\sqrt{5}}{2}$）が含まれているのだ。

整数であるフィボナッチ数をあらわす式の中に，整数ではない無理数（むりすう）が含まれていることは，考えてみたら不思議なことだ。実際にnに整数を代入して，整数になることを確かめてみてほしい。

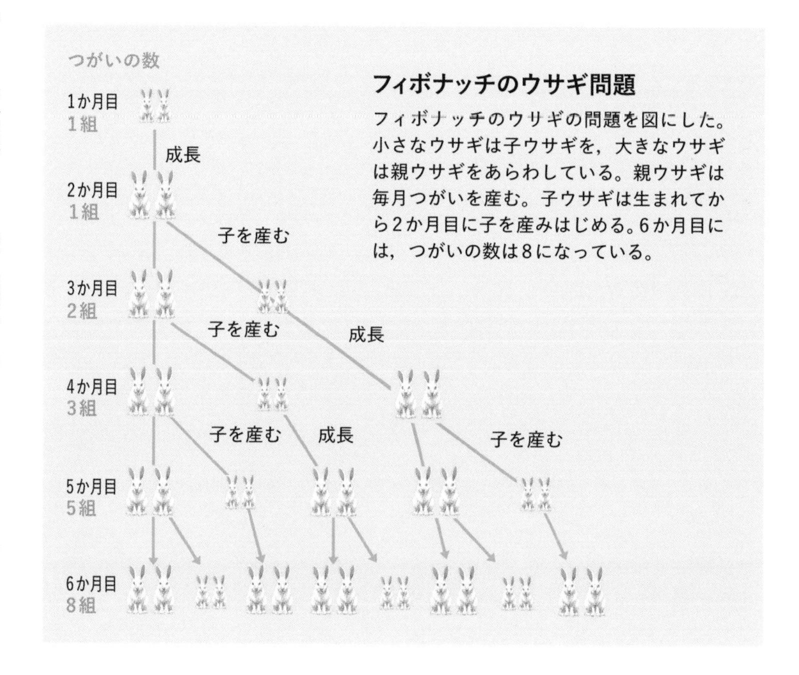

フィボナッチのウサギ問題

フィボナッチのウサギの問題を図にした。小さなウサギは子ウサギを，大きなウサギは親ウサギをあらわしている。親ウサギは毎月つがいを産む。子ウサギは生まれてから2か月目に子を産みはじめる。6か月目には，つがいの数は8になっている。

フィボナッチ数列

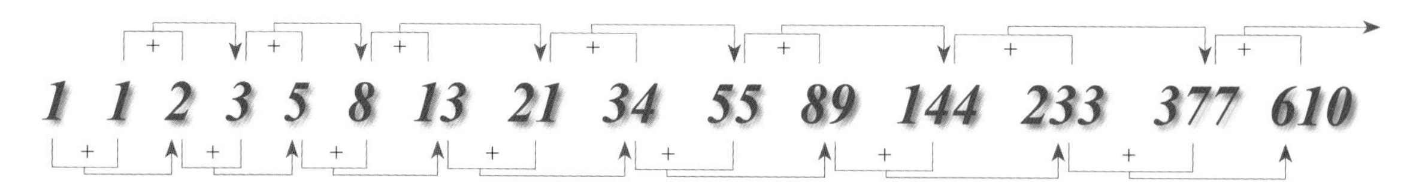

雄のミツバチの家系図

下はミツバチの家系図である。ミツバチの雌（女王バチ）が産んだ卵は，受精をすれば雌になるが，受精をせずにそのまま成長すると雄になる。つまり，雄には母親しかおらず，雌には母親と父親が存在することになる。この場合，雄のミツバチ（図のいちばん下）の親をさかのぼってみてみると，その数はフィボナッチ数列になる。

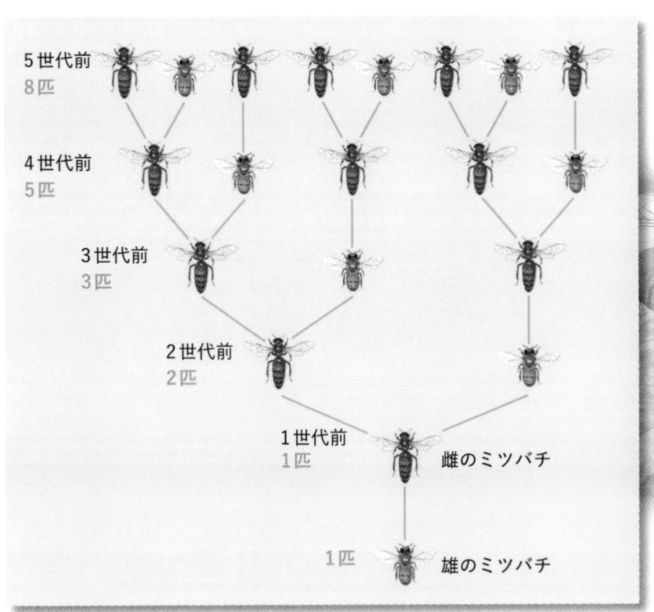

A.

数	比
1	
	1.000000倍
1	
	2.000000倍
2	
	1.500000倍
3	
	1.666666倍
5	
	1.600000倍
8	
	1.625000倍
13	
	1.615384倍
21	
	1.619047倍
34	
	1.617647倍
55	
	1.618181倍
89	
⋮	⋮
n番目の数	
	1.618033……倍
$n+1$番目の数	

▼ どんどん
ϕ 近づいていく

B.

n番目のフィボナッチ数は黄金数を使ってあらわすことができる

1，1からはじめて，前の数字を二つ足していけば，フィボナッチ数列をつくることができる。だが，「100番目のフィボナッチ数を，順番に足し算することなくあらわしてみよ」と言われたらどうすればいいだろうか。そんなときに役立つのが，「ビネの公式」である。フランスの数学者であり物理学者であるジャック・ビネ（1786～1856）は，この公式を広めた人物だ（発見者は別にいるといわれている）。下の式のnに100を代入した数が，100番目のフィボナッチ数になる。そしてこの式の中には，黄金数（赤色で示した）が含まれている。

ビネの公式

$$F_n=\frac{1}{\sqrt{5}}\left\{\left(\frac{1+\sqrt{5}}{2}\right)^n-\left(\frac{1-\sqrt{5}}{2}\right)^n\right\}$$

円周率πと無限の数

協力・監修　黒川信重／小山信也

円周率πは，小数点以下の数をどこまで正確に求めようとしても，その先の数が無限につづくという不思議な魅力をもつ数である。本章ではそんな円周率に代表される，さまざまな“無限をはらむ数”をみていくことにしよう。

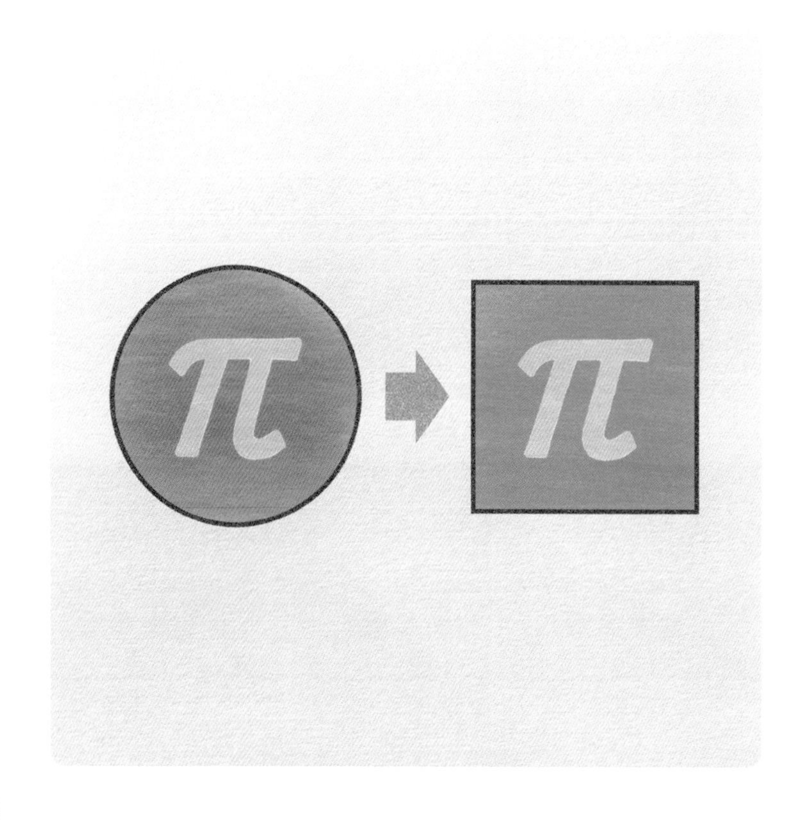

「円周率π」は無限につづく循環しない小数

円と関連して，大昔から人々を悩ませてきた数がある。それが「円周率π（パイ）」である。

円周率は，円周の長さが直径の何倍かをあらわす数だ。つまり「円周＝π×直径」である。円の半径をrとすれば，「円周＝$2\pi r$」となる。

πは，**学校では「3.14」と習うことが多いが，決して3.14ちょうどではない**。実際，ひもなどを使って円筒（えんとう）形の物体の円周と直径をはかれば，円周率が3より少し大きい値であることはすぐにわかる。たとえば紀元前2000年ごろのバビロニア人は，円周率として「3」や「$3\frac{1}{8}$」を使っていたという。

円周率にはその後も，さまざまな文明で，さまざまな値が用いられてきた。その中で真の値（3.1415926…：右ページ図参照）に近いものには，$\frac{22}{7}$（＝$3\frac{1}{7}$＝3.1428571…）や$\frac{355}{113}$（＝3.1415929…）などがある。

πの近似（きんじ）値である$\frac{22}{7}$の場合，さらに小数点以下をふやすと，$3.\dot{1}4285\dot{7}142857\cdots$となり，点（・）を打った間の数（142857）がくりかえして無限につづく（循環小数）。分母と分子が整数になる分数であらわされる$\frac{22}{7}$は有理数（ゆうりすう）だ。有理数は，小数点以下が有限のところで終わる小数か，循環小数のどちらかになることが知られている。

一方，πは，3.141592653…と無限につづくが，数の列は循環しない。無限につづき，循環小数にもならないということは，整数の分数の形であらわすことができないことになる。こういった数は無理数（むりすう）とよばれ，πはその代表例の一つだ。よく知られている無理数には，ほかに「$\sqrt{2}$」や「$\sqrt{3}$」などがある。

πは“円周率”の名があるが，円周を求めるためだけの数ではない。円の面積や，球の表面積・体積を求めるのにも必須の数であり，数学で屈指の重要な数とみなされている。

循環しない数が無限につづくπ

無理数である円周率πの値（小数点以下）と，有理数である$\frac{1}{7}$の小数点以下の値を，数字ごとにことなる色でえがいた。$\frac{1}{7}$はくりかえし同じ数の並びがみられるが，πの数字の並びには，どこまでいっても規則性がみられない。ちなみにπは，「周」を意味するギリシャ語の頭文字に由来する。

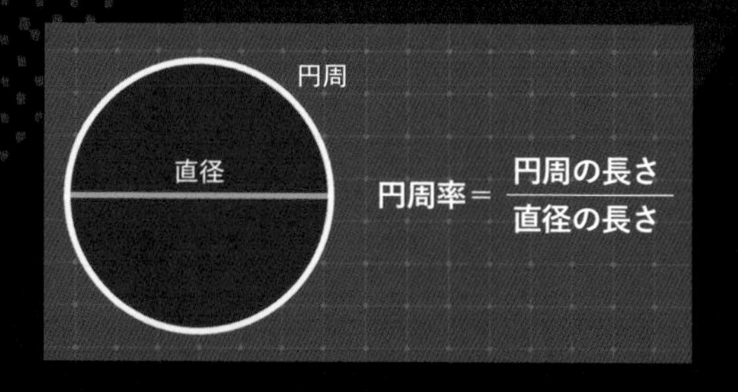

$\frac{1}{7}$ = 0.142857142857142857142857142857142857142857142857142857142857

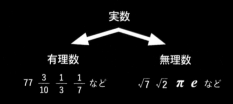

π =3.141592653589 793238462643 383279502884 197169399375 105820974944
592307816406 286208998628 034825342117 067982148086 513282306647 093844609550
582231725359 408128481117 450284102701 938521105559 644622948954 930381964428
810975665933 446128475648 233786783165 271201909145 648566923460 348610454326
648213393607 260249141273 724587006606 315588174881 520920962829 254091715364
367892590360 011330530548 820466521384 146951941511 609433057270 365759591953 092186117381
932611793105 118548074462 379962749567 351885752724 891227938183 011949129833 673362440656
643086021394 946395224737 190702179860 943702770539 217176293176 752384674818 467669405132
000568127145 263560827785 771342757789 609173637178 721468440901 224953430146 549585371050
792279689258 923542019956 112129021960 864034418159 813629774771 309960518707 211349999998
372978049951 059731732816 096318595024 459455346908 302642522308 253344685035 261931188171
010003137838 752886587533 208381420617 177669147303 598253490428 755468731159 562863882353
787593751957 781857780532 171226806613 001927876611 195909216420 198938095257 201065485863
278865936153 381827968230 301952035301 852968995773 622599413891 249721775283 479131515574
857242454150 695950829533 116861727855 889075098381 754637464939 319255060400 927701671139
009848824012 858361603563 707660104710 181942955596 198946767837 449448255379 774726847104
047534646208 046684259069 491293313677 028989152104 752162056966 024058038150 193511253382
430035587640 247496473263 914199272604 269922796782 354781636009 341721641219 924586315030
286182974555 706749838505 494588586926 995690927210 797509302955 321165344987 202755960236
480665499119 881834797753 566369807426 542527862551 818417574672 890977772793 800081647060
016145249192 173217214772 350141441973 568548161361 157352552133 475741849468 438523323907
394143334547 762416862518 983569485562 099219222184 272550254256 887671790494 601653466804
988627232791 786085784383 827967976681 454100953883 786360950680 064225125205 117392984896
084128488626 945604241965 285022210661 186306744278 622039194945 047123713786 960956364371
917287467764 657573962413 890865832645 995813390478 027590099465 764078951269 468398352595
709825822620 522489407726 719478268482 601476990902 640136394437 455305068203 496252451749
399651431429 809190659250 937221696461 515709858387 410597885959 772975498930 161753928468
138268683868 942774155991 855925245953 959431049972 524680845987 273644695848 653836736222
626099124608 051243884390 451244136549 762780797715 691435997700 129616089441 694868555848
406353422072 225828488648 158456028506 016842739452 267467678895 252138522549 954666727823
986456596116 354886230577 456498035593 634568174324 112515076069 479451096596 094025228879
710893145669 136867228748 940560101503 308617928680 920874760917 824938589009 714909675985
261365549781 893129784821 682998948722 658804857564 014270477555 132379641451 523746234364
542858444795 265867821051 141354735739 523113427166 102135969536 231442952484 937187110145
765403590279 934403742007 310578539062 198387447808 478489683321 445713868751 943506430218
453191048481 005370614680 674919278191 197939952061 419663428754 440643745123 718192179998
391015919561 814675142691 239748940907 186494231961 567945208095 146550225231 603881930142
093762137855 956638937787 083039069792 077346722182 562599661501 421503068038 447734549202
605414665925 201497442850 732518666002 132434088190 710486331734 649651453905 796268561005
508106658796 998163574736 384052571459 102897064140 110971206280 439039759515 677157700420
337869936007 230558763176 359421873125 147120532928 191826186125 867321579198 414848829164
470609575270 695722091756 711672291098 169091528017 350671274858 322287183520 935396572512
108357915136 988209144421 006751033467 110314126711 136990865851 639831501970 165151168517
143765761835 155650884909 989859982387 345528331635 507647918535 893226185489 632132933089
857064204675 259070915481 416549859461 637180270981 994309924488 957571282890 592323326097
299712084433 573265489382 391193259746 366730583604 142813883032 038249037589 852437441702
913276561809 377344403070 746921120191 302033038019 762110110044 929321516084 244485963766
983895228684 783123552658 213144957685 726243344189 303968642624 341077322697 802807318915
441101044682 325271620105 265227211166 039666557309 254711055785 376346682065 310989652691
862056476931 257058635662 018558100729 360659876486 117910453348 850346113657 686753249441
668039626579 787718556084 552965412665 408530614344 431858676975 145661406800 700237877659
134401712749 470420562230 538994561314 071127000407 854733269939 081454664645 880797270826
683063432858 785698305235 808933065757 406795457163 775254202114 955761581400 250126228 ……

（以下，不規則な数が無限につづく）

円周率πには奇妙な数列が含まれている

── 頭の中に，何でもいいので10けたの数字の列を思い浮かべてみてほしい。その数字の列は，円周率の中に必ず含まれているはずだ。

こんな手品みたいなことを言われたら，おどろくだろうか。実は，**円周率は無限に不規則な数がつづくので，なかには右ページに示したような，特徴的な数列がたまたま出現することがある。**また，「000000000000」や「777777777777」，「01234567890」「09876543210」なども複数見つかっている。

もし，各数字の出現する頻度が完全にランダムだとしたら，**どこまでも無限につづく数であるπには，必ず，あなたが思い浮かべた数字も登場するはずだ。**あなたの誕生日（2023年1月1日生まれなら，20230101）や電話番号も，必ずどこかに含まれている。円周率20億けたの中に自分のお気に入りの数があるかどうかを検索できるウェブサイトも存在するので，ぜひ試してみてほしい※。

πの乱数性はまだ証明されていない

人類は19世紀までに，円周率を527けたまで手計算により計算した。そして20世紀なかばに入ると，コンピュータの登場により劇的にけた数をのばしていき，今では100兆けたまでが計算されている。それにともない，πの中に0～9までの数字がどれくらい出現するかも調べられている。

下図は，πの小数点以下5兆けたの中における0～9の出現回数（頻度）である。細かくみるとわずかな差はあるが，どの数字も，けた数の10分の1である5000億回程度出現していることがわかる。

これまでの計算結果をみるかぎりにおいては，それぞれの数字がほぼ同じ頻度であらわれ，しかも各数の出現の仕方に規則性は確認されていない。さらにどの数字の出現頻度も，けた数がふえるにしたがい，ほぼ均等になっていくことがわかっている。そのため，πの数字の並びは，**すべての数字が等しい確率でランダムに出現する「乱数（らんすう）」であると考えられている。**しかし，πの数字の並びが本当に乱数であるかは，数学的には証明されていない。πには，まだまだ謎が残されているのだ。

※：http://www.subidiom.com/sqrt2/

	出現回数
0	4999億9897万6328回
1	4999億9996万6055回
2	5000億0070万5108回
3	5000億0015万1332回
4	5000億0026万8680回
5	4999億9949万4448回
6	4999億9893万6471回
7	5000億0000万4756回
8	5000億0121万8003回
9	5000億0027万8819回

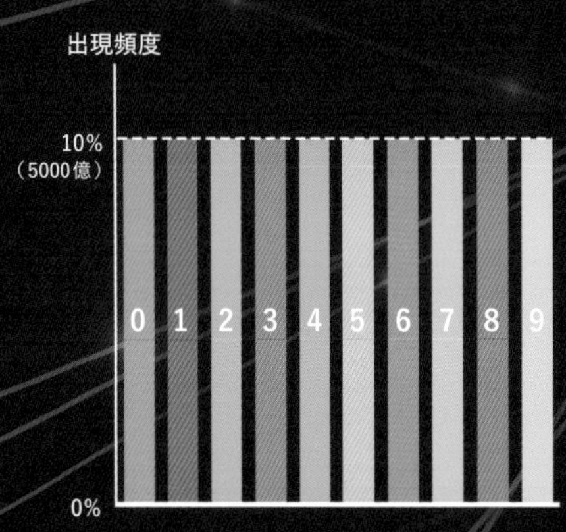

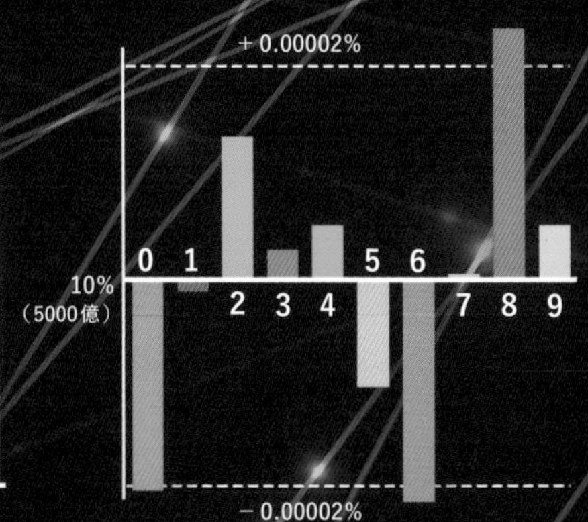

円周率5兆けたにあらわれる数字の頻度は「ほぼ一定」

左ページ下のグラフには，πの5兆けたの中に含まれる数字のばらつきを示した。それぞれほぼ10%ずつの確率で出現するが，より細かくみていくと，その出現頻度には微妙なばらつきがある。なお，このページにはπに登場する数列を示した。

762けた目以降6けた
「ファインマンポイント」とよばれ，アメリカの物理学者リチャード・ファインマン（1918～1988）が円周率をここまで暗唱できたことで有名。59ページにもあるので，さがしてみてほしい。

999999

4376万2260けた目以降8けた
Newton別冊『数学の世界 数と数式編 改訂第2版』の発行日を，8けたであらわした数。

20220905

423億2175万8803けた目以降11けた
両端が0で，間に9～1の数が大きい順に並んでいる。

09876543210

504億9446万5695けた目以降11けた
両端が0で，間に1～9の数が小さい順に並んでいる。

01234567890

1兆1429億531万8634けた目以降12けた
円周率のはじめの12けたと同じ数列。

314159265358

1兆7555億2412万9973けた目以降12けた
0が12けた連続で並んだ数。

000000000000

難問「円積問題」には π の重要な性質がひそんでいる

人類は円の面積の求め方について，長い時間をかけて取り組んできた。その方法の一つが，円を同じ面積の正方形に変換する「円の正方形化」である。古代ギリシャでは，この問題にしばりを加え「あたえられた円と同じ面積をもつ正方形を，定規とコンパスを用いた有限回の操作で作図できるか」という問題が考案された。これが「円積問題（えんせきもんだい）」である。

円積問題は，シンプルな設定であるにもかかわらず，解けないことが知られている。なお，近似（きんじ）的な解を作図する方法や，定規とコンパス以外の道具を使った解法はある。

円の面積は「半径×半径×π」で求められるので，半径を1とすると，面積は π になる。面積 π の正方形の一辺の長さは $\sqrt{\pi}$ である。この正方形は，長さ $\sqrt{\pi}$ の線分があたえられれば作図することができる。つまり円積問題は，**「長さ1があたえられたとき，長さ $\sqrt{\pi}$ の線分を作図できるか」という問題に言いかえることができる。**

実は，長さ1があたえられると，定規とコンパスを有限回使うことで，有理数（ゆうりすう）の長さの線分はすべて作図することができる

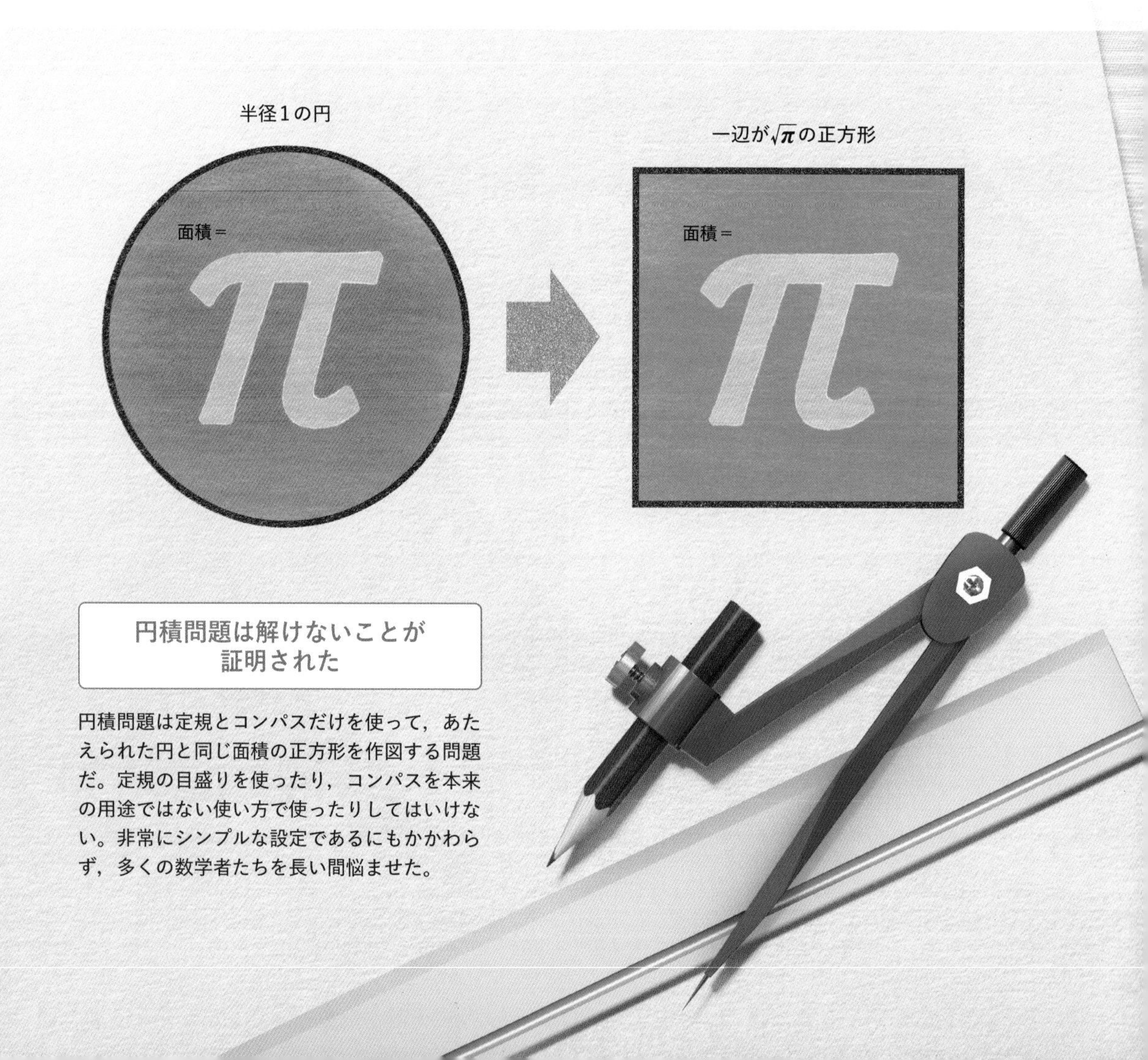

円積問題は解けないことが証明された

円積問題は定規とコンパスだけを使って，あたえられた円と同じ面積の正方形を作図する問題だ。定規の目盛りを使ったり，コンパスを本来の用途ではない使い方で使ったりしてはいけない。非常にシンプルな設定であるにもかかわらず，多くの数学者たちを長い間悩ませた。

(左ページ図)。また，$\sqrt{2}$のような，一部の無理数の長さの線分も作図することができる。

しかし，無理数にはどうやっても作図できない数があることが知られている。それが「超越数」である。超越数とは，**無理数の中でもn次の代数方程式（nは自然数で，方程式の係数はすべて有理数）の解にならない数のことだ。**$\sqrt{2}$は$x^2=2$という方程式の解になるので，超越数ではない※1。もしπが超越数であれば，$\sqrt{\pi}$も超越数になる。つまり，πが超越数であることが証明されれば，円積問題は不可能であることが自動的に証明されたことになるわけだ。

見つかっている超越数はごくわずか

1882年，数学者フェルディナント・フォン・リンデマン（1852～1939）によってπが超越数であることが証明され※2，ついに円積問題を解くことが不可能であることがわかった。

超越数は無数にあることがわかっているが，実際に知られているのは，「π」や「自然対数の底e（ネイピア数）」など，ごくわずかしかない。ある数が超越数かどうかを判定するのは非常にむずかしいとされている。πとeを足し算した「$\pi+e$」や，かけ算した「$\pi\times e$」ですら，超越数かどうかがわかっていないのだ。

※1：$\sqrt{2}$のような，方程式の解になる無理数を「代数的無理数」という。
※2：リンデマンは「オイラーの公式」を使って，πが超越数であることを証明した。

有理数（$\frac{a}{b}$であらわせる数）の長さの線分は，すべて作図できる

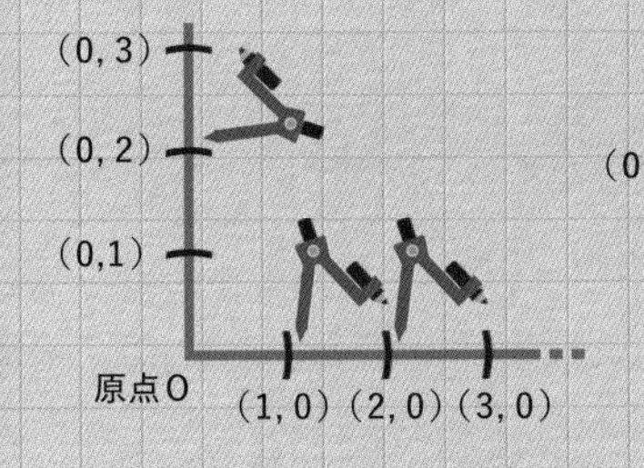

1. 3.14を作図するにはまず，コンパスを使って，原点から右方向に314回（a回）目盛りをつけ，上方向に100回（b回）目盛りをつける。

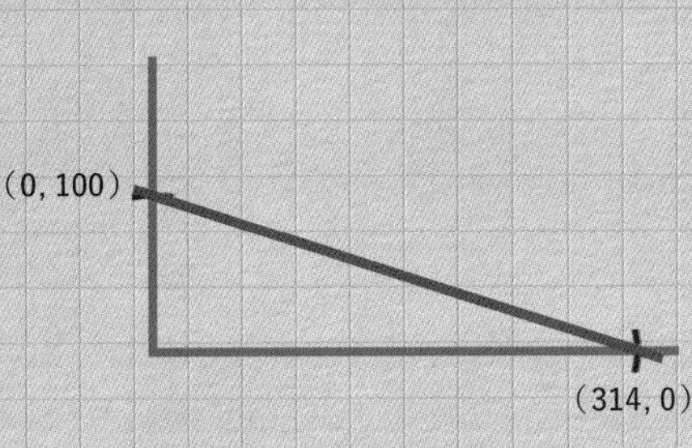

2. (314, 0)と(0, 100)を定規で結ぶ。

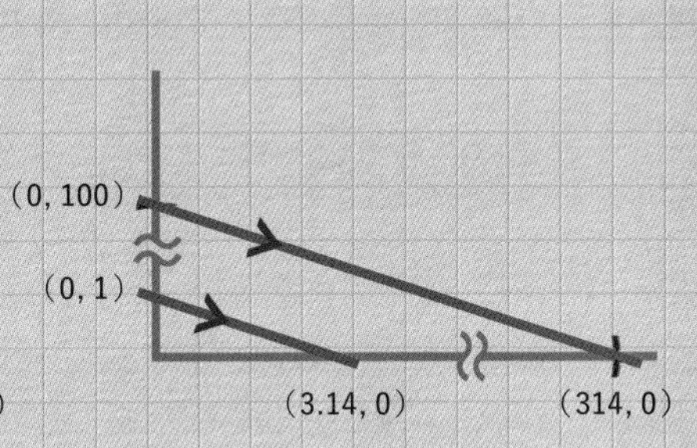

3. (0,1)を通り，2で書いた線と平行な線を定規で引く。原点から横軸との交点までの距離が$\frac{314}{100}$（$\frac{a}{b}$）＝3.14となる。

無理数も，一部の数は作図できる

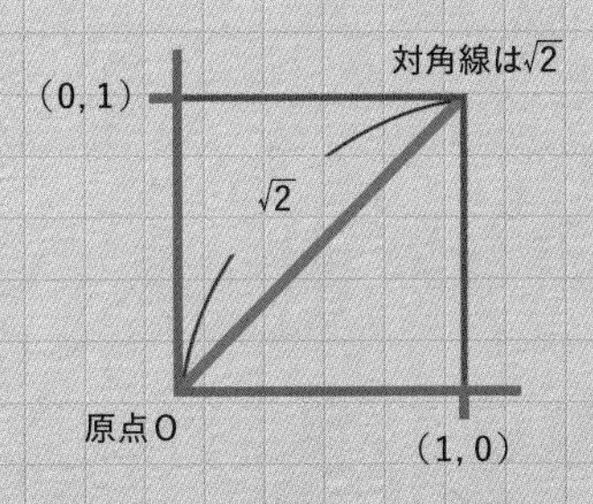

1. 一辺1の正方形を作図し，その対角線をかく。すると，その長さは三平方の定理により$\sqrt{2}$になる。

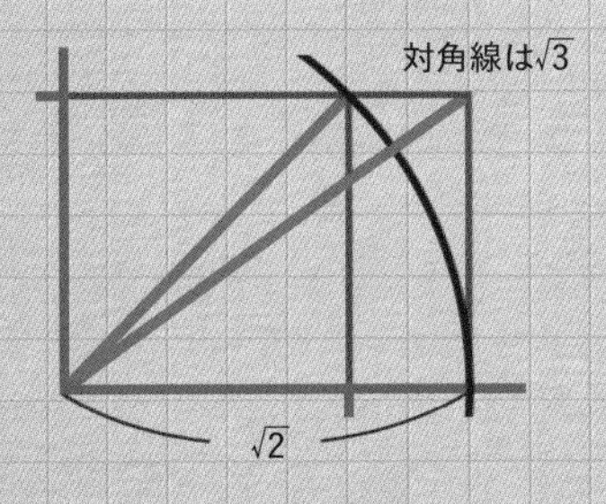

2. 一辺1と$\sqrt{2}$の長方形を作図し，その対角線をかく。すると，その長さは三平方の定理により$\sqrt{3}$になる。

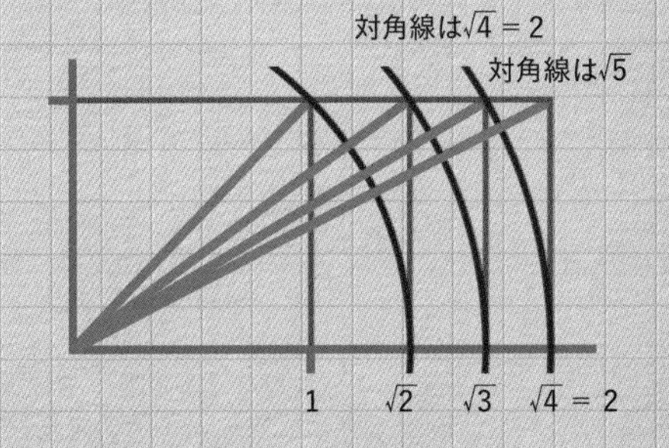

3. 2と同様に，直前に引いた対角線を使って長方形の作図をくりかえすと，すべての自然数の平方根の長さの線分を作図できる。

古代ギリシャのアルキメデスは正多角形を利用してπの値を求めた

紀元前3世紀に入り，円周率の真の値にかぎりなく近づくことができる画期的な方法を考えだしたのが，古代ギリシャのアルキメデス（前287ころ～前212）である。

まず，円に内接する正六角形と，円に外接する正六角形を考える。そして，**正六角形の外周の長さと円周の長さを比較し，円周率のとりうる範囲をしぼりこむ**。正六角形を使うと，円周率πの範囲が「3＜π＜3.4641…」となる。

正多角形の辺の数を無限にふやせば円になる

アルキメデスはこの方法を拡張し，正12角形，正24角形，正48角形…といったぐあいに，円に内接・外接する正多角形の辺の数をどんどんふやしていった。すると，正多角形と円の間のすき間はどんどん小さくなり，かぎりなく円の形に近づいていく（右図）。最終的にアルキメデスは**正96角形を使うことで，3.1408…＜π＜3.1428…という不等式を得ることに成功したのである**。このアルキメデスの式により，πの値は小数点以下2けた，すなわち「3.14」まで確定したことになる。

アルキメデスのあと，数学者たちはひたすら正多角形の辺の数をふやしていった。日本では，江戸時代の数学者，関孝和（せきたかかず）（1642～1708）が，アルキメデスと同じ方法で正2^{17}角形（正13万1072角形）の周からπの値を小数点以下11けたまで求めた。また，オランダの数学者ルドルフ・ファン・ケーレン（1540～1610）は，正2^{62}（約461京（けい）1686兆）角形を使って，小数点以下35けたまでの正確なπの値を求めている※。

※：この方法は，正多角形の辺の数をふやすたびに，ことなる計算式を使って計算しなおす必要がある（計算量が膨大）。さらに，計算量の割に，求められる値のけた数は多くない。

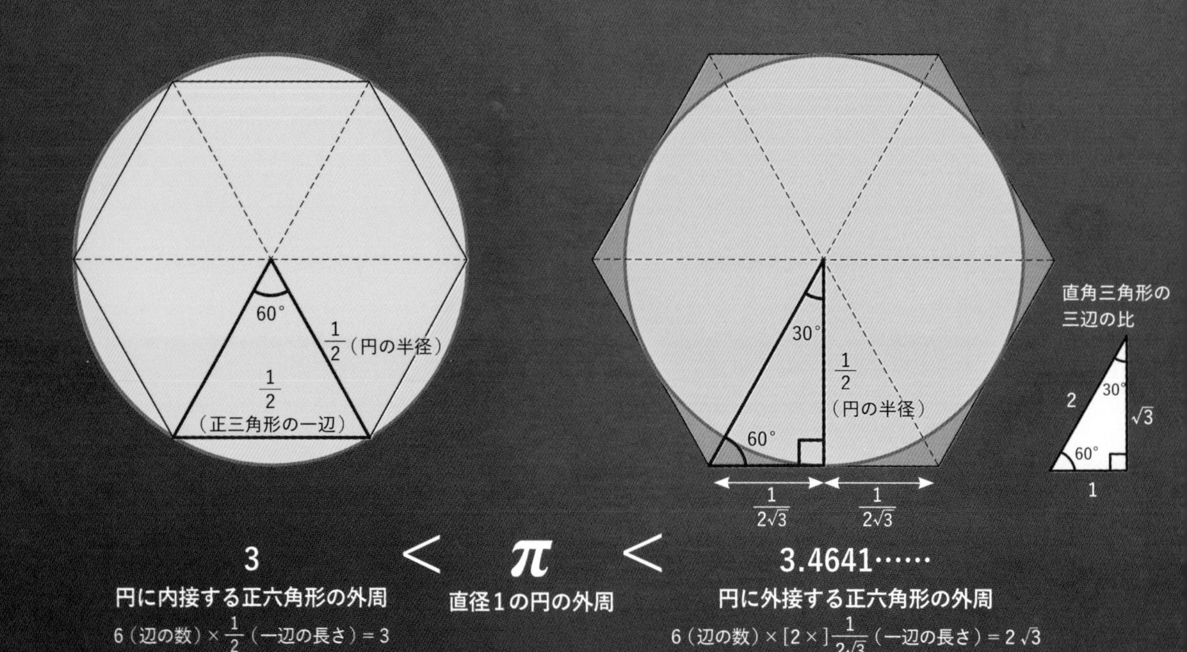

正多角形の辺の数をふやすと円に近づいていく

正多角形の辺の数をふやしていくと，正多角形と円の間の赤い領域が徐々にせまくなり，正多角形の外周は徐々に円周の長さに近づいていく。この方法は，原理的にはπの真の値に無限に近づくことができる点で画期的だった。

ルドルフ・ファン・ケーレン

無限の彼方にある直方体の高さは「無限大」？それとも「有限」？

ところで，数学の世界には円周率のほかにもさまざまな“無限”がかくれている。なかでも，無限に足し算を行ったり，無限に分数をつなげたりした，「無限の数式」の美しさはひとしおである。

たとえば，「$1+\frac{1}{2^2}+\frac{1}{3^2}+\frac{1}{4^2}+\frac{1}{5^2}+\cdots$」と，左から順番に分母が自然数（1以上の整数）の2乗になっている数式はその一つだ。下図では，この規則性に従って分母が大きくなっていく分数を足しあわせた場合の値を，ガラスの直方体の高さであらわしている。

いちばん左にある直方体の高さを1としたとき，そのとなりにある直方体の高さは，「$1+\frac{1}{2^2}$」である。**これを際限なくくりかえしていくと，無限に遠くにある直方体の高さは，いったいどれくらいになるだろうか。**この答えを知れば，この数式の

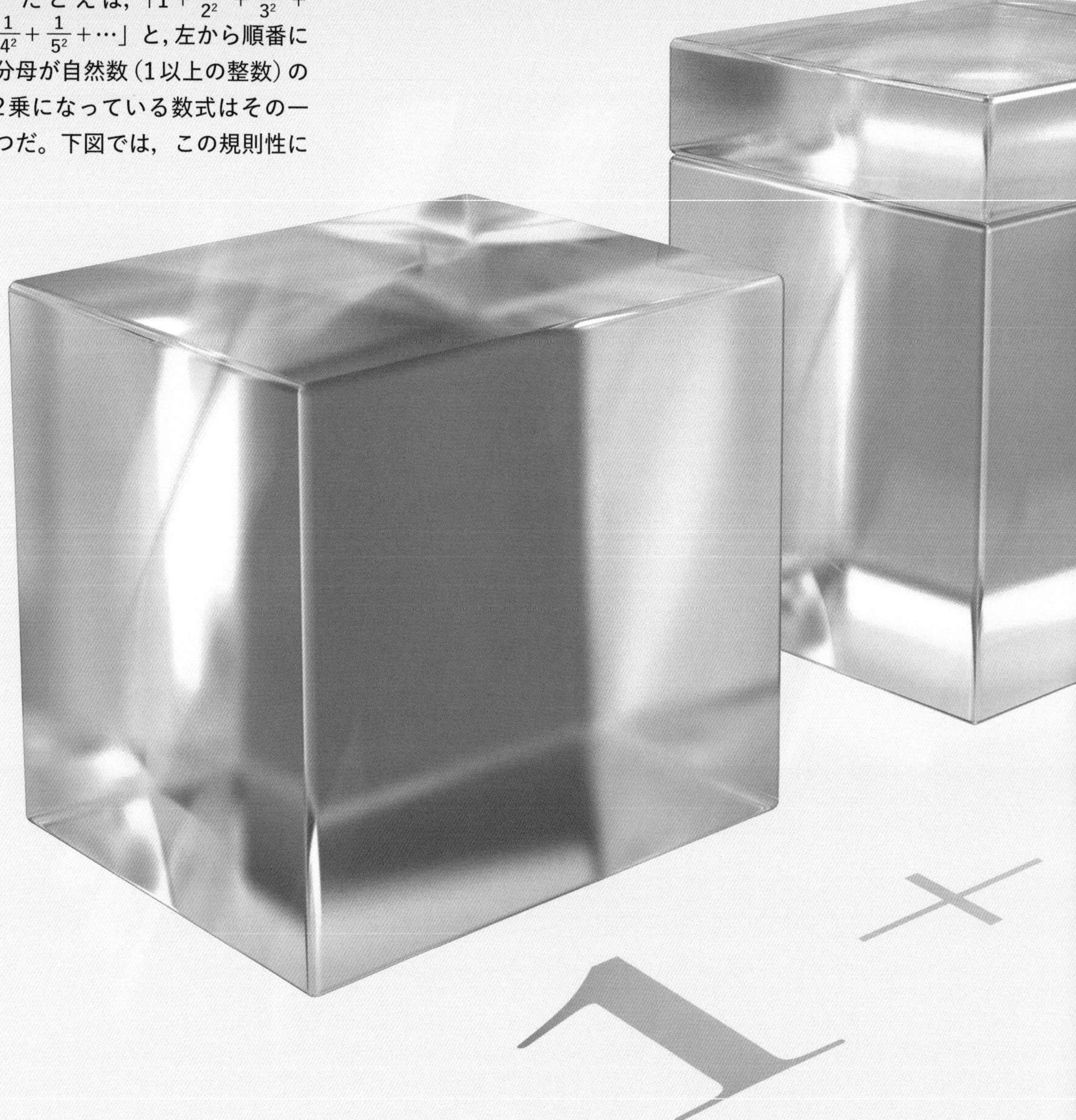

もつ神秘的な美しさがわかるだろう。そして，無限の数式と円周率 π がいかに深い関係にあるかがみえてくるのである（→次節以降につづく）。

無限に足しても有限の値にしかならない足し算

前節の数式の答えを紹介する前に，少し単純な「無限の足し算」を考えてみよう。

たとえば，$1+\frac{1}{2}+\frac{1}{2^2}+\frac{1}{2^3}+\frac{1}{2^4}+\cdots$というように，足していく値が$\frac{1}{2}$倍ずつ小さくなっていく場合の和について考える。無限に足していくのなら，答えは無限大（∞）になりそうなものだ。しかし，**足す値が一定の割合で小さくなっていく数式の和（等比数列の和）は，無限に足しても有限の値になる。**

下図のように，面積1の正方形の板のとなりに，面積が半分

足せば足すほど面積が2に近づく

大きさのことなるいくつもの四角形が，全体で面積2の長方形になるように並べられている。図の左側には，面積1の正方形がある。図の右側には，面積が半分（2分の1）の長方形が，その下には，さらに面積が半分（4分の1）の正方形が…といったように配置されている。ここで，四角形の面積を大きいほうから順に足しあわせていくことは，「$1+\frac{1}{2}+\frac{1}{2^2}+\frac{1}{2^3}+\frac{1}{2^4}+\cdots\cdots$」という無限の足し算を行うことと同じだ。つまり，この無限の足し算の答えは，「2」になるのである。

等比数列の“無限の足し算”が有限になるのはどんなとき？

最初の値が1で，比例定数がr（1以外）の等比数列の和（Sn）は，

$$Sn=1+r+r^2+r^3+\cdots+r^n$$

と表現される。Snと，Snにrを掛けたものの差をとると，

$$Sn-rSn=1-r^{n+1}$$

となるため，等比数列の和は次のようになる。

$$Sn=\frac{1-r^{n+1}}{1-r}$$

ここで$-1<r<1$なら，nが無限大（∞）になるとr^{n+1}がゼロになるため，

$$S_\infty=\frac{1}{1-r}$$

となり，無限に足しあわせても合計値は有限になる。

（$\frac{1}{2}$）の長方形を配置する。さらに，その長方形の半分の面積（$\frac{1}{4}$）の正方形を下に足し…と，はじめの正方形の面積を基準に，以上の操作を無限にくりかえすと，図の右側にある領域の面積の合計は，面積1の正方形にかぎりなく近づいていく。つまり，図の全体（左右の領域）の面積は，合計で「2」に近づいていく。つまり，最初が1で，$\frac{1}{2}$倍ずつ小さくなっていく等比数列を無限に足しあわせた場合の和は，まさに領域全体の面積（2）と一致するのである。

$\frac{1}{2}$倍ずつ小さくなる等比数列の和の答え

$$1+\frac{1}{2}+\frac{1}{2^2}+\frac{1}{2^3}+\frac{1}{2^4}+\frac{1}{2^5}+\cdots\cdots=2$$

$\frac{1}{2}$

$\frac{1}{32}$

$\frac{1}{16}$

$\frac{1}{256}$

$\frac{1}{512}$

…

$\frac{1}{64}$

$\frac{1}{128}$

$\frac{1}{4}$

$\frac{1}{8}$

1

1

無限の足し算の先には円周率πがひそんでいた

前節でみたように，$\frac{1}{2}$倍ずつ小さくなっていく数を無限に足しつづけると，有限の値に近づいていくことがわかった。一方で，$1+\frac{1}{2}+\frac{1}{3}+\frac{1}{4}+\frac{1}{5}+\cdots$と，**分母が1ずつ大きくなるような分数を無限に足していくと，無限に大きくなってしまうことが知られている。**足される数が小さくなっていっても，「小さくなる度合い」によっては，その総和が無限に大きくなる（発散する）こともあるのだ。

では，66ページの「分母に自然数の2乗が順番にあらわれる無限の足し算」はどうだろうか。この問題は1644年に議論されはじめ，しばらくして計算結果が有限の値になることが判明したが，具体的な値は求められなかった。そしてこの問題は，「バーゼル問題」として，後世の数学者たちに引き継がれていったのである。

天才数学者オイラーが導きだした答え

バーゼル問題を解決したのは，18世紀の数学者，レオンハルト・オイラーである。1735年，オイラーはまさに天才的なひらめきで，バーゼル問題の答えが「$\frac{\pi^2}{6}$」という，円周率πを含む値となることを示した。すなわち，**円や球とはまったく関係がなさそうな無限の足し算の結果に，πがあらわれるということだ。**ここに，この式の数学の神秘的な美しさがある。

次節からは，無限の数式とπの関係についてくわしくみていくことにしよう。

オイラー級数（バーゼル問題）

$$\frac{\pi^2}{6}=\frac{1}{1^2}+\frac{1}{2^2}$$

マーダヴァ・グレゴリー・ライプニッツ級数

$$\frac{\pi}{4}=\frac{1}{1}-\frac{1}{3}$$

オイラー級数

$$\frac{\pi^2}{8}=\frac{1}{1^2}+\frac{1}{3^2}$$

オイラー級数

$$\frac{\pi^4}{90}=\frac{1}{1^4}+\frac{1}{2^4}$$

無限に足すとπが出てくる不思議

自然数を使った規則性をもつ分数を無限に足しあわせていくと，どういうわけか円周率である「π」と関係した答えになるものがいくつもある。上にはその例を示した。かつては円周率の近似値を求めるために，こういった数式を何百項も計算していた。

オイラーはバーゼル問題を解決しただけでなく，分数の分母に自然数の4乗や6乗が順番にあらわれる場合など，数多くの無限の足し算の答えを計算した。そして，これらの結果は，のちに「ゼータ関数」（82ページ）という神秘的な数式へとつながっていく。

$$+\frac{1}{3^2}+\frac{1}{4^2}+\frac{1}{5^2}+\frac{1}{6^2}+\frac{1}{7^2}+\cdots$$

分母は自然数の2乗

±が交互に入れ替わる

$$+\frac{1}{5}-\frac{1}{7}+\frac{1}{9}-\frac{1}{11}+\frac{1}{13}-\cdots$$

分母は奇数

$$+\frac{1}{5^2}+\frac{1}{7^2}+\frac{1}{9^2}+\frac{1}{11^2}+\frac{1}{13^2}+\cdots$$

分母は奇数の2乗

$$+\frac{1}{3^4}+\frac{1}{4^4}+\frac{1}{5^4}+\frac{1}{6^4}+\frac{1}{7^4}+\cdots$$

分母は自然数の4乗

バーゼル問題の答えが有限になる理由

$$1+\frac{1}{4}+\frac{1}{9}+\cdots+\frac{1}{n^2}<1+\left(\frac{1}{1\times 2}+\frac{1}{2\times 3}+\frac{1}{3\times 4}+\cdots+\frac{1}{(n-1)\times n}\right)$$

という不等式を考える（$n \geqq 2$）。分数の各項が，左辺よりも右辺のほうが大きいため，全体としても右辺のほうが大きくなる。ここで，右辺を変形すると，

$$1+\left(\frac{1}{1}-\frac{1}{2}\right)+\left(\frac{1}{2}-\frac{1}{3}\right)+\left(\frac{1}{3}-\frac{1}{4}\right)+\left(\frac{1}{4}-\cdots-\frac{1}{n-2}\right)+\left(\frac{1}{n-2}-\frac{1}{n-1}\right)+\left(\frac{1}{n-1}-\frac{1}{n}\right)$$

となり，分数の最初と最後の項以外がすべて打ち消しあう。すると，右辺の総和は，

$$1+\frac{1}{1}-\frac{1}{n}=2-\frac{1}{n}$$

となる。ここで，n が無限に大きくなると，右辺の値は2になる。つまり，はじめの不等式を考えると，バーゼル問題の答えは無限に大きくならず，2よりも小さくなると考えられる。

無限につづく根号や分数でπをあらわすことができる

16世紀前半までは，64ページで紹介したアルキメデスの手法が，ヨーロッパにおけるπを求めるための唯一の方法だった。しかし16世紀なかばになると，新たな手法が考えられるようになった。それが，無限につづく式を用いたものである。

最も古い例が，√￣（根号(こんごう)）の中に√￣が無限に入った「無限多重根号(むげんたじゅうこんごう)」を使ってπをあらわす式だ。下に示したのは，フランスの数学者フランソワ・ヴィエト（1540〜1603）がみちびきだした「ヴィエトの公式」である。ヴィエトの公式は，**πをはじめて一つの式の形であらわしたという点で画期的だった。**アルキメデスの方法は，多角形の辺の数をふやすごとに，ことなる式を計算する必要があったが，この公式は一つの式を計算していくだけで，πの近似値(きんじち)の精度を無限に高めることができる。

無理数も
無限につづく分数を使えばあらわせる

整数の分数ではあらわせない「π」のような無理数も，連分数を使えばあらわすことができる。

フランソワ・ヴィエト
本職は弁護士だったが，数学の研究も行った。数のかわりに文字を用いて方程式の解などを研究する学問「代数学（だいすうがく）」の原理を体系化し，代数学の父ともよばれている。

ヴィエトの公式

$$\frac{2}{\pi}=\sqrt{\frac{1}{2}}\sqrt{\frac{1}{2}+\frac{1}{2}\sqrt{\frac{1}{2}}}\sqrt{\frac{1}{2}+\frac{1}{2}\sqrt{\frac{1}{2}+\frac{1}{2}\sqrt{\frac{1}{2}}}}\cdots$$

ただし，ヴィエトの公式自体の根号の計算が大変で，しかも計算していってもなかなか真の値に近づかないため，正確な π の値を計算するという目的には不向きだった。

無限につづく「連分数」でも π をあらわせる

その後，さまざまな公式が考案されたことで，より正確な π の値が求められるようになっていく。17世紀後半には，アイルランド生まれの数学者ウィリアム・ブラウンカー（1620ごろ〜1684）が，円周率 π の連分数（れんぶんすう）表現「ブラウンカーの公式」を考案した。

連分数とは，分数の分母の中にさらに分数が含まれる，入れ子構造になった分数のことである。**π は，自然数の2乗と奇数が順番にあらわれるきわめて規則正しい連分数であらわすことができるのだ。**

なお，ブラウンカーの公式は，イギリスの数学者ジョン・ウォリス（1616〜1703）の「ウォリスの公式※」からみちびきだされたといわれている。

※：$\frac{2}{\pi} = \frac{1 \times 3 \times 3 \times 5 \times 5 \times 7 \times 7 \cdots}{2 \times 2 \times 4 \times 4 \times 6 \times 6 \cdots}$

ウィリアム・ブラウンカー
第二代ブラウンカー子爵。チャールズ二世の王妃キャサリンに仕え，英国王立協会の設立にもかかわった（1662〜1677年まで初代会長）。1664〜1667年には，海軍長官も務めた。数学のほかにも，銃の反動や熱が金属におよぼす影響なども研究した。

ブラウンカーの公式

$$\pi = \cfrac{4}{1 + \cfrac{1^2}{3 + \cfrac{2^2}{5 + \cfrac{3^2}{7 + \cfrac{4^2}{9 + \cfrac{5^2}{11 + \cdots\cdots\cdots}}}}}}$$

自然数の2乗が順番にあらわれる

奇数が順番にあらわれる

$\sqrt{\ }$の中に無限の$\sqrt{\ }$をもつ「無限多重根号」

無限多重根号(むげんたじゅうこんごう)とは，$\sqrt{\ }$（根号）の中に$\sqrt{\ }$が無限に入った数式である。ここでは，前節に登場した無限多重根号について，くわしくみてみよう。

平方根(へいほうこん)を2乗すると$\sqrt{\ }$をはずすことができるが，$\sqrt{\ }$の中で無限に$\sqrt{\ }$の足し算をくりかえす無限多重根号を2乗するとどうなるだろうか。

実は，1を除く自然数は，右図のようにあらわすことができる。つまり，**一見複雑そうに見える無限多重根号は，非常に単純な値になるのだ。**たとえば，「2」が無限多重根号で，

$$2=\sqrt{a+\sqrt{a+\sqrt{a+\cdots}}}$$

とあらわせるとしよう（aは正の数)。両辺を2乗すると，

$$2^2=a+\sqrt{a+\sqrt{a+\sqrt{a+\cdots}}} \quad \cdots\cdots ①$$

となる。このとき，$2=\sqrt{a+\sqrt{a+\sqrt{a+\cdots}}}$なので，①は，$2^2=a+2$つまり，$a=2^2-2=2$となり，

$$2=\sqrt{2+\sqrt{2+\sqrt{2+\sqrt{2+\sqrt{2+\cdots}}}}}$$

のように，無限多重根号の内部に含まれる数を求めることができた。また，

$$n=\sqrt{a+\sqrt{a+\sqrt{a+\cdots}}}$$

のように，自然数nを無限多重根号であらわしたときに，内部に含まれる数aを求める場合を考えると，

$$a=n^2-n \quad \cdots\cdots ②$$

という式が得られる。これは，②のnに具体的な値を入れて計算することで，自然数nの無限多重根号に含まれるaの値を求められるということだ。

また，**無限多重根号の中の数aを先に具体的に決めてしまえば，②はnに関する二次方程式とみなせるので，**これを解いてnの値をみちびくことができる。

無限につづく$\sqrt{\ }$

イラストでは，さまざまな自然数と，黄金数ϕを無限多重根号であらわしている。このようにみると，私たちのよく知っている数に美しい秩序がかくされていることを実感できるのではないだろうか。

無限につらなる驚異の分数「連分数」

分数の中にいくつもの分数を含む数が，73ページに登場した「連分数」である。分母の中に一つでも分数が入れ子構造になっていれば，連分数といえる。しかし中には，下に示したように，**分母に無限に分数を含むような形の連分数もある。**

$\sqrt{2}$ は，有限の小数や整数の分数を使ってあらわすことのできない「無理数」である。小数を使ってあらわしたとしても，1.41421356…と，規則性がみえず，数字が果てしなくつづく。しかし，$\sqrt{2}$ を連分数を使って表現すると，非常に単純な整数（1と2）だけであらわすことができるのだ。

デザインや建築の世界でよく知られている比に，「黄金比」がある。黄金比とは，$a:b=b$

$$\sqrt{2}=1+\cfrac{1}{2+\cfrac{1}{2+\cfrac{1}{2+\cfrac{1}{2+\cfrac{1}{2+\cfrac{1}{2+\cfrac{1}{2+\cfrac{1}{2+\cfrac{1}{2+\cfrac{1}{2+\cfrac{1}{2+\cdots}}}}}}}}}}}$$

どこまでもつづく連分数

ここでは，$\sqrt{2}$を連分数としてえがいた。$\sqrt{2}$は（黄金数ϕも），本来なら整数の分数ではあらわすことのできない無理数であるにもかかわらず，連分数を用いると，非常に単純な数だけであらわすことができる。

無限につづく連分数の中でも，とりわけ同じ数だけであらわされる連分数の美しさは際立っているといえるだろう。

: $a+b$ となる比率のことで，その値は1:1.618…になる（52ページ参照）。この1.618…のことを「黄金数（ϕ）」とよぶが，黄金数も連分数であらわすことができる（↓）。この数式の中に出てくるのは「1」だけだ。実に美しく，神秘的に感じられるだろう。デザイン的な美しさの象徴ともいえる黄金比には，数学的な美しさもかくされていたのだ。

$$\phi = 1+\cfrac{1}{1+\cfrac{1}{1+\cfrac{1}{1+\cfrac{1}{1+\cfrac{1}{1+\cfrac{1}{1+\cfrac{1}{1+\cdots}}}}}}}$$

ちなみに，連分数にはちょっとした使い道がある。たとえば，無理数の連分数（無限につづく連分数）は，途中で分母に分数を加えるのを止めて計算することで，近似値を得られる。

$\sqrt{2}$を連分数であらわすには？

連分数を利用すれば，複雑な小数を分数であらわすことができる。実際に$\sqrt{2}$を連分数にして，左ページの式をみちびいてみよう。

① $\sqrt{2}$を，整数部分と小数部分に分ける。

$$\sqrt{2}=1+(\sqrt{2}-1)$$

② 右辺のカッコ内を分数にする。

$$\sqrt{2}=1+\cfrac{1}{\cfrac{1}{\sqrt{2}-1}}$$

③ 分母に含まれる分数を変形する。

$$\sqrt{2}=1+\cfrac{1}{\cfrac{\sqrt{2}+1}{(\sqrt{2}-1)(\sqrt{2}+1)}}$$

$$=1+\cfrac{1}{\cfrac{\sqrt{2}+1}{(\sqrt{2})^2-1^2}}$$

$$=1+\cfrac{1}{\cfrac{\sqrt{2}+1}{2-1}}=1+\frac{1}{1+\sqrt{2}} \quad \cdots\cdots (a)$$

④ 変形したあとの数式にある$\sqrt{2}$に，式a自身を代入する。

$$\sqrt{2}=1+\cfrac{1}{1+1+\cfrac{1}{1+\sqrt{2}}}$$

⑤ 分母を計算する。

$$\sqrt{2}=1+\cfrac{1}{2+\cfrac{1}{1+\sqrt{2}}}$$

⑥ 右辺の分母にある$\sqrt{2}$に，式aをふたたび代入する。すると，

$$\sqrt{2}=1+\cfrac{1}{2+\cfrac{1}{1+1+\cfrac{1}{1+\sqrt{2}}}}$$

となるため，分母を計算すると，

$$\sqrt{2}=1+\cfrac{1}{2+\cfrac{1}{2+\cfrac{1}{1+\sqrt{2}}}}$$

となる。右辺の分母にはつねに$\sqrt{2}$が出てくるため，この作業を無限にくりかえすと，

$$\sqrt{2}=1+\cfrac{1}{2+\cfrac{1}{2+\cfrac{1}{2+\cfrac{1}{2+\cfrac{1}{2+\cfrac{1}{2+\cfrac{1}{2+\cdots}}}}}}}$$

となり，$\sqrt{2}$を無限につらなる連分数であらわせた。

無限につづく根号や分数でπをあらわすことができる

17世紀には，有理数（ゆうりすう）を無限に足し算する式により，πをあらわす方法が発見された。このように，**数を無限に足し算する形であらわした式を「無限級数（むげんきゅうすう）」という。**

無限級数によってπの値は527けたまで計算された

無限級数を使ってπをあらわす方法として最初に発見されたのが，下に示した「マーダヴァ・グレゴリー・ライプニッツ級数」である。無限につらなる「奇数分の1」に対し，足し算と引き算を交互に行うと，$\frac{\pi}{4}$に収束する。

この無限級数は，インドのマーダヴァ(1340ごろ～1425)，スコットランドのジェームズ・グレゴリー（1638～1675)，ドイツのゴットフリート・ライプニッツ（1646～1716）という三人の数学者により独立に発見された※。

たしかにこの無限級数を使って計算していけば，πの値がいくらでも正確に求まる。しかし，この式は非常に収束が遅く，80万項目まで計算して6けた目（3.141592）までしか正しい値に一致しない。そこで，新たな無限級数が研究されるようになった。

日本では1722年に，関孝和（せきたかかず）の高弟（こうてい）である建部賢弘（たけべかたひろ）が円周率を求める公式をみちびいており，小数点以下41けたまで計算されている。

πの計算に大きな発展をもたらしたのが，イギリスの天文学者で数学者であるジョン・マチン（1680ごろ～1751）が発見した「マチンの公式」である（右ページ）。この式はマーダヴァ・グレゴリー・ライプニッツ級数にくらべて収束が速い。実際，1873年にイギリスのウィリアム・シャンクス（1812～1882）がこの式を使い，小数点以下527けたまでπの値を手計算することに成功している。

また，インドの数学者シュリニヴァーサ・アイヤンガー・ラマヌジャン（1887～1920）が発見した公式は，最初の2項を計算するだけで，小数点以下8けた目まで正しい値になるという，おどろくべきものだった。

※：グレゴリーとライプニッツによって有名になったことから「グレゴリー・ライプニッツ級数」ともよばれるが，あとになって，彼らよりも300年近く前にマーダヴァが発見していたことがわかった。

マーダヴァ・グレゴリー・ライプニッツ級数

$$\frac{\pi}{4}=\frac{1}{1}-\frac{1}{3}+\frac{1}{5}-\frac{1}{7}+\frac{1}{9}-\frac{1}{11}+\frac{1}{13}-\cdots$$

ーと＋が交互にあらわれる

奇数が順番にあらわれる

建部賢弘の公式

$$\frac{\pi^2}{9}=1+\frac{1^2}{3\cdot4}+\frac{1^2\,2^2}{3\cdot4\cdot5\cdot6}+\frac{1^2\,2^2\,3^2}{3\cdot4\cdot5\cdot6\cdot7\cdot8}+\cdots$$

マチンの公式

$$\frac{\pi}{4}=4\left(\frac{1}{5}-\frac{1}{3\times 5^3}+\frac{1}{5\times 5^5}-\frac{1}{7\times 5^7}+\cdots\right)-\left(\frac{1}{239}-\frac{1}{3\times 239^3}+\frac{1}{5\times 239^5}-\frac{1}{7\times 239^7}+\cdots\right)$$

奇数が順番にあらわれる

奇数が順番にあらわれる

ーと＋が交互にあらわれる

奇数が順番にあらわれる

奇数が順番にあらわれる

ーと＋が交互にあらわれる

ラマヌジャンの円周率の公式

さまざまな円周率の公式の中でも異彩を放つのが，インドの数学者シュリニヴァーサ・アイヤンガー・ラマヌジャンが発見した円周率の公式である（右）。

ラマヌジャンの公式は複雑な形をしているが，とても速く正確なπの値に収束することが知られている。この公式は，彼のノートに書かれた膨大な数の公式や定理の一つだが，ラマヌジャンはそれらの証明をいっさい残していなかったため，彼の死後多くの数学者たちが証明を試みた。

1985年には，ラマヌジャンの公式を使って，アメリカの数学者ウィリアム・ゴスパーがπの値を1752万6200けたまで計算した。当時，ラマヌジャンの式の数学的な証明はされていなかったが，ゴスパーの計算結果は，おどろくべきことに，それまでに得られていたπの値と一致していたのである。その2年後の1987年，ラマヌジャンのπの公式の正しさは数学的にも証明された。

なお，ラマヌジャンの公式に似た「チュドノフスキーの公式」は，さらに速くπの値に近づく。

ラマヌジャンの円周率公式

$$\frac{1}{\pi}=\frac{2\sqrt{2}}{99^2}\sum_{n=0}^{\infty}\frac{(4n)!(1103+26390n)}{(4^n 99^n n!)^4}$$

$$\sum_{n=0}^{\infty} Xn$$

くりかえしの終わりの数→ ∞

計算式など

変数→ $n=0$

ここの部分をくりかえし足し算

$n!=n\times(n-1)\times\cdots\times 3\times 2\times 1$

$0!=1$

$n!$は「nの階乗」といい，nから1までの整数をすべて掛けあわせた数である。0の階乗は，便宜上1と定義されている。

Σは，たくさんの足し算を簡潔にあらわすための記号である。上の場合，Σ以降の式に$n=0$を代入したものを第1項，$n=1$を代入したものを第2項，$n=2$を代入したものを第3項としていき，それらを第無限項まで（すなわちすべてのnにわたり）足し算することを意味する。

シュリニヴァーサ・アイヤンガー・ラマヌジャン
最先端とはいえない数学教育しか受けてこなかったにもかかわらず，独学で数多くの独創的な公式や定理を発見し，「インドの魔術師」とよばれた。

チュドノフスキーの円周率公式

$$\frac{1}{\pi}=12\sum_{n=0}^{\infty}\frac{(-1)^n(6n)!(13591409+545140134n)}{(3n)!(n!)^3(640320^3)^{n+\frac{1}{2}}}$$

円周率のけた数は人類の知のバロメーター

1940年代以降，πの計算はコンピュータを使って行われるようになった。世界ではじめてπの計算を行ったコンピュータは「ENIAC（エニアック）」である。ENIACは第二次世界大戦後の1949年9月に，2037けたまでのπの値を70時間かけて計算した（計算には，マチンの公式が使われた）。ENIACは，シャンクスが生涯をかけて計算したπの近似（きんじ）値のけた数を，たった70時間で3倍以上も上まわってしまったのである。

その後，コンピュータの処理速度が上昇したことに加え，「ステルメルの公式」や「ストーマーの公式」などの新しい計算式が発見されたり，効率のよいコンピュータの計算アルゴリズムが次々と開発されたりした。これにより，計算にかかる時間はどんどん短くなっていった。

πの値を手計算で求めていた時代
紀元前2000年から西暦1949年までの，πのけた数の最高記録をグラフにした。これらはすべて，手計算によって求められた値である。縦軸は「対数軸」で，一目盛りごとに100倍になる。また，横軸の紀元前2000〜1400年は，圧縮したスケールで示している。
10^{14}
10^{12}
10^{10}
10^{8}
10^{6}
10^{4}
100
紀元前2000年
前250年
480年
1400年
1500年
1600年
1700年
1800年
1900年
紀元前250年
アルキメデスが正多角形を使った円周率の計算方法を考案し，小数点以下2けたまで正しく求めた。
1400年ごろ
マーダヴァが「マーダヴァ・グレゴリー・ライプニッツ級数」を発見。小数点以下10けたまで正しい値を求めた。
1596〜1610年ごろ
ルドルフ・ファン・ケーレンがアルキメデスの方法で15×2³¹角形（約30億角形）を使い，小数点以下20けたまで求めた。その後，1610年ごろには，正2⁶²角形を使い小数点以下35けたまで求めた。
1706年
ジョン・マチンがマチンの公式を使い，100けたまで求めた。
1850年前後
マチンの公式を使い，1852年にウィリアム・ラザフォードが441けた，その弟子ウィリアム・シャンクスが，527けたまで計算した。

そして，ENIACの登場からわずか数年後の1950年代には，πの近似値は1万けたを突破。1973年には，アメリカのコンピ

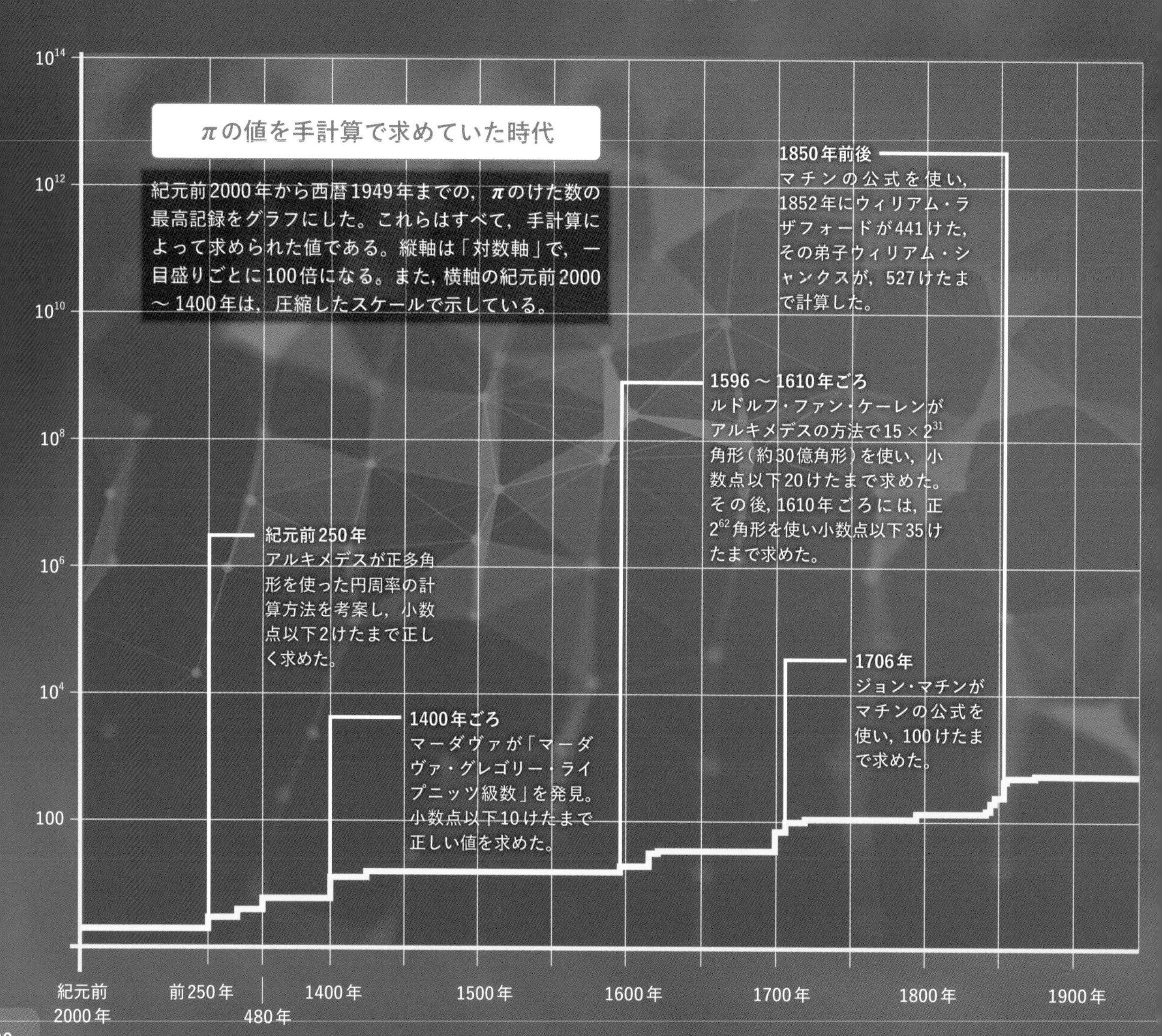

ュータ「CDC7600」が100万1250けたを記録した。

1980年代に入ると，日本が台頭しはじめる。なかでも東京大学情報基盤センターの金田康正（かなだやすまさ）教授のグループが次々と記録を更新し，1989年11月についに10億7374けたを達成した。

その後，スーパーコンピュータ（スパコン）の登場などにより，記録はさらにのびつづけた。2022年6月に発表された世界記録は，なんと「100兆けた」だ。これは，アメリカ・Google（グーグル）社の岩尾（いわお）エマはるか氏のチームが，およそ157日23時間かけて計算したものである（それまでの記録である62兆8000億けたから，一気に約37兆けたも記録をのばした）。

πの計算はスパコンの性能の指標にも

現在では，πの近似値の計算は，スパコンの性能を評価する基準にもなっている。また，計算でつちかった知識やノウハウは，流体力学（りゅうたいりきがく）のシミュレーションなどさまざまな分野で生かされている。

ここまでのけた数は，私たちが日常生活を送るうえでは必要のないものだ。しかし，太古の昔から円周率πの真の値を追い求めてきた人類の歴史をふりかえると，πには私たちをひきつけてやまない不思議な魅力があるといえる。

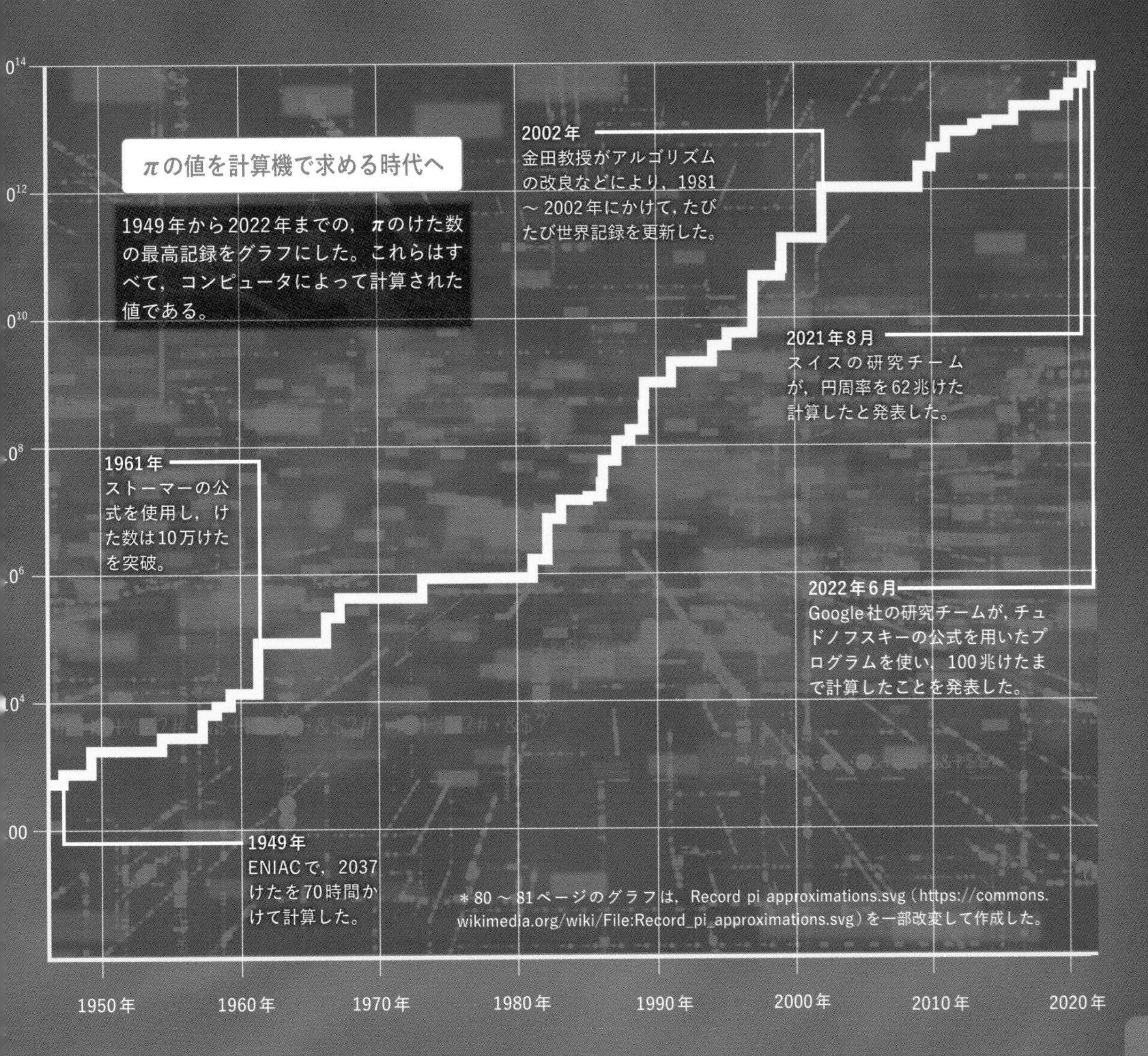

πの値を計算機で求める時代へ
1949年から2022年までの，πのけた数の最高記録をグラフにした。これらはすべて，コンピュータによって計算された値である。
2002年
金田教授がアルゴリズムの改良などにより，1981～2002年にかけて，たびたび世界記録を更新した。
2021年8月
スイスの研究チームが，円周率を62兆けた計算したと発表した。
1961年
ストーマーの公式を使用し，けた数は10万けたを突破。
2022年6月
Google社の研究チームが，チュドノフスキーの公式を用いたプログラムを使い，100兆けたまで計算したことを発表した。
1949年
ENIACで，2037けたを70時間かけて計算した。
1950年
1960年
1970年
1980年
1990年
2000年
2010年
2020年

＊80～81ページのグラフは，Record pi approximations.svg（https://commons.wikimedia.org/wiki/File:Record_pi_approximations.svg）を一部改変して作成した。

無限につづく不思議な「ゼータ関数」

1＋2＋3＋…と，1ずつ大きくなっていく数を無限に足しあわせていくと，その和は無限に大きくなるはずだ。しかし，右ページの黒板②の数式をみると，無限に大きくなるどころか，負の値になっている。ほかの数式の答えも，理解しがたいのではないだろうか。東京工業大学の黒川信重名誉教授によれば，これらの摩訶不思議な数式は，数学を専門にする人たちにとっては，ある意味“正しい式”であるという。

ゼータ関数の世界は「複素数」であらわされる

なぜ，このような数式が正しいといえるのだろうか。謎を解く鍵をにぎっているのは，数式の左側に書かれている「ゼータ（ζ）」という記号である。ζは，ギリシャ語のアルファベットのZにあたる文字である。

この式は，「ゼータ関数（ζ関数）」といい，複素数をあつかう「複素関数」だ。複素数とは，実数と虚数i（2乗して負になる数）を組み合わせてできる数のことで，$a+bi$という書き方であらわされる（a, bは実数，くわしくは4章で解説）。①～④は，ゼータ関数の変数「s」の値が0～−3のときの計算結果にあたる。

sの実数部分が1以下のとき，ゼータ関数の値を普通に計算すると無限に大きくなる。しかし，ここでは“近似”というからくりを使うことで，ゼータ関数が無限に大きくなることを回避しているのである。

ゼータの世界を拡張せよ

数学の世界では，複雑な数式をある値の周辺で単純な数式に近似することがある。たとえば，$y=x^2$という式は$x=1$の付近で，$y=2x-1$という直線（傾きが2の直線）の式に近似できる。しかし，近似式はあくまで基準値（ここでは$x=1$）の近くでしか使えない。

ゼータ関数のsの実数部分が1以下の場合を計算する際には，まずsの実数部分が1より少し大きい値の近くで，ゼータ関数を近似式（無限次近似式）としてあらわす。すると，実数部分が1より少し大きなsの周辺で成立する近似式が得られる。この近似式を使えば，sの実数部分が1より少し小さい値まで，ゼータ関数の計算が行えるようになる。

このように，複素関数の計算可能な範囲を広げる手法を「解析接続」という。一度の解析接続によって広げられる計算可能な領域は，微々たるものだ。しかし新しく得た数式を使って解析接続をくりかえすことで，計算可能な領域をさらに広げることができる。右ページの黒板に書かれた，①～④のゼータ関数の計算結果は，解析接続をくりかえすことで計算できるようになった，ゼータ関数の正しい値なのである。

解析接続を行うと，数式は大きくかわる。黒板に書かれた等式を，誤解のないように厳密に書き直すなら，真ん中と右側の値の間に，解析接続によってかわった数式を入れるとよいだろう。

ゼータ関数は，sが2のときに，オイラーが解決したバーゼル問題の数式と一致する（右ページ下）。ゼータ関数の数式の形は，オイラーの研究以降よく知られるようになった。そして，この数式の重要性に気づいた数学者のベルンハルト・リーマンが，この式を「ゼータ関数」と名づけ，今日まで受け継がれてきたのである。

摩訶不思議なゼータ関数（ζ関数）

$$\zeta(s) = \frac{1}{1^s} + \frac{1}{2^s} + \frac{1}{3^s} + \frac{1}{4^s} + \frac{1}{5^s} + \cdots\cdots$$

① $\zeta(0) = 1 + 1 + 1 + 1 + 1 + \cdots\cdots = -\frac{1}{2}$

② $\zeta(-1) = 1 + 2 + 3 + 4 + 5 + \cdots\cdots = -\frac{1}{12}$

③ $\zeta(-2) = 1^2 + 2^2 + 3^2 + 4^2 + 5^2 + \cdots\cdots = 0$

④ $\zeta(-3) = 1^3 + 2^3 + 3^3 + 4^3 + 5^3 + \cdots\cdots = \frac{1}{120}$

理解しがたいゼータ関数の答え（↑）

ゼータ関数に，0～－3を代入した場合の計算結果を示した。右側の値は，常識的に考えれば誤っているように思える。しかし，数学的にはどれも“正しい”式である。

$$\frac{1}{1^2} + \frac{1}{2^2} + \frac{1}{3^2} + \frac{1}{4^2} + \cdots = \frac{1}{1-\frac{1}{2^2}} \times \frac{1}{1-\frac{1}{3^2}} \times \frac{1}{1-\frac{1}{5^2}} \times \frac{1}{1-\frac{1}{7^2}} \times \cdots$$

すべての自然数を含む
分数の和（ディリクレ級数）

すべての素数を含む
分数の積（オイラー積）

オイラーが見つけた“すべての整数とすべての素数を関連づける式”（↑）

上の式は，次のようにみちびくことができる。まず，左辺に $\frac{1}{2^2}$ を掛けたものを左辺から引く，つまり「$(1-\frac{1}{2^2})\times$左辺」を計算すると，$\frac{1}{1^2}+\frac{1}{3^2}+\frac{1}{5^2}+\frac{1}{7^2}+\frac{1}{9^2}+\frac{1}{11^2}+\cdots$となり，左辺にあった「分母に$2^2$の倍数をもつ分数」が消える。さらに$(1-\frac{1}{3^2})$を掛けると，$\frac{1}{1^2}+\frac{1}{5^2}+\frac{1}{7^2}+\frac{1}{11^2}+\cdots$となり，「分母に$3^2$の倍数をもつ分数」が消える。このように，左辺に$(1-\frac{1}{\text{素数}^2})$を掛けるたびに，「その素数^{2}の倍数を分母にもつ分数」が消える。すべての素数についてこの計算を行うと，$\cdots(1-\frac{1}{7^2})\times(1-\frac{1}{5^2})\times(1-\frac{1}{3^2})\times(1-\frac{1}{2^2})\times$左辺$=\frac{1}{1^2}$となる。この式を変形すると，上の式の右辺，すなわちすべての素数を含む式（オイラー積）になる。

ゼータの世界には素数の世界が広がっている

「リーマン予想」とは，ベルンハルト・リーマンによって提唱された，「ゼータ関数の値がゼロになる負の偶数以外のsの値は，実数部分が2分の1の複素数である」という，ゼータ関数についての予想だ。現代数学の未解決問題で，アメリカのクレイ数学研究所から100万ドルの懸賞金がかけられた，「ミレニアム懸賞問題」の一つである。

1859年，リーマンは当時注目を浴びていた新しい数「虚数i」を使って，ゼータ関数を書き直した。リーマンが複素数を使ったゼータ関数を曲面のグラフであらわしたところ，面の高さが0になる点（ゼロ点）が複素数であらわされる領域にいくつもあり，それらの点が一直線上に並んだ。気まぐれな素数たちの式から，新たな秩序があらわれたのである（下図）。

リーマンは，次のように予想した。「ゼータ関数の虚数領域のゼロ点は無限に存在し，すべて一直線上に並んでいる。直線

$$\zeta(s)=\sum_{n=1}^{\infty}\frac{1}{n^s}=\frac{1}{1-\frac{1}{2^s}}\times\frac{1}{1-\frac{1}{3^s}}\times\frac{1}{1-\frac{1}{5^s}}\times\frac{1}{1-\frac{1}{7^s}}\times\cdots$$

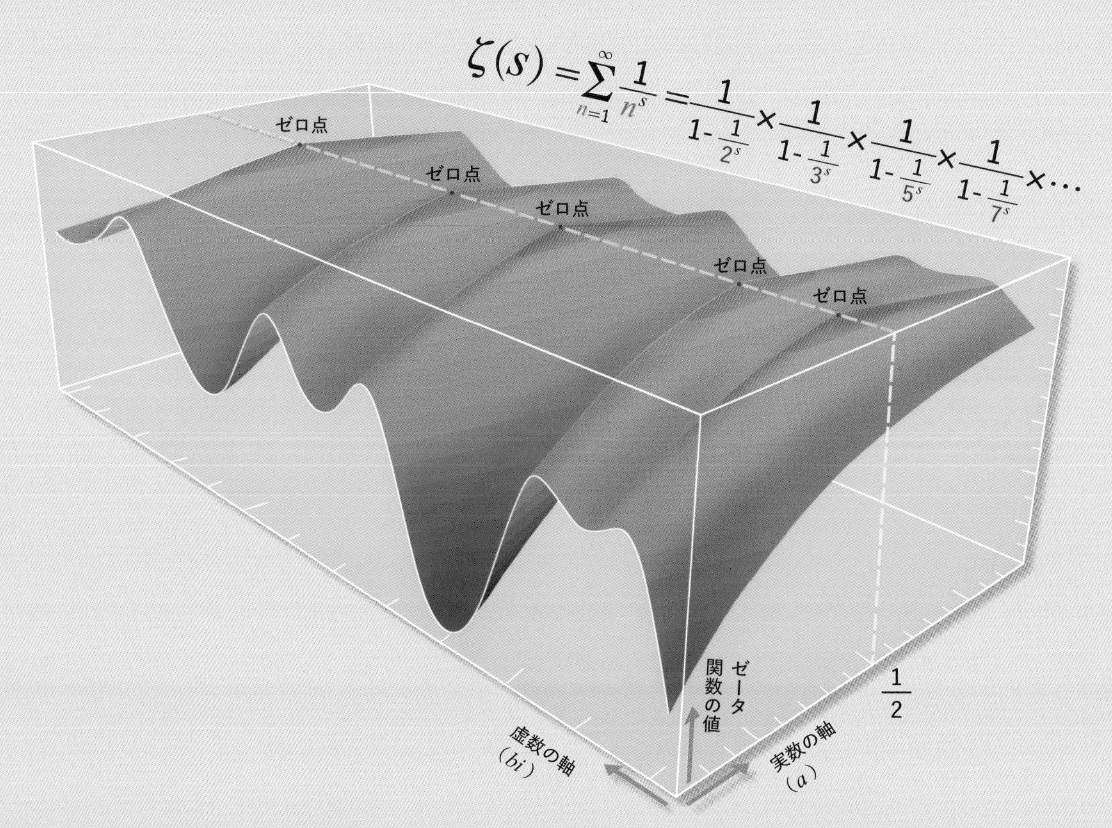

グラフでみるリーマン予想

上のグラフは，リーマンのゼータ（ζ）関数の一部である。曲線の最も高い点●が，リーマン予想の主役「ゼロ点」である（ゼロ点が見やすいように，上下さかさまにしている）。複素数は「$a+bi$」と書き，aが実数の部分，bが虚数の部分をあらわす。●の位置を見ると，bの値はさまざまだがaの値はそろっており，すべて$\frac{1}{2}$であることがわかる。

＊イラスト資料提供：ウルフラムリサーチ（courtesy of Wolfram Research）

の位置は，実数部分が$\frac{1}{2}$となる場所だ」。これが，リーマン予想である。

素数と リーマン予想

リーマン予想は，ある値までに存在する「素数の数」を精度よく見積もることができる「素数公式」のためにたてられた。2022年6月15日現在に発見されている最大の素数は“2486万2048けた”であるが，その数までの間にあるすべての素数が発見されたわけではない。

たとえば，11までの間には，2，3，5，7という四つの素数がある。素数の値が小さいうちは，間にある素数を一つずつ数えることができるが，100けた，1000けたと値が大きくなると，その間に存在する素数をすべて数えることは，きわめてむずかしくなる。

82ページで紹介した黒川名誉教授は「ゼータ関数がゼロになる値が完全にわかれば，ある数までの間に存在する素数の数を計算することができます※。リーマン予想の真偽を確かめることは，素数という大海原で探索を進めるために重要な道しるべになるのです」と語る。

ゼータ関数は，素粒子物理学の最先端で研究されている「超ひも理論（超弦理論）」などでも使われている。空間の次元の数や真空がもつエネルギーなど，ゼータ関数を用いることで，宇宙の謎にせまることができるのである。

※：リーマン予想は，ゼータ関数の値がゼロになるときの虚数部分の値については言及していない。そのため，リーマン予想が正しくても，すぐに素数の数が判明するわけではない。その状況を改善するために、リーマン予想をこえる「深リーマン予想」などの研究が進展中だ。

ここに書かれた数はすべて素数だ。素数の数が無限にあることはすでに証明されているが，「ある数までの間に存在する素数の数」を正確に予測することはできていない。

虚数

協力　和田純夫
協力・監修　木村俊一

数学や物理学の世界には，2乗するとマイナスになる「虚数」が存在する。虚数が誕生したことで，数の世界は大きく広がった。そして，科学になくてはならない数ともなった。本章では虚数の歴史や性質，虚数がもたらした自然科学の発展をあつかう。

2乗すると負になる数「虚数」

2章冒頭で紹介したように，自然数（natural number）とは，リンゴが1個，ヒツジが2頭，サクラが3本…などといったように，ものの個数を数えるときに使う数である。

自然数が生まれたあと，自然数どうしの割り算で出てきた答えをあらわすために「分数」が発明され，自然数と，分母・分子が自然数からなる分数が，あわせて「(正の) 有理数（ゆうりすう）」とされた。

これらのどの数も，2乗すると正の数（プラスの数）になる。たとえば，$(-1) \times (-1) = 1$であるし，$(-\sqrt{2}) \times (-\sqrt{2}) = 2$だ。実数の世界をいくらさがしても，「2乗すると負（マイナス）になる数」は存在しない。

一方，2乗すると負になる数が，本章のテーマである「虚数（きょすう）（imaginary number）」である。一見理解しがたい虚数は，どのように誕生し，どのように“新しい数”として認められたのだろうか。次節からはそのストーリーを，順を追ってみていくことにしよう。

虚数とオイラー

18世紀に，虚数を駆使して数学を探究した人物がレオンハルト・オイラーである。オイラーは，2乗すると－1になる数を「虚数単位」と定め，imaginaryの頭文字である「i」という文字（記号）であらわした。つまり，「$i^2 = -1$」である。これをルートを使ってあらわすと，「$i = \sqrt{-1}$」と書くことができる。

「足して10, 掛けて40」になる二つの数はあるだろうか

16世紀の数学者，ジローラモ・カルダノが示した次のような問題がある。

> 二つの数がある。
> これらを足すと10になり，
> 掛けると40になる。
> 二つの数はそれぞれいくつか。

下図のような，小さな木片を考えてみよう。問題の答えにあたる「二つの数」が，木片の「横の枚数」と「縦の枚数」である。そして，木片を「横の枚数＋縦の枚数＝10」になるように，四角形に並べる。このとき「横の枚数×縦の枚数＝40」，つまり木片の総数が40枚となる並べ方を見つければ，そのときの「横の枚数」と「縦の枚数」が，問題の答えとなるわけだ。

カルダノの問題には答えが見つからない？

はじめに，横に5枚，縦に5枚（5＋5＝10）となるように木片を並べてみよう（下図・左）。すると，木片の総数は25枚（5×5＝25）になり，問題の条件を満たさないことがわかる。

では，木片を横に4枚，縦に6枚（4＋6＝10）並べるとどうだろうか（右ページ図・左）。この場合は，木片の総数が24枚（4×6＝24）となり，これも問題の条件を満たさない。

こうしてすべてのパターンを試してみると，「横に5枚，縦に5枚，総数25枚」の場合が最も多くなり，それ以外の並べ方では，どれも「総数25枚」よりも少なくなることがわかる。つま

横＋縦＝10

横×縦＝40

横5枚＋縦5枚＝10

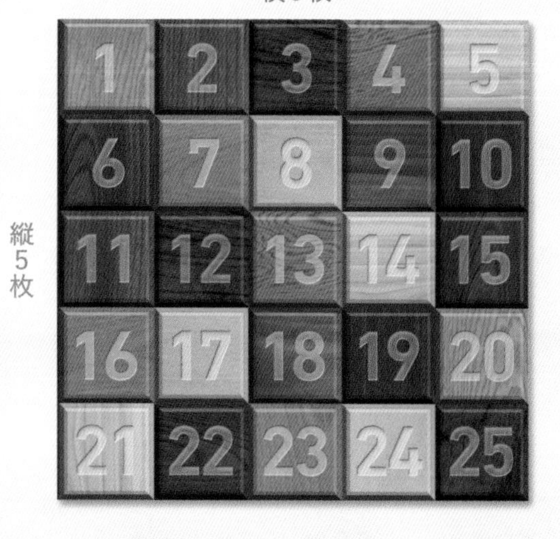

横5枚×縦5枚＝25

木片を四角形に並べてカルダノの問題を考える

木片を「横の枚数＋縦の枚数＝10」となるように，四角形に並べた三つの場合を示した。

り,「横の枚数＋縦の枚数＝10」であるかぎり，木片の総数が40枚になる並べ方は存在しないのだ。すなわち，**カルダノの問題には答えがないということを意味する。**

ところが, カルダノの著書『アルス・マグナ』には，この問題の具体的な答えがしるされている（→次節につづく）。

どのような並べ方でも
木片の総数は
「40枚」にならない！

横4枚＋縦6枚＝10

横4枚×縦6枚＝24

横2枚＋縦8枚＝10

横2枚
縦8枚

1 2
3 4
5 6
7 8
9 10
11 12
13 14
15 16

横2枚×縦8枚＝16

「2乗して負になる数」を使えば カルダノの問題に答えが出せる

カルダノが示した問題の答えは，「$5+\sqrt{-15}$」と「$5-\sqrt{-15}$」という二つの数だ。$\sqrt{-15}$は「2乗して−15になる数」という意味で，虚数（きょすう）であるといえる。

では，本当に「$5+\sqrt{-15}$」と「$5-\sqrt{-15}$」が問題の答えとなっているのか，確かめてみよう。まず，これら二つの数を足すと，$\sqrt{-15}$の部分が相殺（そうさい）されて10になる。一方，この二つの数を掛けると，

$$
\begin{aligned}
&(5+\sqrt{-15}) \times (5-\sqrt{-15}) \\
&= 25-(5\times\sqrt{-15})+ \\
&\quad (5\times\sqrt{-15})+15 \\
&= 40
\end{aligned}
$$

となり，たしかに問題の条件を満たしていることがわかる。

こうしてカルダノは，**虚数という概念を用いれば，答えのない問題にも答えが出せることをはじめて示したのである。**

ただしカルダノは，虚数（負の数の平方根（へいほうこん））を「詭弁（きべん）的なもので，数学をここまで精密化しても実用上の使い道はない」とも書き添えており，虚数そのものの存在を受け入れてはいなかった。

＊虚数の概念をはじめて取り入れたのはカルダノだが，虚数（フランス語でnombre imaginaire）と名づけたのは，同じ16世紀の哲学者で数学者であるルネ・デカルト。なお「虚数」という訳語は19世紀までに中国で使われ，その後日本へと輸入されたようだ。

ジローラモ・カルダノ
（1501～1576）
イタリア，ミラノの数学者・医師。1545年に『アルス・マグナ（大いなる技法）』という数学の本を出版した。三次方程式や四次方程式の解法，それを使って解くことができる問題などがしるされている。

カルダノがしるした答え

5 p：Rm：15
5 m：Rm：15

上は，カルダノが『アルス・マグナ』の中でしるした答え。カルダノの時代には，平方根をあらわす√（ルート）の記号がまだなく，根を意味するラテン語「Radix」に由来する「Rx」を略した記号が使われた。また，プラス記号は「p：」，マイナス記号は「m：」であった。現代の書き方であらわすと，下のようになる。

$$5+\sqrt{-15}$$
$$5-\sqrt{-15}$$

カルダノは，「精神的な苦痛を無視すれば，この二つの数のかけ算の答えは40となり，たしかに条件を満たす」と書いている。

カルダノの解き方

「5よりxだけ大きな数」と「5よりxだけ小さな数」の組み合わせで，掛けて40になる数をさがす。
二つの数を（$5+x$），（$5-x$）とおけば，

$$(5+x)\times(5-x)=40$$

となる。中学校で習う公式（$a+b$）×（$a-b$）＝a^2-b^2 を使って左辺を変形すると，

$$5^2-x^2=40$$

となる。$5^2=25$なので，

$$25-x^2=40$$

移項すると，次のようになる。

$$x^2=-15$$

xは「2乗して－15 になる数」となるが，そのような数は存在しない。しかしカルダノは『アルス・マグナ』の中で，その数を「$\sqrt{-15}$」と書き，あたかも普通の数のようにあつかってみせた。そして，「5よりxだけ大きな数」と「5よりxだけ小さな数」の組み合わせである「$5+\sqrt{-15}$」と「$5-\sqrt{-15}$」を，問題の答えとした。

アルス・マグナ

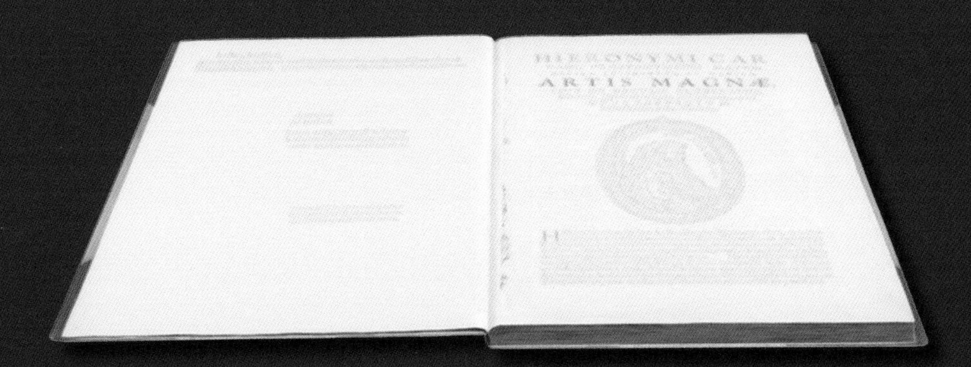

虚数誕生のきっかけは16世紀の「数学勝負」

カルダノの時代の数学者たちは，公開の場でたがいに問題を出しあって優劣を決する「数学勝負」をさかんに行っていた。

実は，虚数(きょすう)の誕生には，この数学勝負で出されていた「三次方程式」の問題が深くかかわっている。三次方程式とは，まだわかっていない数xの3乗まで出てくる方程式のことで，たとえば「$x^3-15x-4=0$」のようなものである。

タルタリアとフィオールの30番勝負

カルダノと同時代のイタリアの数学者であるニコロ・フォンタナ（別名：タルタリア）は1534，名声を求めてヴェネチアへとやって来た。その翌年，タルタリアに数学勝負を申しこんだのが，ボローニャ大学の数学教授シピオーネ・デル・フェッロ（1456?～1526）の弟子，アントニオ・フィオールである。

フィオールには勝算があった。当時，三次方程式には解の公式[※1]が存在しないと信じられていたが，師のデル・フェッロはそれをひそかに発見し，フ

ニコロ・フォンタナ（タルタリア）
（1499～1557）

子どものころに戦争に巻きこまれ，兵士にあごを切られた。それ以来言葉に障害が残り，以後「タルタリア」（吃音：きつおんの意味）とよばれた（みずからもそう名乗った）。

タルタリアは貧しさから学校へ通えず，独学で数学を習得したといわれているが，ユークリッドの著書『言論』のラテン語訳に含まれていた数学的な誤訳を直すなど，多くの業績をもつ当代一流の数学者となった。なお，タルタリアの物理学的な研究は，のちにガリレオにも影響をあたえている。

ィオールに伝授していたのだ。

フィオールは，自分しか解法を知らないはずの三次方程式を30問，タルタリアにぶつけた。たとえば,「商人がサファイアを500ダカット[※2]で売った。仕入れ値は，儲(もう)けのちょうど3乗に等しかった。儲けはいくらか」といった問題である。ちなみに，この問題は「$x^3+x=500$」と書きかえられる。

ところが，結果は30対0でタルタリアの完勝であった。実はタルタリアは，デル・フェッロのものより応用のきく三次方程式の解の公式を，自力で編みだしていたのだ。

タルタリアと『アルス・マグナ』

タルタリアは，自分が発見した三次方程式の解の公式を，だれにも教えようとしなかった。そこで登場するのが，虚数の生みの親カルダノである（→次ページにつづく）。

※1：その方程式を満たす未知数xがいくつであるかといった答え（解）を得られる公式を「解の公式」という。
※2：「ダカット」は，当時のヴェネチアの通貨単位。

タルタリアが数学勝負で解いた問題の例

商人がサファイアを520ダカット[※]で売った。仕入れ値は，儲けのちょうど3乗に等しかったという。儲けはいくらか。

ヴェネチアのダカット金貨

サファイア

※：実際にタルタリアが解いた問題は，売値が520ではなく500。この場合の解は整数にならない。

解法
儲けをxとおくと，仕入れ値はx^3となる。これらを足しあわせたものが売値であり，それが520に等しい。このことを式にすれば，次の三次方程式ができる。

$$x^3+x=520$$

両辺から520を引いて，

$$x^3+x-520=0$$

となる。「三次方程式の解の公式」（→次ページ）に，$p=1,\ q=-520$を代入すると，次のように解が得られる。

$$x=\sqrt[3]{260+\sqrt{\frac{1825201}{27}}}+\sqrt[3]{260-\sqrt{\frac{1825201}{27}}}$$

これ以上の計算は筆算では困難だが，3乗根が計算できる関数電卓を使えば，次の計算が可能だ。

$$x=(8.041451884\cdots)+(-0.041451884\cdots)=8$$

$x=8$は確かに元の方程式を満たすので，これが解だとわかる。よって，儲けは「8ダカット」（仕入れ値は$8^3=512$ダカット）。

タルタリアの評判を聞いたカルダノは，三次方程式の解の公式を教えてくれるよう，何度も頼みこんだ。根負けしたタルタリアは1539年，だれにも言わないことを条件に，ついに公式(より正確には，公式をみちびく手順を示した詩のようなもの）をカルダノに教えた。

カルダノは，タルタリアが発見した三次方程式の解の公式（下図）を研究し，あろうことかそれを自著である『アルス・マグナ』で1545年に紹介したのである。

これを見たタルタリアは激怒したという。しかし，カルダノにも言い分がある。本に載せたのはタルタリアの式そのものではなく，さらに応用のきく形に自分で改良した一連の公式集だ。そしてカルダノは，タルタリアが発明した部分について，本の中できちんと示している。

なお，この三次方程式の解の公式は「カルダノの公式」とよばれている。

虚数を使ってみせた男 ボンベリ

さて，カルダノの公式を使うと，問題（方程式）によっては，虚数（きょすう）が登場する。三次方程式は少なくとも一つの実数の解をもつが，三つの実数の解をもつ三次方程式をカルダノの公式を使って解こうとすると，3乗根[※3]の中の平方根（へいほうこん）（下図で色をつけた部分）が虚数になるのだ。

カルダノの公式（三次方程式の解の公式）

三次方程式

$$x^3 + px + q = 0$$

の解は，次の式で求められる。

$$x = \sqrt[3]{-\frac{q}{2} + \sqrt{\left(\frac{q}{2}\right)^2 + \left(\frac{p}{3}\right)^3}} + \sqrt[3]{-\frac{q}{2} - \sqrt{\left(\frac{q}{2}\right)^2 + \left(\frac{p}{3}\right)^3}}$$

p と q の値によっては，色をつけた部分が虚数となり，計算不能になる。

たとえば，三次方程式$x^3-15x-4=0$の解※4は，カルダノの公式を使うと，

$$x=\sqrt[3]{2+11\sqrt{-1}}+\sqrt[3]{2+11\sqrt{-1}}$$

となり，$\sqrt{-1}$，つまり虚数があらわれて，計算が立ちいかなくなってしまうのである（$\sqrt[3]{\ }$は3乗根をあらわす記号）。

カルダノの公式にあらわれる「負の平方根」をさらに研究したのが，イタリアの数学者ラファエル・ボンベリ（1526～1572）である。ボンベリは，$2+\sqrt{-1}$という数を3乗すると「$2+11\sqrt{-1}$」となり，$2-\sqrt{-1}$という数を3乗すると「$2-11\sqrt{-1}$」となることに気づいた。これは，先ほどの解に含まれる3乗根をはずすことができ，$x=2+\sqrt{-1}+2-\sqrt{-1}=4$となることを意味する。

こうしてボンベリは，解に含まれる虚数が，場合によってはきれいに消え去り，実数だけの解に直せることを示した。すなわち，ある種の三次方程式では，虚数を利用することで，実数の解にたどりつけることがわかったのである。

※3：3乗すると記号の中の数になる数のこと。

※4：この三次方程式は，4，$-2+\sqrt{3}$，そして$-2-\sqrt{3}$という三つの実数の解をもつ（下図参照）。

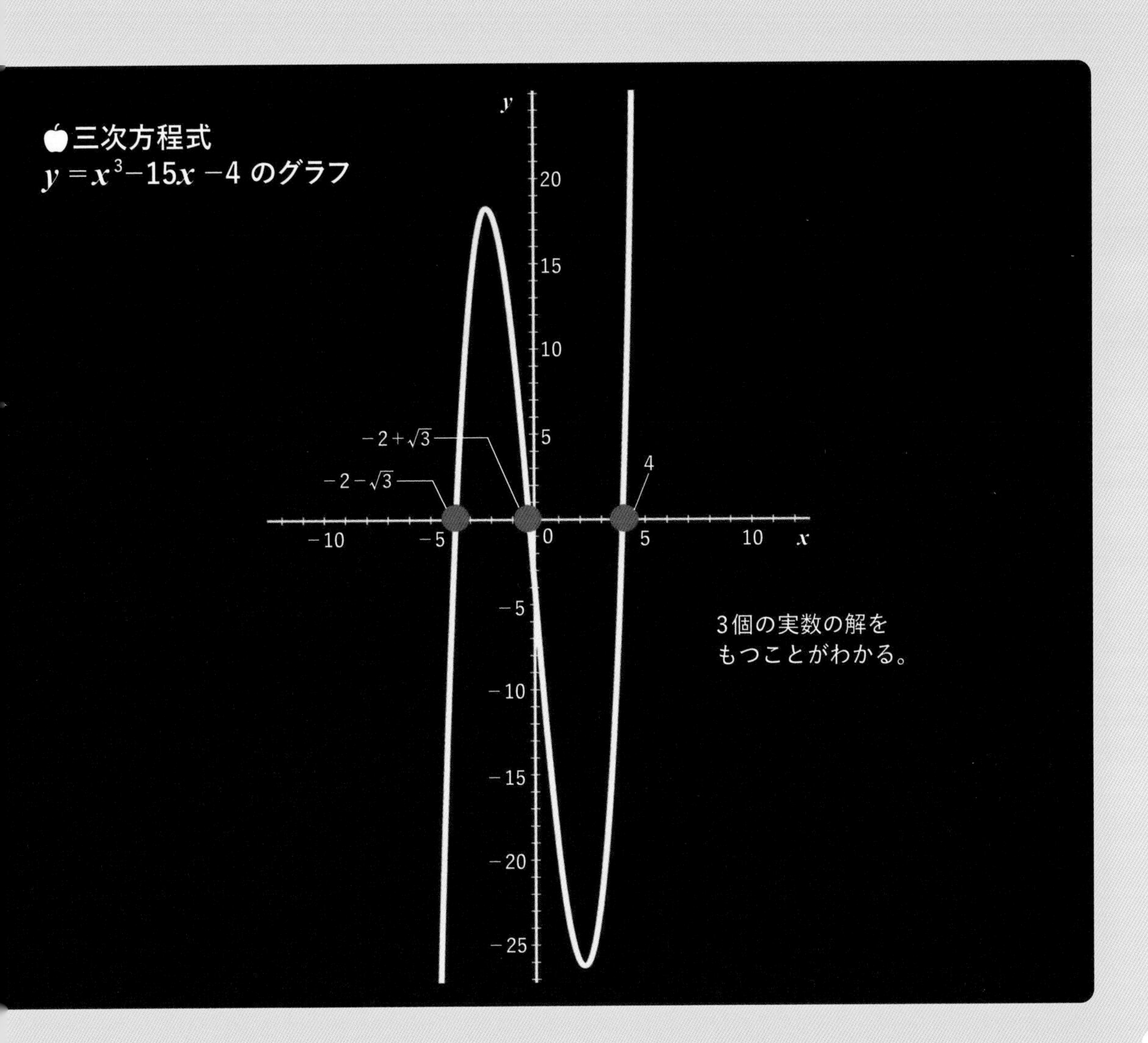

その奇妙さゆえに なかなか受け入れられなかった虚数

虚数(きょすう)は，私たちがよく知る実数とはまったくことなる数である。ものの個数や量と結びつけることができないため，イメージしづらいのだ。このため虚数は，その存在が受け入れられるまでに長い時間がかかった。カルダノ自身はおろか，かのデカルトも「想像上の数」として，虚数を否定的にとらえていたという。

一方，無限大の記号「∞」をつくったことでも知られるイギリスの数学者ジョン・ウォリスは，下図のような話を持ちだして，虚数の存在を正当化しようとした。また，18世紀の数学者レオンハルト・オイラーは虚数を探究し，世界でいちばん美しいといわれる「オイラーの等式」（7章でくわしく解説）にたどり

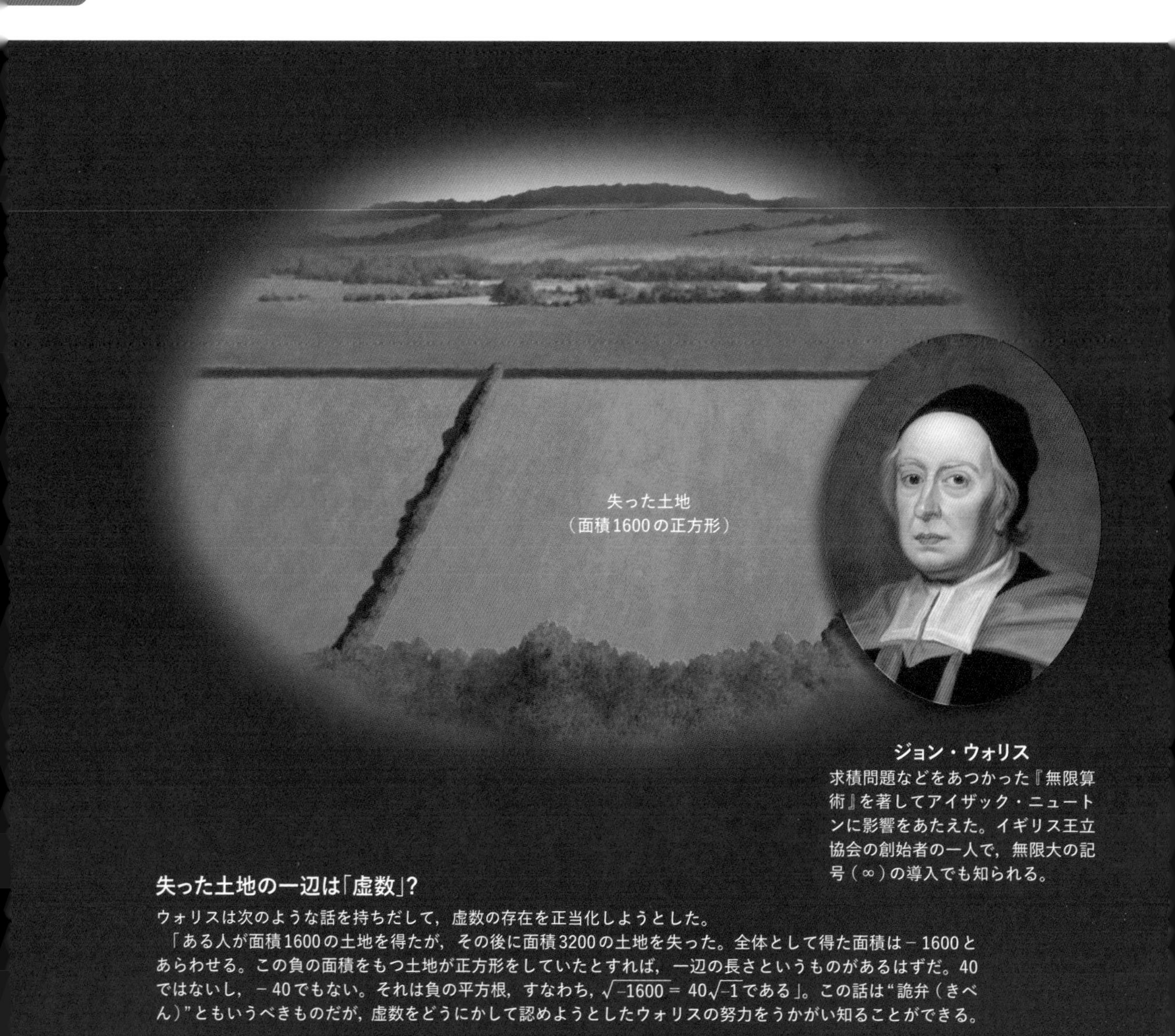

ジョン・ウォリス
求積問題などをあつかった『無限算術』を著してアイザック・ニュートンに影響をあたえた。イギリス王立協会の創始者の一人で，無限大の記号（∞）の導入でも知られる。

失った土地の一辺は「虚数」?

ウォリスは次のような話を持ちだして，虚数の存在を正当化しようとした。

「ある人が面積1600の土地を得たが，その後に面積3200の土地を失った。全体として得た面積は－1600とあらわせる。この負の面積をもつ土地が正方形をしていたとすれば，一辺の長さというものがあるはずだ。40ではないし，－40でもない。それは負の平方根，すなわち，$\sqrt{-1600}=40\sqrt{-1}$である」。この話は“詭弁（きべん）”ともいうべきものだが，虚数をどうにかして認めようとしたウォリスの努力をうかがい知ることができる。

つき，その重要性を示した。

さて，虚数がすぐに受け入れられなかったのは，数直線上に並べて視覚的にイメージできないこともあった。当時のヨーロッパの人々は，同じ理由で「マイナスの数」も認めていなかった。たとえば,「－3個のリンゴ」や「－1.2メートルの棒」をイメージすることはむずかしいだろう。

虚数は，どうすれば図にあらわせるのだろうか。実数の中には,「マイナスの数の平方根（へいほうこん）」は存在しない。そのため，数直線のどこにも虚数の居場所はないようにみえる。そこで,デンマークの測量技師，カスパー・ヴェッセル（1745～1818）はこう考えた。「**虚数は,数直線上のどこにもない。ならば数直線の外,つまり原点から上方向へとのばした矢印を虚数と考えればよいのではないだろうか**」（→次節につづく）。

虚数を図で示すには？

プラスの数を図であらわす場合，右向きの矢印をえがけばよい（1）。マイナスの数であれば，1の矢印の始点にゼロをあらわす点（原点）をおき，そこから左向きの矢印をえがけばよい（2）。

一方，虚数を図示するには，原点から真上に向かう矢印をえがく（3）。すると，原点から真下に向かう同じ長さの矢印は「$-i$」となる（4）。

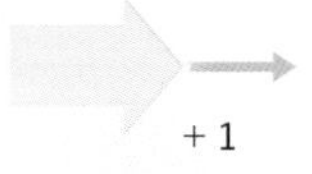

1. 正の実数は「右向きの矢印」

右向きに，適当な長さの矢印を一つえがく。この矢印を「＋1」とし,プラスの数の単位と定めれば,これを基準にしてさまざまなプラスの数を図にえがける。

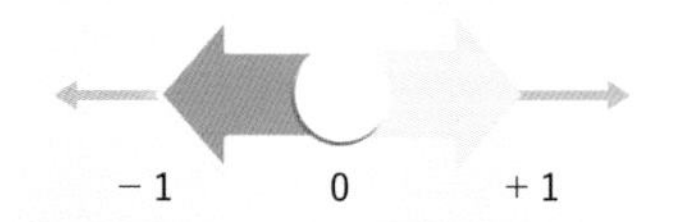

2. 負の実数は「左向きの矢印」

ゼロをあらわす点をおき，これを「原点」とする。原点から，＋1の矢印と逆向きの矢印（濃い水色）をのばす。この矢印を「－1」とし，マイナスの数の単位と定めれば,これを基準にしてさまざまなマイナスの数を示すことができる。

こうしてできる「数直線（すうちょくせん）」は，すべての実数をあらわせる。

虚数単位　$i=\sqrt{-1}$
（$i^2=-1$）

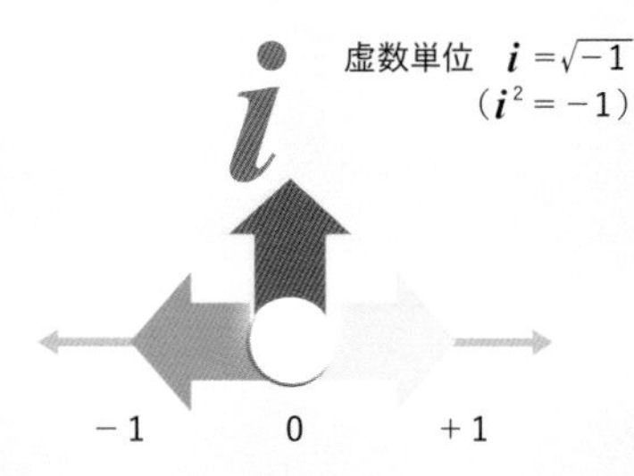

3. 虚数は数直線の「外」

＋1や－1の矢印と同じ長さをもち，原点から真上に向かう矢印をえがく。この矢印を「－1の平方根（$\sqrt{-1}$）」とし，虚数の単位（虚数単位i）と定めれば，さまざまな虚数（$2i$, $\sqrt{3}i$など）を図にあらわすことができる。

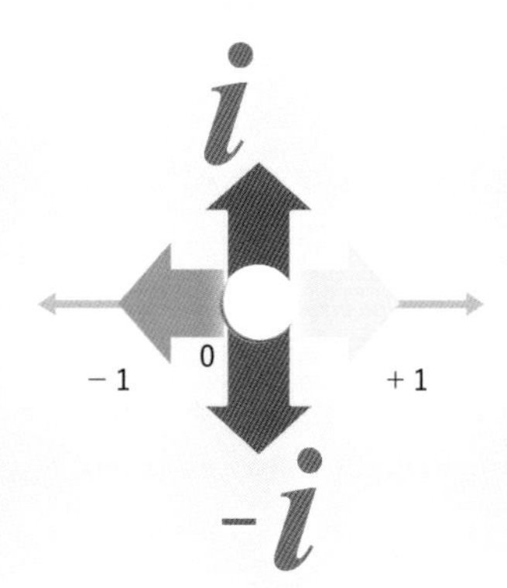

4. $-i$は「下向きの矢印」

iの矢印と同じ長さをもち，原点から真下に向かう矢印をえがく。この矢印を「$-i$」とすれば,すべての虚数を図にあらわすことができる。

このように，実数の数直線を横軸にもち，虚数の数直線を縦軸にもつ平面を「複素平面（ふくそへいめん）」という。

目に見えるものとなった虚数はついに“市民権”を得た

はたして，ヴェッセルのアイデアは大成功であった。水平においた数直線で実数をあらわし，それに垂直なもう一つの数直線で虚数(きょすう)をあらわせば，二つの座標軸をもつ平面ができあがる。つまり，虚数が“目に見える”ようになったわけだ。こうして虚数は，ついに“市民権”を得たのである。

なお，フランスの会計士ジャン・ロベール・アルガン（1768～1822）と，ドイツの数学者カール・フリードリヒ・ガウス（1777～1855）も，ヴェッセルとほぼ同時期に，それぞれ独自に同じアイデアにたどりついていた。

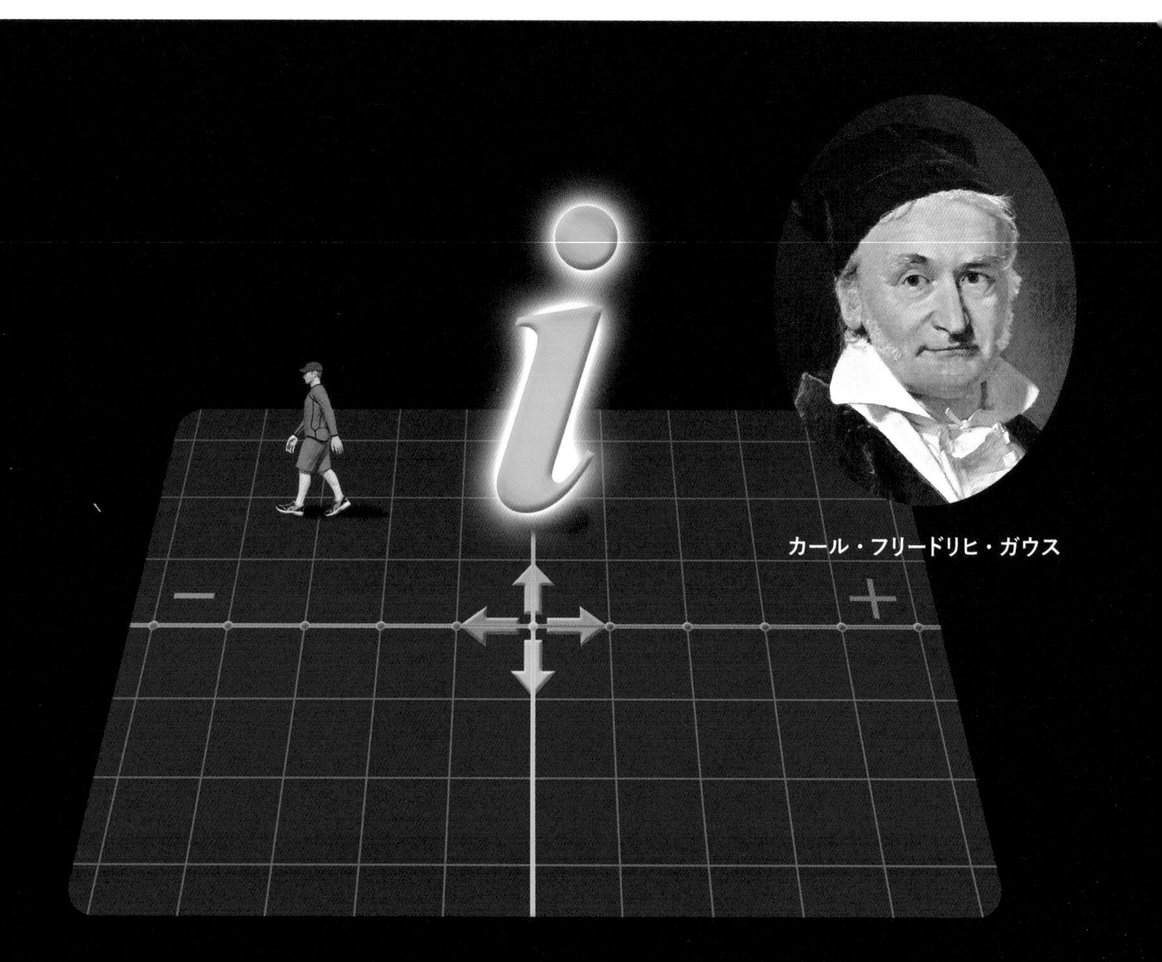

虚数は平面上にあらわすことができる

図は，実数（横軸）と虚数（縦軸）を合わせた「複素数」をあらわすことができる「複素平面」をえがいたものである。虚数（複素数）は，複素平面上の一点であらわされる。複素平面は，発見者の名前から「ガウス平面」や「アルガン図」とよばれることもある。

（↑）ガウスは生まれついての数学の才能の持ち主で，19世紀最大の数学者ともいわれる。数学だけでなく，磁気学や天文学でもすぐれた業績を残した。

ガウスは，この平面上の点としてあらわされる数を「複素数（ふくそすう）（ドイツ語でKomplex Zahl※）」と名づけた。複素数とは，**実数と虚数という複数の要素が足しあわされてできる，新しい数の概念である。**

たとえば実数である4に，虚数である5i（＝5$\sqrt{-1}$）を足した答えは「4＋5i」（＝4＋5$\sqrt{-1}$）だ。この答え（数）は，実数の数直線だけであらわすことができない。そこで，下図のような，実数の数直線（実数軸，あるいは実軸）を横軸に，虚数の数直線（虚数軸，あるいは虚軸）を縦軸にもつ平面を用意する。すると，**「4＋5i」という数は，実数の座標が4で，虚数の座標が5iとなる点によってあらわすことができる。**ガウスらが発明したこの図のことを，「複素平面（ふくそへいめん）」（または複素数平面）とよんでいる。

※：英語では「complex number」。

複素数をあらわす「複素平面」

たとえば，実数である4に，虚数である5i（＝5$\sqrt{-1}$）を足した「4＋5i」（＝4＋5$\sqrt{-1}$）は，実数の数直線（水色）の座標が4で，虚数の数直線（ピンク色）の座標が5iとなる点によってあらわせる。この平面のことを「複素平面」といい，複素平面上の点としてあらわすことのできる数のことを「複素数」という。

複素平面（ガウス平面）

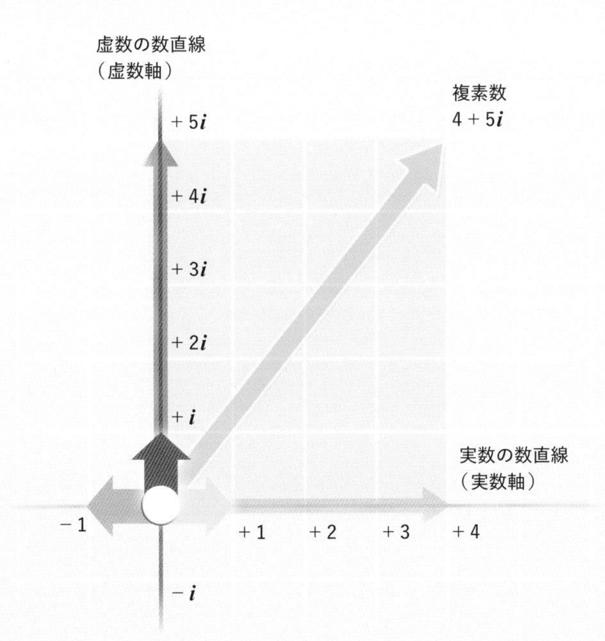

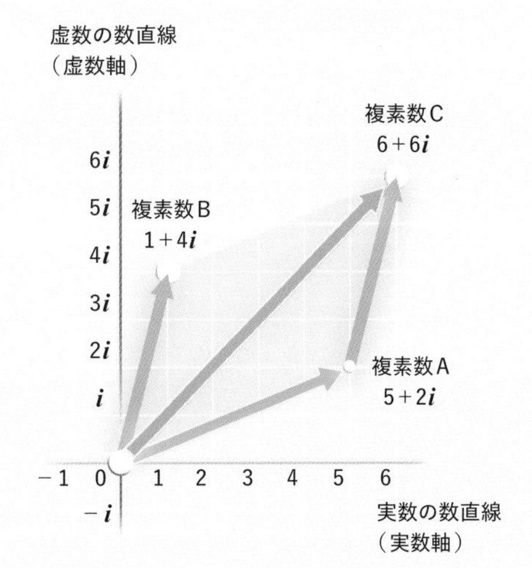

複素数の足し算・引き算（↑）

たとえば（5＋2i）＋（1＋4i）という複素数の足し算は，「5＋2iをあらわす矢印」（緑色）の終点に，「1＋4iをあらわす矢印」（青色）を継ぎ足す操作であると考えられ，その答えは6＋6iとなる。

では，引き算はどうすればよいだろうか。6＋6i（複素数C）から5＋2i（複素数A）を引く場合，「AからCへとのびる矢印」（青色）を平行移動して始点を原点におけば，終点が引き算の答え（複素数B）になる。

マイナス×マイナスはなぜ「プラス」か

マイナス×マイナスは，なぜプラスなのだろうか。考えてみれば，虚数はこの規則のために生まれてきた。マイナス×マイナスがもしマイナスであれば，「マイナスの数の平方根」はただのマイナスの数となり，虚数の出番はない。

実は，**マイナス×マイナスは絶対にプラスでなければならないというわけではない。数学の規則は，あくまでも「約束ごと」にすぎないためだ**。したがって，「マイナス×マイナスはマイナスになる」という数学の世界をつくることも不可能ではない。しかし，そこで行われる計算は非常に複雑になってしまうため，やはり「マイナス×マイナスはプラス」としたほうが自然であり，何かと都合がよいのだ。

「マイナス1」を2回掛けると「プラス1」になる

+1に−1を掛けると，原点を中心に180度回転して−1になる

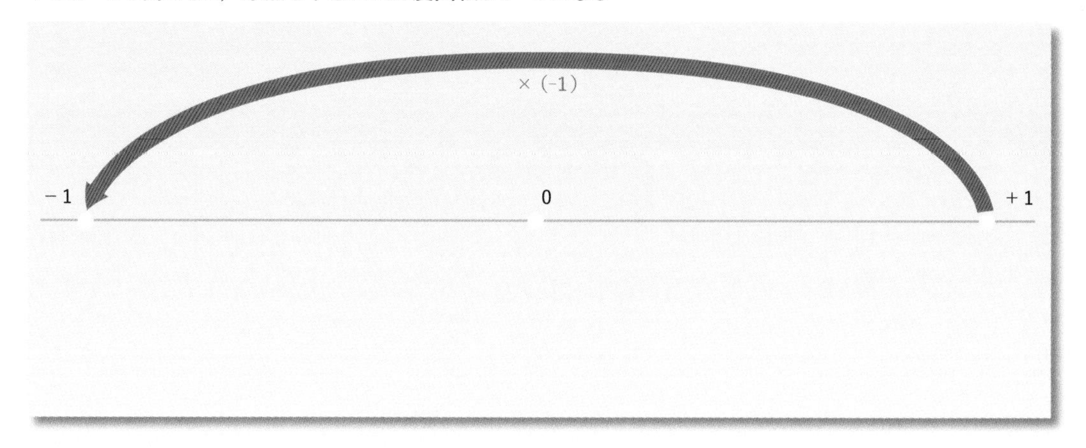

ふたたび−1を掛けると，さらに180度回転して+1にもどる

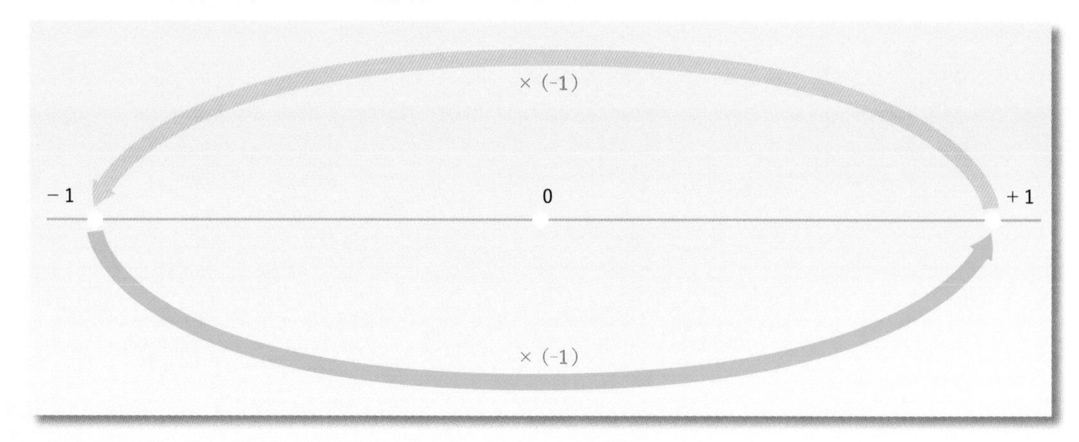

ここで，マイナス×マイナスがプラスになるようすを，複素平面でみてみよう（左ページ図）。＋1に－1を掛けると，原点を中心に180度回転して－1になる。－1に，もう一度－1を掛けると，ふたたび180度回転して＋1にもどってくる。

では「虚数i」は，何回掛けると＋1にもどるだろうか。iは「2乗して－1になる数」のことだったので，iは4回掛けてようやく＋1にもどってくる（$i^4=1$）。つまり，**1回のiのかけ算は360度の4等分，すなわち90度の回転に対応する。**

これを，複素平面で確認してみよう（下図）。＋1にiを掛けると，原点を中心に90度回転してiになる。1にiを2回掛けると，180度回転して－1になる。3回掛けると270度回転して－iになり，4回掛けると一周して，たしかに＋1にもどってくる。すなわち，虚数iのかけ算とは，「反時計まわりの90度回転」であるといえる。

「i」を4回掛けると「プラス1」になる

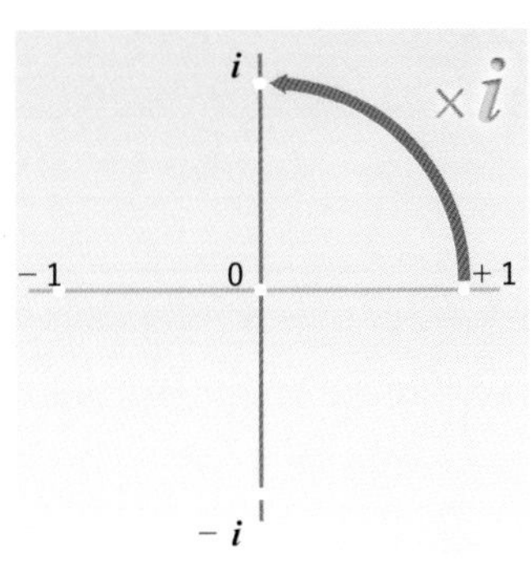

1.
1にiを掛けると，90度回転してiになる。

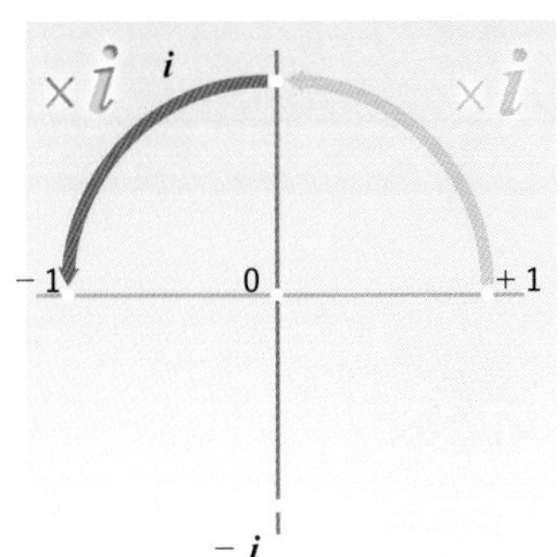

2.
iにiを掛けると，90度回転して－1になる。

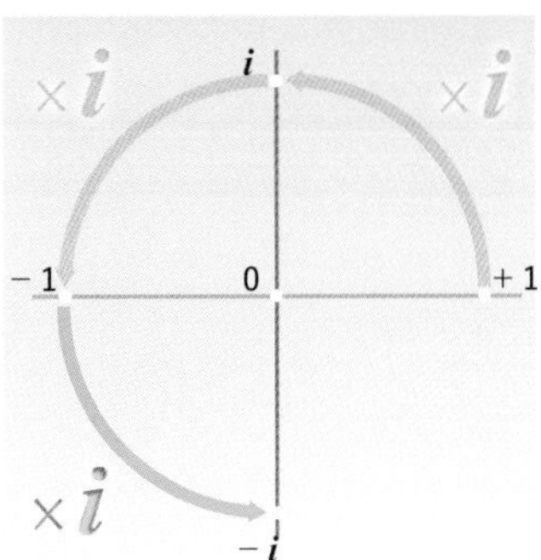

3.
－1にiを掛けると，90度回転して－iになる。

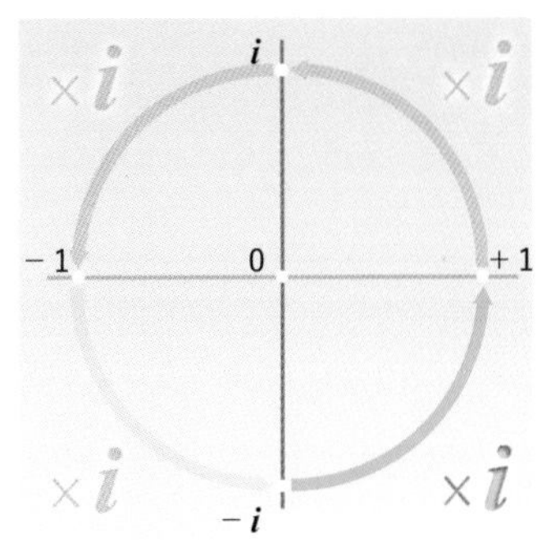

4.
－iにiを掛けると，90度回転して＋1になる。結局1にiを4回掛けると＋1にもどる（$i^4=1$）。

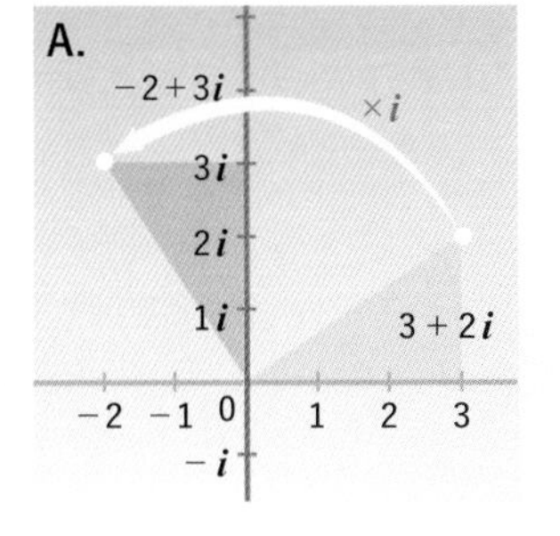

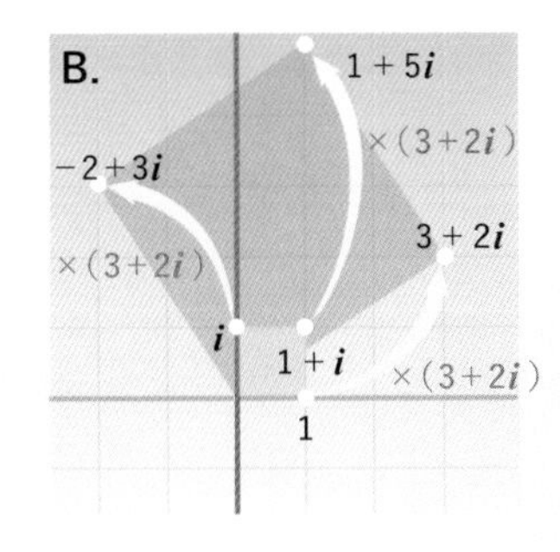

(←)複素数のかけ算

複素数に「虚数i」を掛ける場合，たとえば（3＋2i）×i＝（－2＋3i）では，Aのように複素平面上の点を反時計まわりに90度回転することになる。

では，複素数を掛ける場合どうなるだろうか。たとえば1，i，（1＋i）にそれぞれ複素数（3＋2i）を掛けると，それぞれ（3＋2i），（－2＋3i），（1＋5i）となる。これを図にあらわすと（B），「原点と1を結ぶ線分」が「原点と3＋2iを結ぶ線分」となるように，複素平面が回転・拡大されていることがわかる。

島のどこかに埋まっている宝をさがしだせ！

ここで，複素平面の性質を使って解く，ユニークな「宝さがし」の問題を紹介しよう。

ビッグバン宇宙論の創始者の一人として知られる物理学者，ジョージ・ガモフ（1904～1968）が，複素数の計算の重要さを強調するために，科学啓蒙書『1，2，3…無限大』の中で取りあげた問題である。

この問題は，複素平面や虚数を使わなくても，通常の実数の xy 平面を使って解くことも可能だ。しかしガモフは，この問題にある「90度の方向転換」という操作を，「虚数 i（あるいは $-i$）のかけ算」に置きかえて解く方法を紹介した。複素数 i のかけ算が，「複素平面上の90度の回転」に対応しているということを印象づけようとしたのだろう。

紙と鉛筆を用意して，ぜひ挑戦してみてほしい（→解答は106ページ）。

ガモフの問題

無人島に，宝が埋まっている。その宝のありかを示した古文書には，次のように書いてある。

島には，裏切り者を処刑するための絞首台と，1本の樫の木，そして1本の松の木がある。

まず，絞首台の前に立ち，樫の木に向かって歩数を数えながらまっすぐ歩け。樫の木にぶつかったら，直角に右へと曲がり，同じ歩数だけ歩いたらそこに第一の杭（くい）を打て。

絞首台にもどり，今度は松の木に向かって歩数を数えながらまっすぐ歩け。松の木にぶつかったら，直角に左へ曲がり，同じ歩数だけ歩いたらそこに第二の杭を打て。宝は，第一の杭と第二の杭の中間点に埋めてある。

この古文書を手に入れたある若者が島へ行ってみたが，松の木と樫の木はあったものの，肝心の絞首台が見つからない。どうやら，朽ち果ててなくなってしまったようだ。仕方がないので当てずっぽうに掘ってみたが，宝は見つからない。若者はあきらめて，島をあとにした。

もし，この若者が虚数を知っていたら，絞首台の場所がわからなくても，宝のありかを見つけることができたはずだ。宝はいったい，どこにあるだろうか。

ジョージ・ガモフ

ヒント

樫の木の位置が「実数の－1」，松の木の位置が「実数の1」となるような複素平面を考えよう。そのうえで，宝のありかがどんな複素数に対応するかを計算で求めていく。必要な計算は，複素数の足し算・引き算，そしてかけ算だけだ。

「ガモフの問題の答え」〜複素平面を使って答えをみちびく〜

古文書

島には，裏切り者を処刑するための絞首台(こうしゅだい)と，1本の樫の木，そして1本の松の木がある。

まず，絞首台の前に立ち，樫の木に向かって歩数を数えながらまっすぐ歩け。樫の木にぶつかったら，直角に右へと曲がり，同じ歩数だけ歩いたらそこに第一の杭（くい）を打て。

絞首台にもどり，今度は松の木に向かって歩数を数えながらまっすぐ歩け。松の木にぶつかったら，直角に左へ曲がり，同じ歩数だけ歩いたらそこに第二の杭を打て。宝は，第一の杭と第二の杭の中間点に埋めてある。

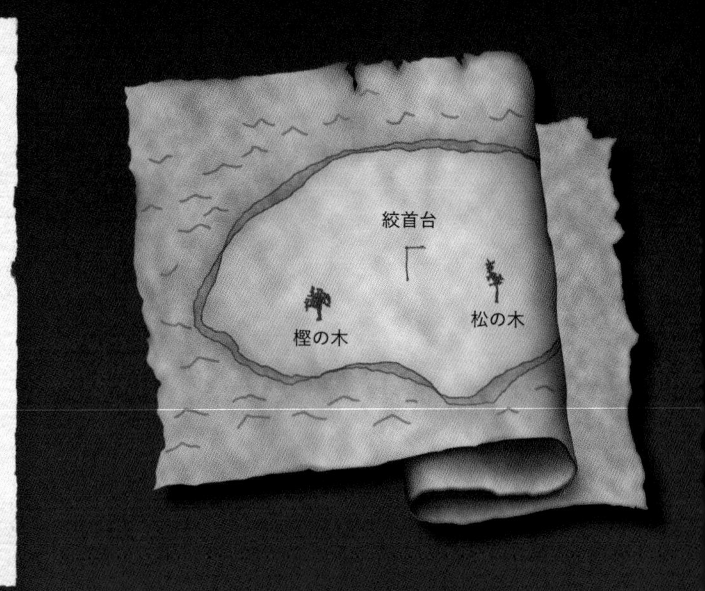

1. 複素平面を設定する

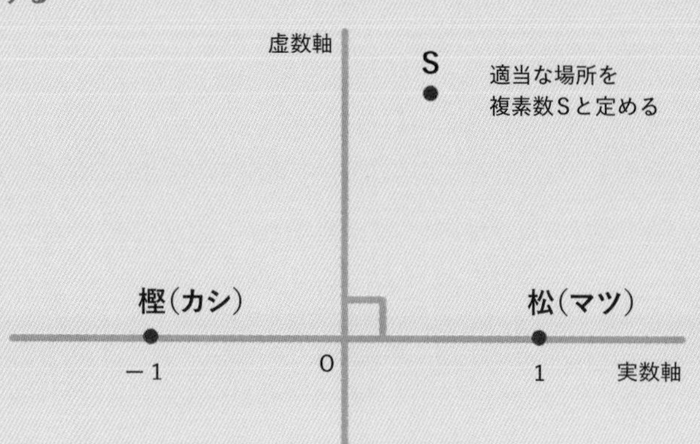

次の手順で，問題を解く舞台となる複素平面（ふくそへいめん）を設定する。
① 樫の木と松の木の両方を通る直線を引き，これを「実数軸」とする。
② 樫の木と松の木の中間点をとり，これを複素平面の「原点」とする。
　また原点を通り，実数軸に垂直な直線を引いて，これを「虚数軸」とする。
③ 松の木の座標を実数の1，樫の木の座標を実数の−1とする。
④ スタート地点（絞首台）の位置は不明だが，ひとまず複素数Sとして，適当な場所におく。

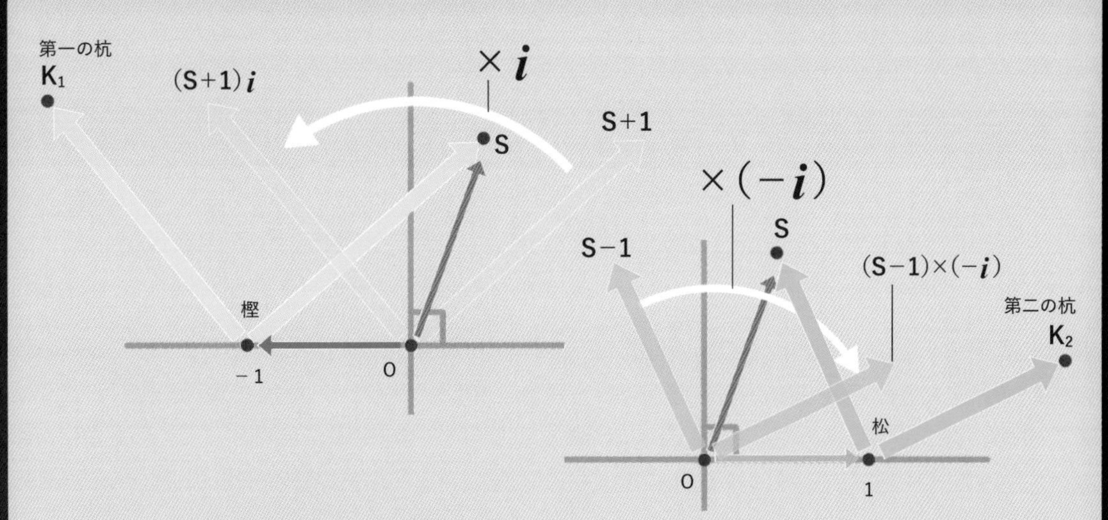

2. 杭を打つ位置にある複素数を，文字式であらわす

第一の杭を複素数K_1，第二の杭を複素数K_2であらわすことにする。

① K_1は，「樫からSへ向かう矢印」を，樫の木を中心に反時計まわりに90度回転させた矢印の終点にある。「樫からSへ向かう矢印」を並行移動して始点を原点においた矢印は，「Sから－1を引いたもの」に等しいので，複素数$S-(-1)=S+1$と書ける。これを，原点を中心に反時計まわりに90度回転した矢印は，$(S+1)\boldsymbol{i}$と書ける。この矢印を，樫の木の位置(-1)に継ぎ足した終点がK_1なので，$K_1=-1+(S+1)\boldsymbol{i}=-1+S\boldsymbol{i}+\boldsymbol{i}$となる。

② K_2の位置も同様の手順で求められる。K_2は，「松からSへ向かう矢印」を，松の木を中心に時計まわりに90度回転させた矢印の終点にある。「松からSへ向かう矢印」を並行移動して始点を原点においた矢印は，「Sから1を引いたもの」に等しいので，複素数$S-1$と書ける。これを原点を中心に時計まわりに90度回転した矢印は，$(S-1)\times(-\boldsymbol{i})$と書ける。この矢印を，松の木の位置1に継ぎ足した終点がK_2なので，$K_2=1+(S-1)\times(-\boldsymbol{i})=1-S\boldsymbol{i}+\boldsymbol{i}$となる。

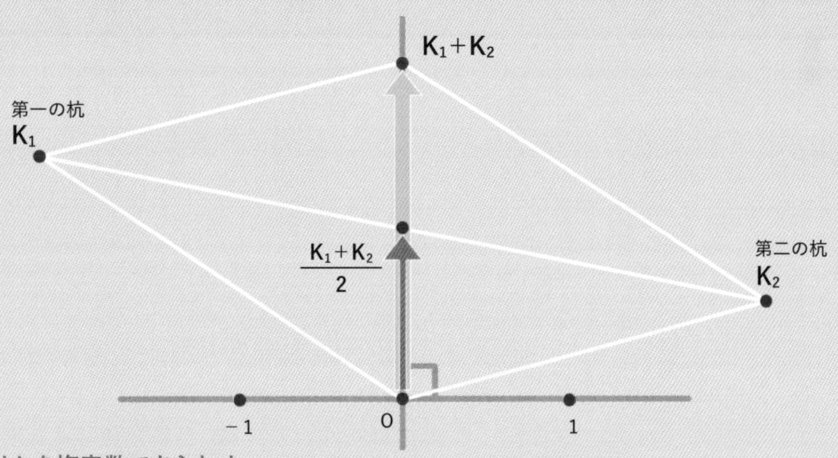

3. 宝のありかを複素数であらわす

宝のありかである「第一の杭と第二の杭の中間点」は，複素数$(K_1+K_2)\div2$であらわせる。$K_1=-1+S\boldsymbol{i}+\boldsymbol{i}$，$K_2=1-S\boldsymbol{i}+\boldsymbol{i}$なので，$(K_1+K_2)\div2=(2\boldsymbol{i})\div2=\boldsymbol{i}$となる。したがって，「虚数単位$\boldsymbol{i}$の位置」が宝のありかだ。「松の木から樫の木に向かう中間点で直角に右へ曲がり，中間点までと同じだけ歩いたところ」を掘ればよい。

問題を解くとわかるように，計算の最後で複素数Sは消えるので，スタート地点がどこであるかは宝の場所に関係しない。若者は，どこでもよいから，今立っている場所から古文書の指示どおりに歩けばよかったのである。

体重計で体脂肪がはかれるのは虚数のおかげ

虚数は，実は私たちの生活に役立っている。その一例が，電気工学分野である。たとえば，体脂肪率をはかることができる市販の体重計は，微弱な交流電流を体に流し，「インピーダンス」という値をはかることで，体脂肪率を推定している。

電気には，直流と交流がある。前者は，一方向に流れる電流で，向きと大きさは一定だ。一方で後者は，**向きと大きさが時間とともに周期的に変化する電流のことだ。**

インピーダンスは交流回路の「抵抗」に相当し，式であらわすと「V（電圧）＝Z（インピーダンス）×I（電流）」となる。インピーダンスは，**複素数を使ってあらわされる。**

インピーダンスは，なぜ複素数の値をとるのだろうか。まず，複素平面の原点を中心にした半径V_0の円周上を反時計方向にまわる点$\dot{V}$を考える（右ページAの赤い点）。これが，電圧を複素数であらわす「複素電圧」である。同様に，原点を中心にした半径I_0の円周上を反時計方向にまわる点$\dot{I}$（Aの緑の点）を考える。これが「複素電流」である。

ここで，複素電圧と複素電流の虚部（虚数軸の成分）の時間変化に注目しよう。すると，それぞれ波のようなグラフになる（B）。これが，実際にあらわれる交流電圧と交流電流の値の時間変化である。Aにおいて，$\dot{V}$と$\dot{I}$が原点を中心になす角度をϕ（Aの例では90°）とすると，ϕの大きさが電圧と電流の位相（波の周期のタイミング）のずれに相当する。

複素電圧と複素電流は，わざわざ虚部の変動を抜きださなければ電圧値や電流値が出てこないので，不便に感じるかもしれない。しかし複素電圧や複素電流の間には，通常の電圧Vと電流Iの間には成り立たない，

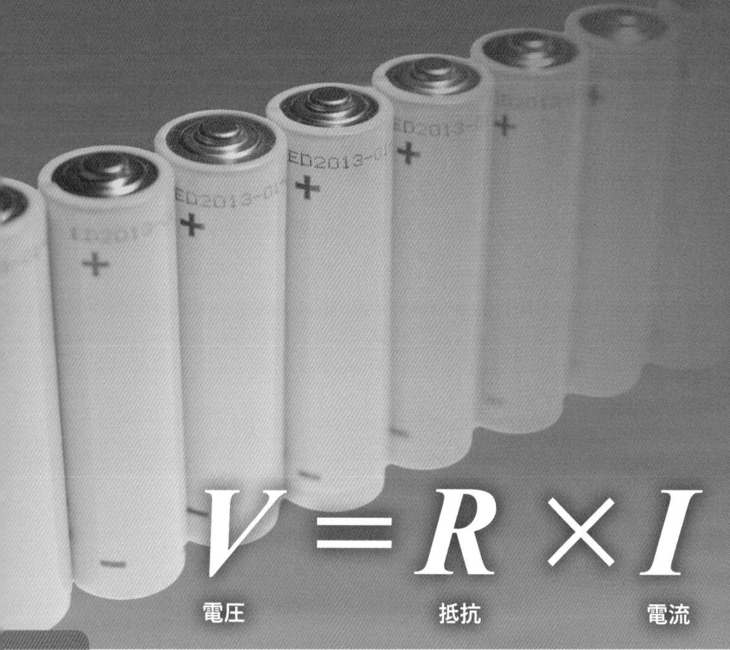

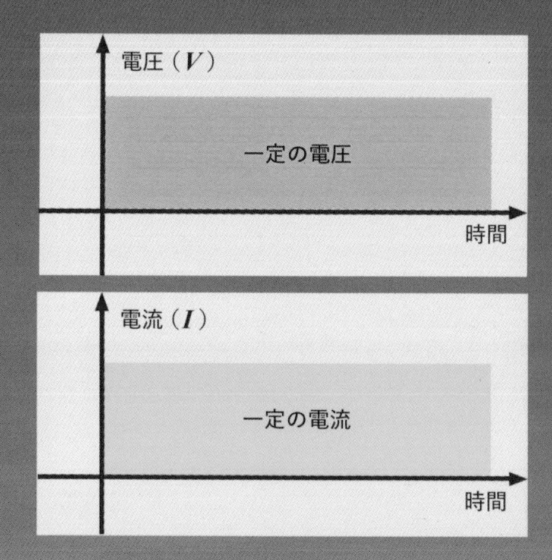

直流とは

電圧（V）と電流（I）の向きや大きさが変化しない電気の流れ方。電流の流れやすさをあらわす値が「抵抗（R）」で，オームの法則「$V = R \times I$」が成り立つ。乾電池などは，直流電源の代表例。

$\dot{V}=\dot{Z}\times\dot{I}$という関係が成り立つ。

このことは，複素数のかけ算の意味を知るとよく理解できる。複素数のかけ算は，複素平面上における原点を中心とした回転と拡大・縮小する操作に相当する（103ページ参照）。今回の場合，$\dot{I}$をϕだけ反時計まわりに回転させ，V_0/I_0倍すると，$\dot{V}$に一致する。つまり，$\dot{I}$に$\dot{Z}$をかけ算する（ϕの回転とV_0/I_0倍する操作に相当）と$\dot{V}$に一致するわけだ。これが，$\dot{V}=\dot{Z}\times\dot{I}$の意味である。

なお，回路の解析に複素数を持ちだすと，電気回路の性質を計算する際に頻出の，微分（びぶん）や積分（せきぶん）の計算がシンプルになるというメリットもある。

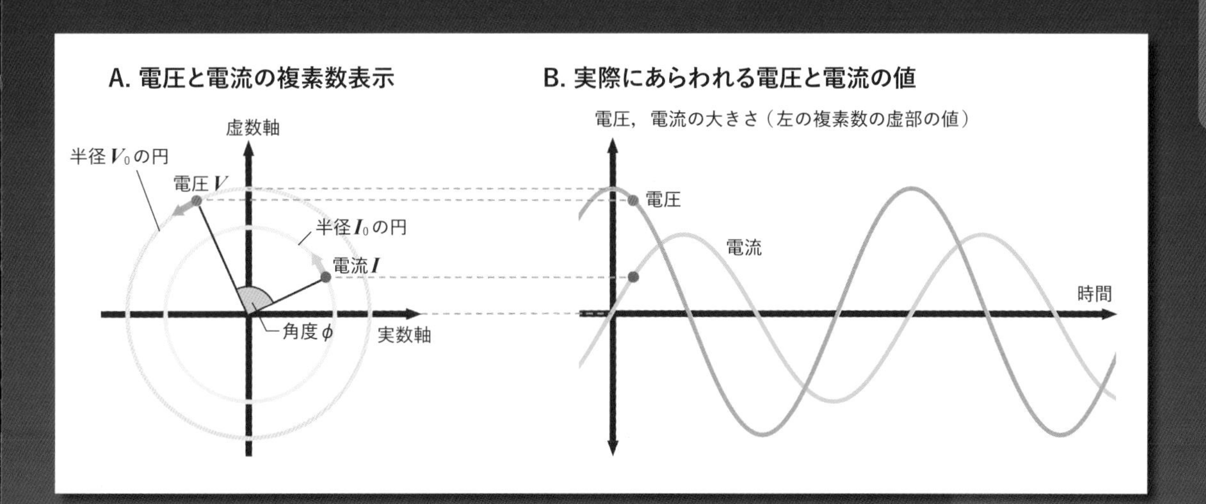

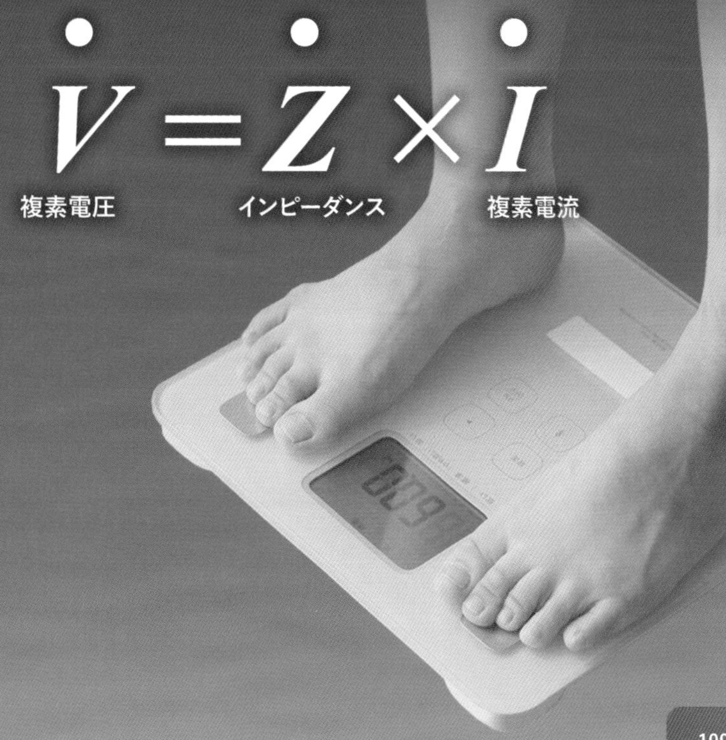

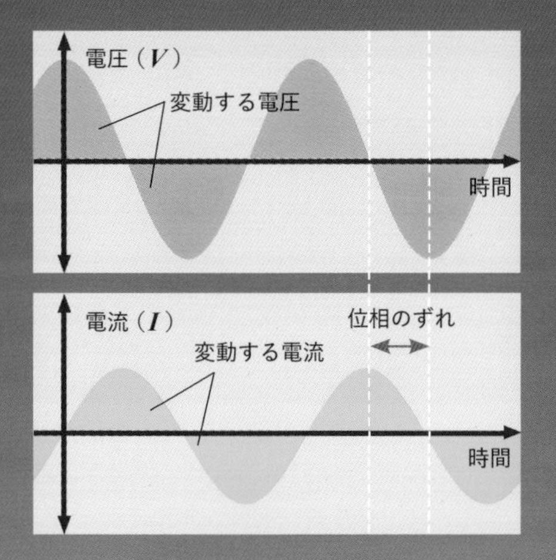

交流とは

電圧や電流の大きさ・向きが，波のように周期的に変動する電気の流れ方。回路内のコイルやコンデンサのはたらきにより，電圧と電流の位相がずれることもある。交流回路の抵抗に相当するのが，インピーダンス。

虚数がなければ
一つの電子のふるまいさえ説明できない

たとえば，アインシュタインの相対性理論にとって，虚数は理解の助けとなるが，理論そのものに必要なわけではない（特殊相対性理論だけではなく，一般相対性理論を含め，アインシュタインの相対性理論は虚数がなくても問題なく成り立つ）。

また，アイザック・ニュートンがつくった「ニュートン力学」にも，虚数は必要ない。ニュートン力学の基本方程式である「運動方程式」の計算には，実数しか登場しない。

イギリスの理論物理学者，ジェームズ・マクスウェル（1831 ～ 1879）が確立した「電磁気学」にも，虚数は必要ない。その基本方程式である「マクスウェル方程式」に必要なのは，実数だけである。

このように，**20世紀初頭までにつくられたすべての物理学理論には，虚数や複素数は基本的には必要ない。**一方で，虚数を必要とする物理理論が，20世紀前半に確立した「量子力学（量子論）」である。

量子力学とは，原子や電子のふるまいなど，目に見えないミクロの世界の物理現象を説明する理論のことだ。その基礎をなす方程式が，オーストリアの物理学者エルヴィン・シュレーディンガー（1887 ～ 1963）がつくった「シュレーディンガー方程式」である（下図）。

原子はよく，「中心にある原子核のまわりを電子がまわっている」表現をされるが，量子力学の世界では，一つの電子は，原子核のまわりのあちこちに同時に存在していると考える（観測されるまで，電子は原子の中のどの位置にあるかが確定していない）。

「電子は陽子からどれほどの距離にあるのか」を具体的に知ろうとするなら，シュレーディンガー方程式を使って答え※を求めることになる。**そしてその計算には，必然的に虚数や複素数が含まれる。**

量子力学は，現代の科学技術や工学の土台である。量子力学がなければ，スマホもパソコンも生まれなかったといってよいだろう。つまり虚数や複素数がなければ，人類は今日の文明を築くことはできなかったといえるのである。

※：厳密には，電子の発見場所についての「確率分布」。

雲のようにあちこちに存在する電子

シュレーディンガー方程式

$$i\hbar\frac{\partial\psi}{\partial t}=\left\{-\frac{\hbar^2}{2m}\frac{\partial^2}{\partial x^2}+U(x)\right\}\psi$$

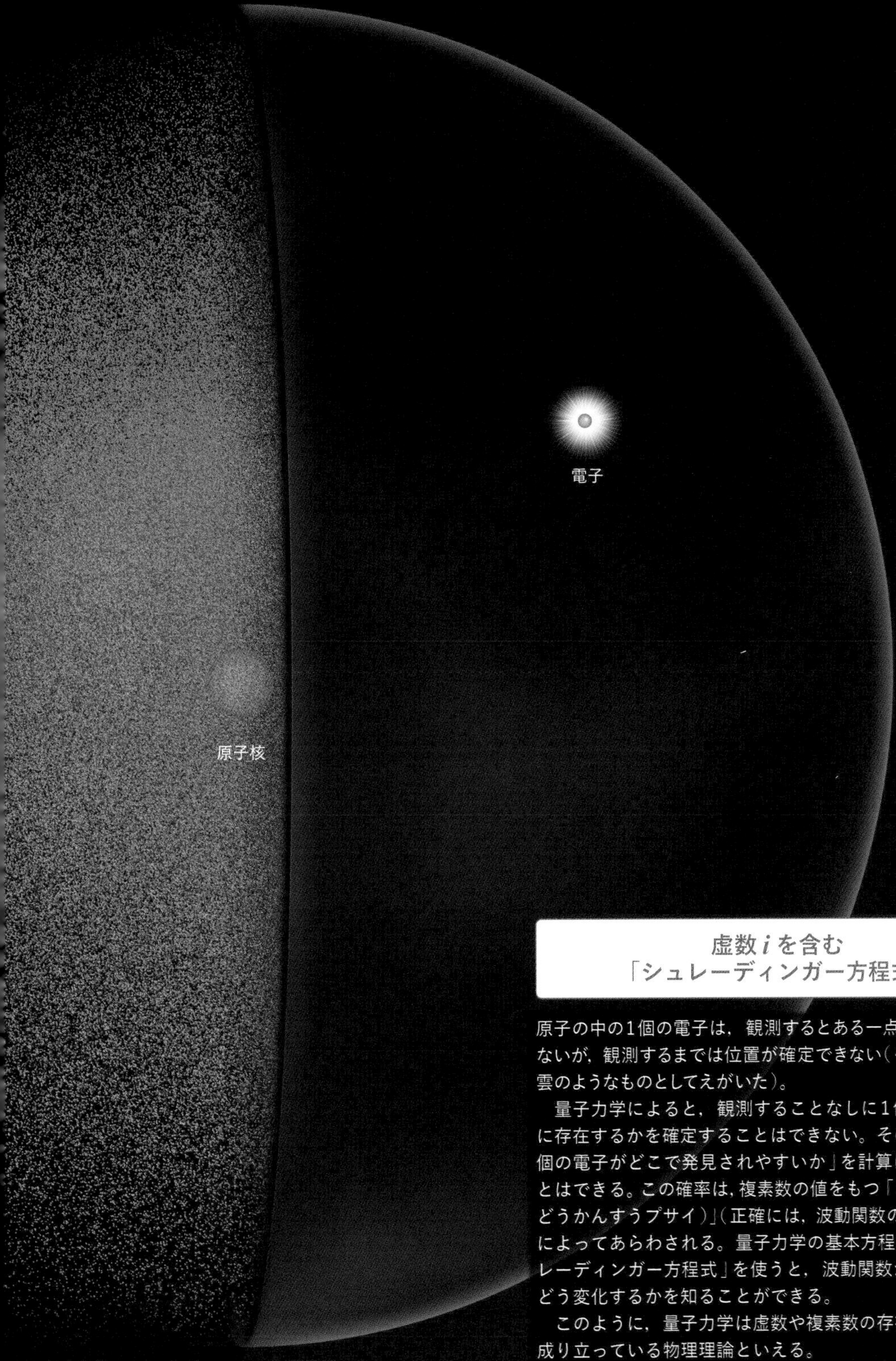

量子力学にもとづいた
観測前の原子のイメージ

観測後の
原子のイメージ

虚数 i を含む「シュレーディンガー方程式」

原子の中の1個の電子は，観測するとある一点にしか見つからないが，観測するまでは位置が確定できない（そのイメージを，雲のようなものとしてえがいた）。

量子力学によると，観測することなしに1個の電子がどこに存在するかを確定することはできない。そのかわりに，「1個の電子がどこで発見されやすいか」を計算によって知ることはできる。この確率は，複素数の値をもつ「波動関数 ψ（はどうかんすうプサイ）」（正確には，波動関数の絶対値の2乗）によってあらわされる。量子力学の基本方程式である「シュレーディンガー方程式」を使うと，波動関数が時間に応じてどう変化するかを知ることができる。

このように，量子力学は虚数や複素数の存在を前提として成り立っている物理理論といえる。

宇宙誕生の謎も虚数があれば説明できる

―― 私たちの宇宙は，日々膨張している。このことははるか昔の宇宙が，ごく小さな領域しかもたなかったことを意味する。そして，最新の観測結果をふまえれば，宇宙は約138億年前にはじまったと考えられる。

これは「宇宙論」という学問により，現在広く支持されているストーリーである。宇宙のはじまりは，実は物理学で説明することができる。

イギリスの物理学者スティーブン・ホーキング博士（1942～2018）は1960年代に，同じくイギリスの物理学者ロジャー・ペンローズ博士とともに「特異点定理」を証明した。一般相対性理論で考えるかぎり，宇宙のはじまりが「特異点」に行きつくとするこの定理は，物理学者たちを大いに悩ませた。なぜなら，特異点においては物理学の計算結果が無限大になり，破綻してしまうためだ。つまり一般相対性理論のみでは，宇宙誕生の瞬間を解明することができなくなってしまったのである。

そこでホーキング博士は，奇抜なアイデアをひねり出した。

虚数時間を導入してみちびかれた宇宙誕生の瞬間

1980年代にホーキング博士やビレンキン博士たちによって（別々に）提案された，宇宙誕生の瞬間に関する仮説のイメージをえがいた（各時刻の宇宙空間を「輪」と考え，それらを時間順に積み重ねてえがいている）。これらの仮説は，物理学の二大理論である一般相対性理論と量子論をもとに考えだされたもので，虚数時間が登場する。

宇宙が誕生する直前は，宇宙の存在自体が定まらない“ゆらいだ”状態であったという。ここでは小さな宇宙の卵が生まれ，すぐに消えていく。しかしあるとき，すさまじい勢いで膨張をはじめる卵があらわれた。これが138億年をかけて，現在の私たちの宇宙になったのだという。

それは,「宇宙のはじまりには虚数の時間が存在したが，やがて実数の時間に置きかわった」というものだ。虚数時間さえ仮定すれば，一般相対性理論の枠組みの中で宇宙のはじまりを説明できるという。

宇宙のはじまりに，本当に虚数時間が流れていたのかを確かめるすべはない。しかし，ここで重要なのは**「虚数時間があったと想像すれば，究極の難問にも答えが出せる」ということだ。**

アメリカのアレキサンダー・ビレンキン博士が1982年に発表した「無からの宇宙創生論」も，無のゆらぎから誕生した“宇宙の卵”は，虚数時間が流れていれば，エネルギーの山をこえられる（=膨張して大きな宇宙になった）と主張する（下図A1・A2)。これは，量子力学における「トンネル効果」として説明されるが，その実体は「虚数時間のもとでは力の向きが逆転するので，エネルギーの山は“谷”へとかわる。そのため，宇宙の卵は自然にそれをこえることができた」というものだ。

さらに，ホーキング博士が1983年に, アメリカの物理学者ジェームズ・ハートル博士とともに発表した「無境界仮説」は,「宇宙のはじまりに虚数時間を想定すれば，そこでは時間と空間がまったく対等なものになり, 両者の区別がつかなくなる。そして，その効果により宇宙のはじまりは“なんら特別な点”ではなくなる」とした（B)。

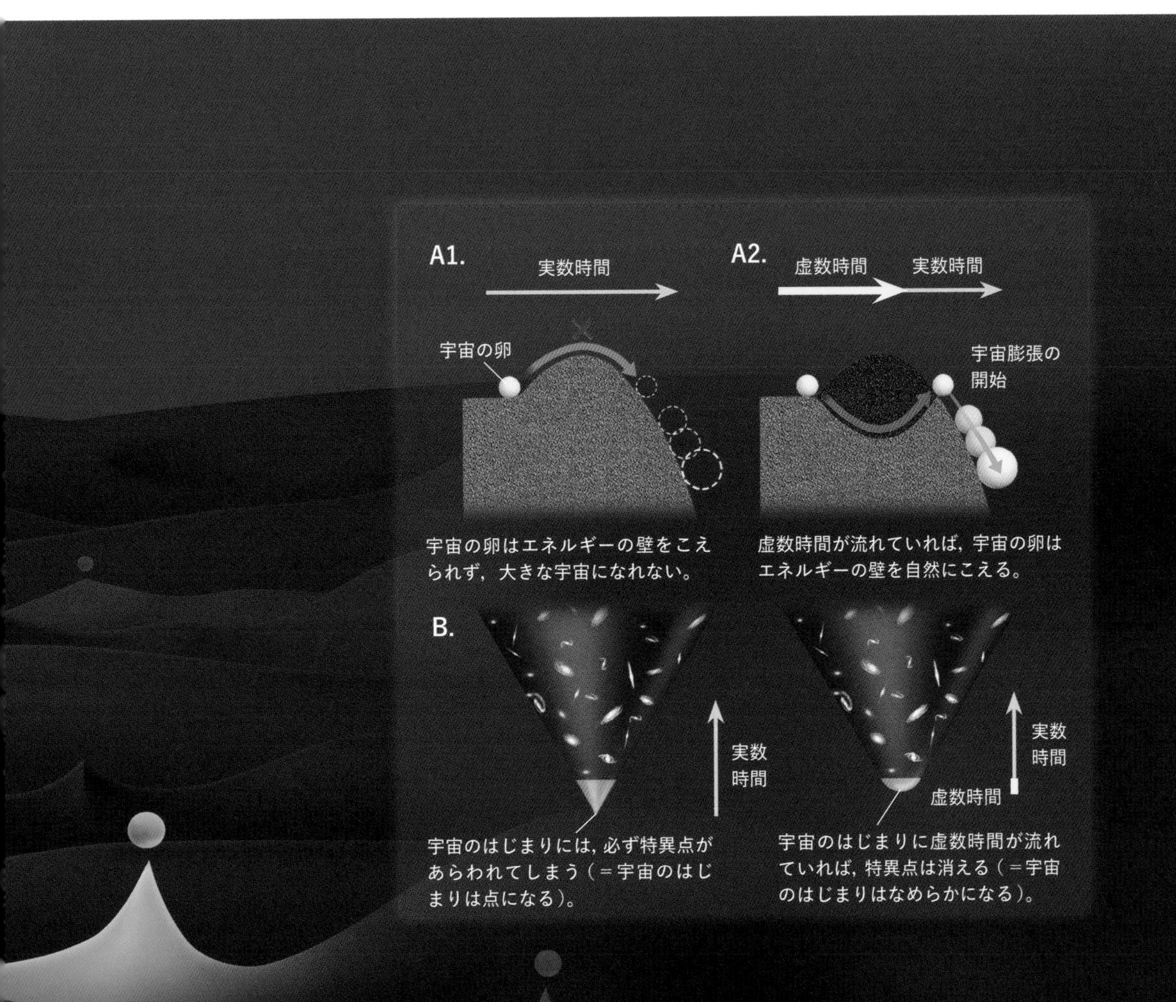

宇宙の卵はエネルギーの壁をこえられず，大きな宇宙になれない。

虚数時間が流れていれば，宇宙の卵はエネルギーの壁を自然にこえる。

宇宙のはじまりには, 必ず特異点があらわれてしまう（=宇宙のはじまりは点になる）。

宇宙のはじまりに虚数時間が流れていれば, 特異点は消える（=宇宙のはじまりはなめらかになる）。

指数と対数

協力・監修　小山信也

指数や対数は，私たちの身近にもひそんでいる。たとえば，スマホの「ギガ」は指数と深いかかわりがあるし，地震の規模をあらわす「マグニチュード」は，対数を用いてあらわされる。本章では，私たち現代人が身につけておきたい数学の教養の一つともいえる指数・対数を紹介しよう。

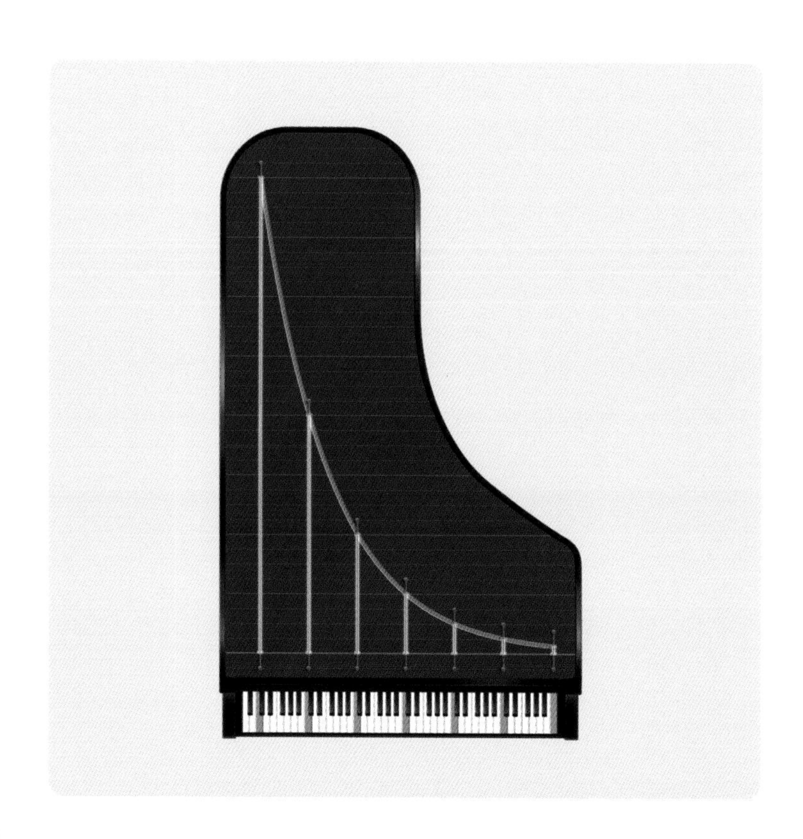

毎日1%ずつ能力が向上したら1年後のあなたはどうなっている?

あなたはマラソン大会に出場するため，毎日コツコツとランニングを行っている。現在のところ，1キロメートルの走力しかない。もし，今日よりも1%長い距離を翌日に走れるようになったら，翌々日の走力はどのようにあらわせるだろうか。

チャレンジ初日，すなわち翌日の走力を，1.01キロメートル(1キロから1%，つまり10メートル長い)としよう。すると，翌々日の走力は，翌日より1%長い1.01×1.01＝1.0201キロメートルとなる。

では，この努力を1年間(365日)継続した場合，あなたは何キロメートル走れるようになるだろうか。

「指数」を使えばかけ算をシンプルにあらわせる

1.01×1.01×1.01×…のように，同じ数を何回(何個)もかけ算するときに使われるのが「指数(しすう)」である。

2を3個掛けた数は，2×2×2＝2^3(にのさんじょう)とあらわすことができる。2のような数を「底(てい)」，底の右上に小さく書かれた3のような数のことを指数という。

前述の例であれば，365日後のランニングの走力は1.01を365個かけ算した値といえるので，「1.01^{365}(キロメートル)」とあらわすことができる。

さて，1日にわずか1%だけ走力がアップしたとしても，その効果はたかが知れているのではないかと直感的に感じる人もいるだろう。では，1.01^{365}とは，いったいどれくらいの値なのだろうか(→次節につづく)。

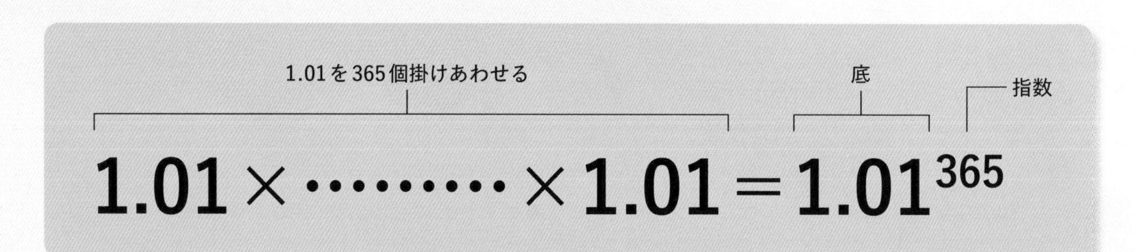

1.01を365個掛けると…?

もし，毎日1%ずつあなたの走力が向上したとしたら，365日後の走力は「1.01^{365}(キロメートル)」である。これを実際に計算すると，いったいどのくらいの距離になるのだろうか。

指数関数は爆発的に増加する

前節の答えをみてみよう。10日後の走力は約1.1キロメートル（$1.01^{10} \fallingdotseq 1.1$），1か月後は1.4キロメートル（$1.01^{30} \fallingdotseq 1.35$），3か月後は2.5キロメートル（$1.01^{90} \fallingdotseq 2.45$）である。マラソン大会に出場する姿を想像するのは，この時点ではまだむずかしい。

しかし，**ここからあなたの走力は急激に向上する。**6か月後は6キロメートル（$1.01^{180} \fallingdotseq 6.00$），9か月後は14.7キロメートル（$1.01^{270} \fallingdotseq 14.7$），そして1年後には，なんと37.8キロメートル（$1.01^{365} \fallingdotseq 37.8$）走れるようになるのだ。

想像を大きくこえる指数関数の増加スピード

x日後の走力をyとすると，$y = 1.01^x$という関係が成り立つ。一般に，**$y = a^x$（aは定数，ただし$a \neq 1$）であらわされる関数を「指数関数（しすう）」という。**右の図は，横方向が「日数」，階段の高さが「あなたの走力」をあらわしている。この階段の高さがあらわす曲線は，$y = 1.01^x$という指数関数のグラフと同じ形をしている。

指数関数のグラフの傾き（増加のスピード）は，最初のうちはゆるやかだ。しかしxが大きくなると，傾きは徐々に急になる。そしてxをさらに大きくすると，**グラフの傾きは加速度的に増加し，最終的にはおどろくべき値に達するのだ。**このような爆発的な増加曲線は，しばしば「指数関数的」と表現される。

一方で，初日は1.01キロメートル，2日目は1.02キロメートル，3日目は1.03キロメートル…のように，増加するスピードがつねに一定の場合を「線形的な増加」という（グラフの傾きは一定の直線になる）。

走力が線形的に増加した場合，1年後の距離は「4.65キロメートル（$1 + 0.01 \times 365$）」にしかならない。これでは，フルマラソンを完走できるようになるまでに10年以上かかってしまう。

線形的に増加するグラフと指数関数的に増加するグラフは，最初のうちはほとんど差がない。しかしxが大きくなるほど，大きな差がついていくのだ。

グラフの傾きは，途中から急になる

図の階段は，あなたの走力の向上を，階段の高さで比喩的にあらわしたものである。この階段の左端の段の高さは1キロメートルで，1日ごとに，一つ左の段の高さから1%ずつ高くなる（$y = 1.01^x$の指数関数的な増加を示している）。この階段を右方向に1日1段ずつのぼっていくと，途中から“傾斜”が急激にきつくなる。

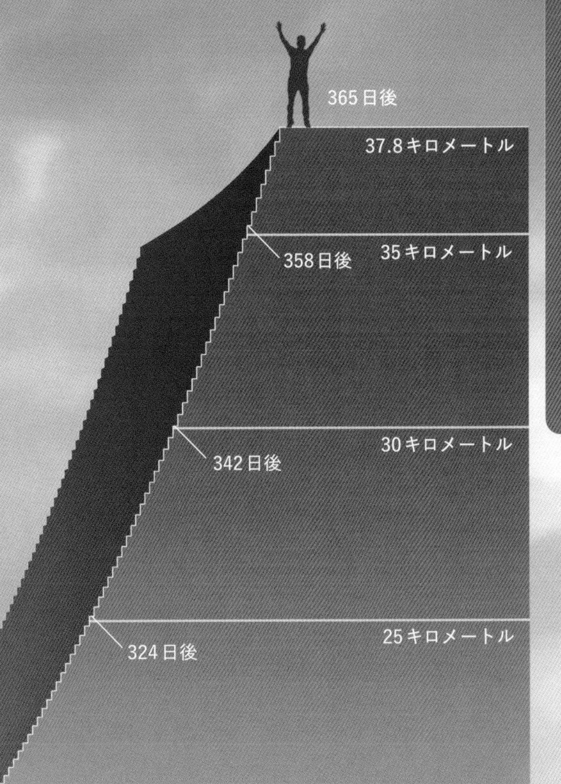
365日後
37.8キロメートル
358日後
35キロメートル
342日後
30キロメートル
324日後
25キロメートル

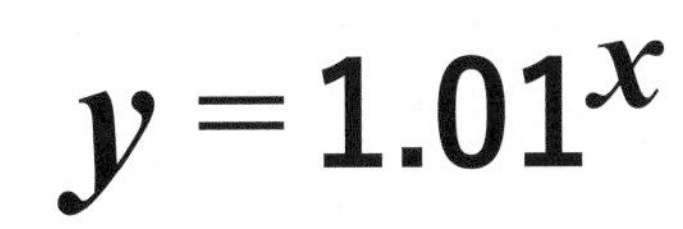
$y = 1.01^{x}$

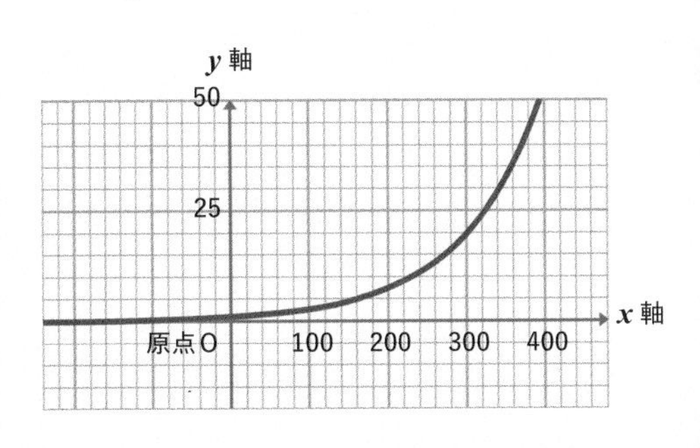
y軸
50
25
x軸
原点O
100
200
300
400

302日後
20キロメートル
273日後
15キロメートル
232日後
10キロメートル
162日後
5キロメートル

コピー用紙を88回切って重ねると その厚みはアンドロメダ銀河に届く

指数関数の増加の急激さをあらわす例を，もう一つ紹介しよう。たとえば，厚さ0.1ミリメートルのコピー用紙を半分に切って重ねることを何度もくりかえすと，その厚みはどれくらいになるだろうか。

1回切って重ねると，重ねたコピー用紙の厚さは，2倍の0.2ミリメートルである。2回目は$2^2=4$倍，3回目は$2^3=8$倍，4回目は$2^4=16$倍…といったぐあいにふえていき，**10回目には，1024倍（2^{10}）の102.4ミリメートル，すなわち約10センチメートルの厚さになることがわかる。**

42回目には月に達する

この操作を23回くりかえすと，その厚さは約839メートルに達する。これは，東京スカイツリー（634メートル）をこえる高さだ。さらに，25回目には富士山の高さ3776メートルにせまる約3355メートルになる。そして，42回目にはなんと約44万キロメートルに達する。地球から月までの距離が約38万キロメートルなので，それをこえてしまうわけだ。

さらに回数をふやしていこう。すると，**100回目には紙の厚さは133億光年になる。**宇宙がはじまったのは138億年前なので，宇宙のはじまりから現在まで光が進みつづけた場合に近い距離まで，紙の厚みが達してしまうのだ。指数関数のおどろくべき威力を，肌で感じていただけたのではないだろうか。

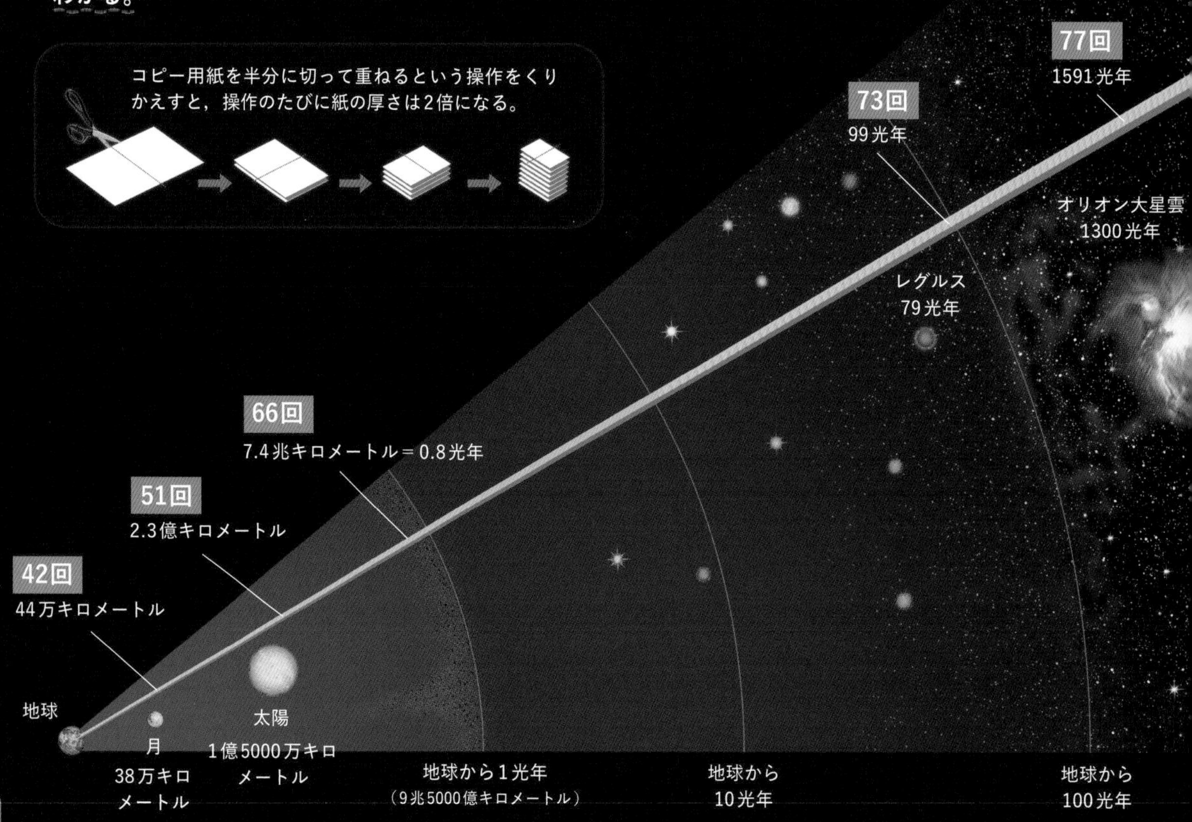

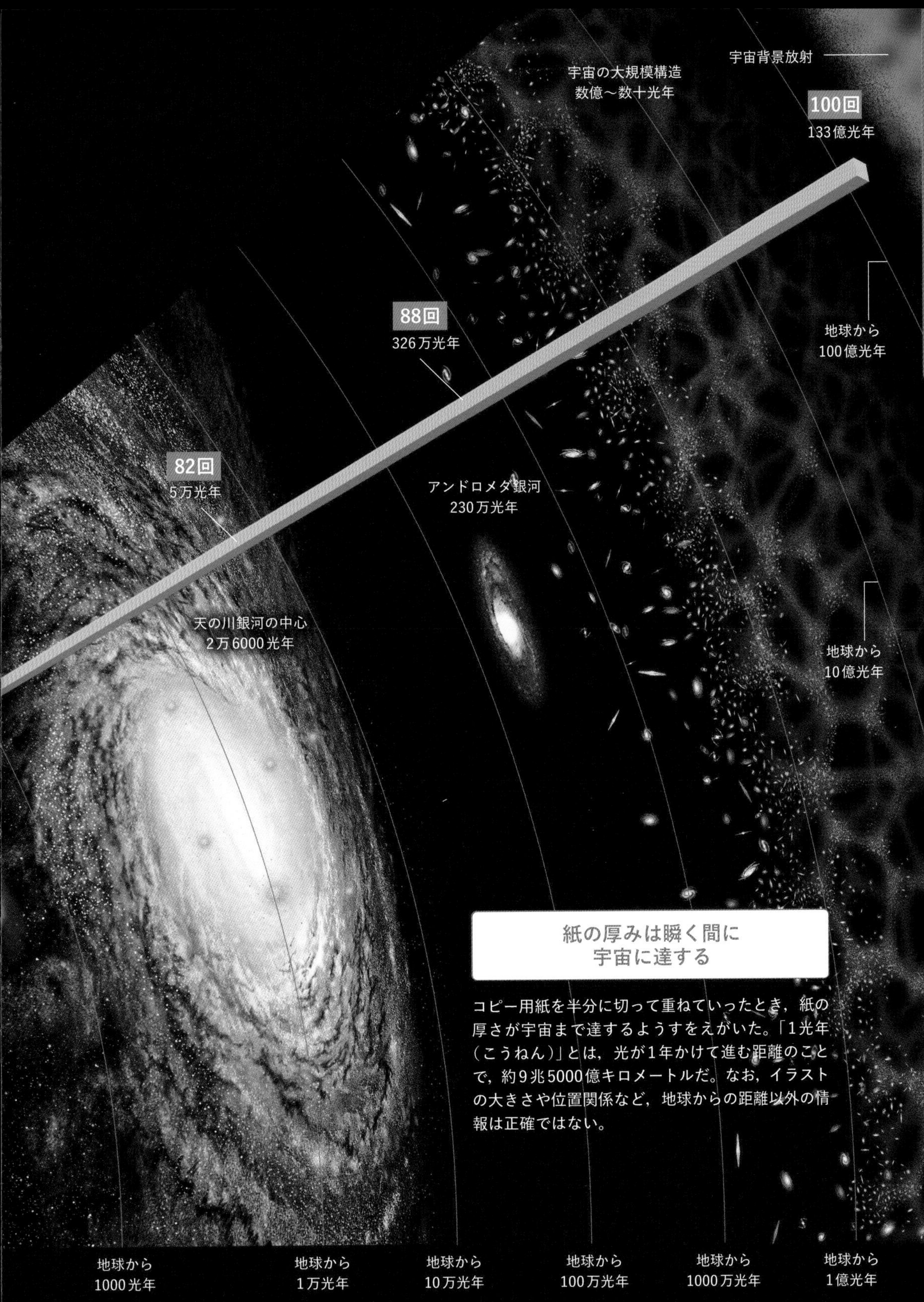

紙の厚みは瞬く間に宇宙に達する

コピー用紙を半分に切って重ねていったとき，紙の厚さが宇宙まで達するようすをえがいた。「1光年（こうねん）」とは，光が1年かけて進む距離のことで，約9兆5000億キロメートルだ。なお，イラストの大きさや位置関係など，地球からの距離以外の情報は正確ではない。

グランドピアノの形は指数関数の形が関係している

学校の音楽室などに置かれている「グランドピアノ」の形を思い浮かべてみてほしい。上から見ると，**低音部である左側の奥行きが長く，高音部である右側の奥行きが短くなっている。**実は，この形には指数(しすう)関数がひそんでいる。

弦の長さと音の高さが指数関数の関係にある

グランドピアノは，鍵盤(けんばん)を押すと，奥にあるハンマーが弦(げん)を打ち，その弦の振動によって音が鳴る。弦の長さは，低音から高音にいくにしたがって，徐々に短くなっている。これは，弦の長さが短くなるほど，出る音の周波数(しゅうはすう)（音程）が高くなるという性質があるためだ。

弦の長さと音の数学的な関係を発見したのは，古代ギリシャの数学者ピタゴラスだと考えられている。ピタゴラスは，弦をはじいたときに出る音は，その弦の長さを2倍にしたときに出る音と調和することに気づいた。二つの音は，今でいう1オクターブ（低いドから高いドまでの音程の開き）のちがいである。つまり，**弦の長さが2倍になると，音は1オクターブ下がるというわけだ。**

グランドピアノにおいても，たとえば最も高いドの音の鍵盤が打つ弦の長さを「1」とすると，それよりも1オクターブ低いドの音の弦の長さは「2」だ。さらに1オクターブ低いドの音の弦の長さは，2×2で「4」になる。音程が1オクターブ下がるたびに，弦の長さは2倍になっている。

これはまさに指数関数といえる。つまりグランドピアノの形は，$y=\left(\frac{1}{2}\right)^x$という指数関数に由来しているのである。

実際のグランドピアノは，7オクターブある。最も高いドの音の弦の長さを5センチメートルとすると，いちばん低いドの弦の長さは，2^7（＝128）倍になる。計算上6メートルをこえてしまうが，多くの場合，低音にいくにしたがって弦を太くしたり，斜めに配置したりするなどの工夫をほどこし，コンパクトにおさめている。

弦の長さが短いほど高音になる

グランドピアノは，中に張られている弦の長さが2倍になると，音は1オクターブ低くなる。

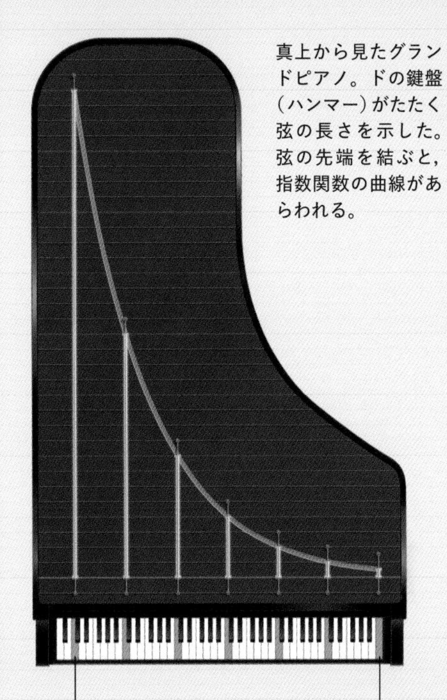

真上から見たグランドピアノ。ドの鍵盤（ハンマー）がたたく弦の長さを示した。弦の先端を結ぶと，指数関数の曲線があらわれる。

スマホの「ギガ」は指数を意味する言葉

スマートフォンやパソコンを利用する際，私たちはデータ通信量や記憶容量などをあらわす言葉として，「メガバイト（MB；Mega Byte）」や「ギガバイト（GB；Giga Byte）」といった言葉を耳にすることがある。実は，この「メガ（M）」や「ギガ（G）」は，指数（しすう）と深いかかわりがある。

巨大な数や小さな数があつかいやすくなる

メガ（M）やギガ（G）は「接頭辞（せっとうじ）」とよばれるもので，大きな数をあらわす。具体的には，メガは10^6＝1,000,000（100万），ギガは10^9＝1,000,000,000（10億）である。また，「B」はデジタルデータの容量の単位である「バイト（byte）」だ。つまり，1メガバイトは「1,000,000バイト※」，1ギガバイトは「1,000,000,000バイト」となる。

今，「1,000,000,000バイト」と書かれているのを見て，いくつか瞬時に判別できなかった人も多いのではないだろうか。接頭辞が使われる目的は，大きい数や小さい数をあつかいやすくすることにある。たとえば「1GB」や「10^6バイト」と書けば明確になり，0の数えまちがいがおきるケースは格段に減るだろう。そのため，世の中にはさまざまな接頭辞が制定されているのだ（右ページ）。

なお，小さい数を指数であらわす場合は，マイナス乗で表現する。たとえば「ミリ（m；milli）」という接頭辞は0.001で，指数であらわすと「10^{-3}」となる。

30年以上ぶりに新たな接頭辞が誕生へ

これら接頭辞はすべて，「国際単位系（SI（エスアイ））」とともに使用できる「SI接頭辞」とよばれるものである。SIとは，現在約60か国が加盟する国際度量衡（どりょうこう）総会（CGPM）が定めた世界共通の単位のことだ。

SI接頭辞はこれまでに，全部で20個制定された。また，2022年11月に開催された第27回CGPMでは，10^{30}をあらわす「クエタ（Q）」と10^{27}をあらわす「ロナ（R）」，10^{-27}をあらわす「ロント（r）」と10^{-30}をあらわす「クエクト（q）」という四つの接頭辞を新たに追加することが決定された。これは1991年以来，実に30年以上ぶりのこととなる。

SI接頭辞の追加は，科学技術や情報技術の発展などにより，私たち人類のあつかう数の幅が，どんどん広がってきていることを意味しているといえる。

※：コンピュータの世界では2進法が使われるため，1メガバイトは「1,024,000バイト（＝1024キロバイト）」である。

SI接頭辞の一覧（→）

世界共通で使われる接頭辞。10^{-3}～10^3は1けた区切り，10^{-3}より小さいものと10^3より大きいものは，3けた区切りで接頭辞が設定されている。なお，オレンジ色の背景の四つは，2022年に新たに追加することが決定されたものである。

記号	読み方	大きさ	
Q	**クエタ**	10^{30}	**1,000,000,000,000,000,000,000,000,000,000**
R	**ロナ**	10^{27}	**1,000,000,000,000,000,000,000,000,000**
Y	ヨタ	10^{24}	1,000,000,000,000,000,000,000,000
Z	ゼタ	10^{21}	1,000,000,000,000,000,000,000
E	エクサ	10^{18}	1,000,000,000,000,000,000
P	ペタ	10^{15}	1,000,000,000,000,000
T	テラ	10^{12}	1,000,000,000,000
G	ギガ	10^{9}	1,000,000,000
M	メガ	10^{6}	1,000,000
k	キロ	10^{3}	1,000
h	ヘクト	10^{2}	100
da	デカ	10^{1}	10
		10^{0}	1
d	デシ	10^{-1}	0.1
c	センチ	10^{-2}	0.01
m	ミリ	10^{-3}	0.001
μ	マイクロ	10^{-6}	0.000,001
n	ナノ	10^{-9}	0.000,000,001
p	ピコ	10^{-12}	0.000,000,000,001
f	フェムト	10^{-15}	0.000,000,000,000,001
a	アト	10^{-18}	0.000,000,000,000,000,001
z	ゼプト	10^{-21}	0.000,000,000,000,000,000,001
y	ヨクト	10^{-24}	0.000,000,000,000,000,000,000,001
r	**ロント**	10^{-27}	**0.000,000,000,000,000,000,000,000,001**
q	**クエクト**	10^{-30}	**0.000,000,000,000,000,000,000,000,000,001**

指数と表裏一体の関係にある「対数」

指数と深い関係にあるのが，「対数」である。**ある数を何回かくりかえしかけ算して別の数ができる場合に，かけ算をくりかえす回数（何乗するか）のことを対数という。**たとえば，2を何回かくりかえしかけ算して8になるとき，この対数は「3」である（$8 = 2^3$）。同様に，5億3687万912になるとき，この対数は「29」だ（$536870912 = 2^{29}$）。

対数をあらわすには，「log」という記号を用いる。$\log_a x$ は，「a を何回かけ算したら x になるか」をあらわしている。この $\log_a x$ は，「a を底とする x の対数」という。

対数は，ある式の指数を求めるときに用いられる。たとえば「$2^x = 256$」（2を何個かけ算したら256になるか）が成り立つ x を求めるとき，この式を対数を使って書き直すと，$x = \log_2 256$ となる。つまり**指数と対数は，同じ式をちがう形で書いたものともいえる。**

対数を発見したネイピア

対数を世界ではじめて考案したのは，17世紀のスコットランドの貴族，ジョン・ネイピアである。ネイピアは城主という仕事のかたわら，数学や物理学，天文学を熱心に研究した。ネイピアの発見の中でも，対数はその後の社会にとくに大きな影響をあたえた。

対数と指数

対数とは，底となる数を何回か掛けあわせてある数になったときに，掛けあわせた回数を示す数のことだ。一方，指数とは，底となる数を何回掛けあわせるかを指定する数のことである。

対数と指数はたがいに逆関数で，表裏一体の関係にある。たとえば，定数 a を底とする指数関数 $y = ax$ のとき，$x = \log_a y$ となる。

○を△乗したときの数（□）

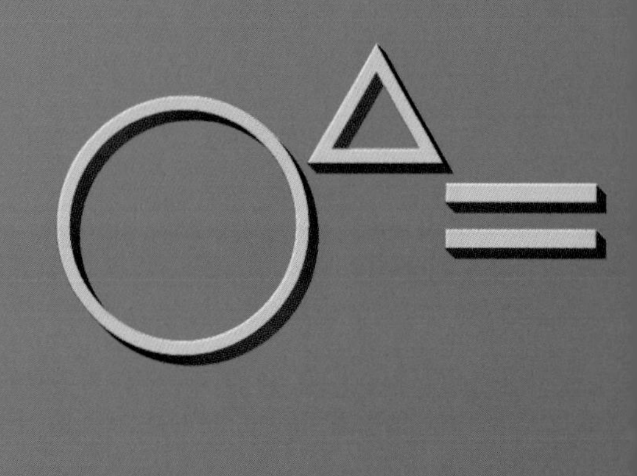

○を何回かくりかえしかけ算すると
□になるときの，そのかけ算の回数（△）

$$\log_{\bigcirc}\square = \triangle$$

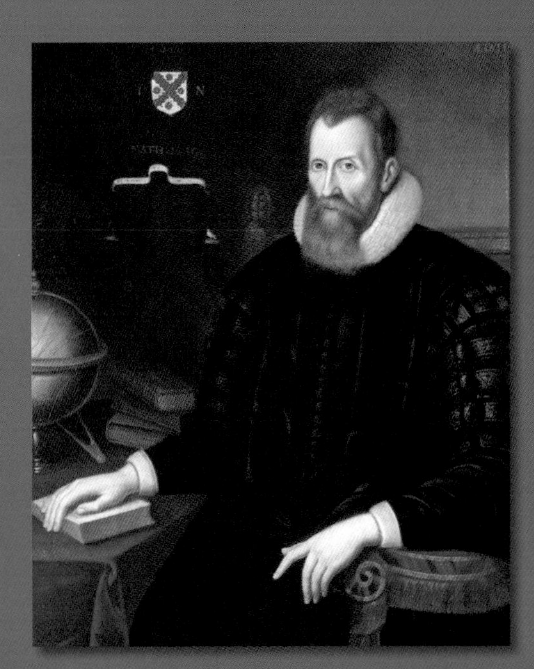

ジョン・ネイピア（1550〜1617）

ネイピアは1614年，ラテン語の論文『おどろくべき対数規則の記述』の中で，現在の対数の原型となる「ネイピア対数表」をはじめて提示した人物として有名。

対数の発明は天文学者の寿命を2倍にした

ネイピアが生きた1600年前後，ヨーロッパは大航海時代であった。船乗りたちは，大海原の中で自分たちが乗っている船の位置を把握する必要がある。そこで，星の位置から船の位置を計算する「天測航法（てんそくこうほう）」が発達した。

天測航法の計算は，非常に煩雑（はんざつ）だった。そこでネイピアが考案したのが，対数（たいすう）である。**対数を使うことで，大きな数のかけ算を楽に計算できるようになったのだ。**フランスの数学者ピエール＝シモン・ラプラス（1749～1827）は，対数の発明について「天文学者の寿命を2倍にのばした」という言葉を残している。

対数の計算に必要な「対数表」

対数を使った計算をするには，対数の値をあらかじめ計算した「対数表（たいすうひょう）」がかかせない。ネイピアは，約20年の歳月をかけて作成に取り組んだ。そして対数表は，ネイピアが亡くなる3年前に完成し，「ネイピア対数表」として発表された。

イギリスの数学者ヘンリー・ブリッグス（1561～1630）は，ネイピア対数表に感銘（かんめい）を受けた。ブリッグスはネイピアのもとを訪ね，協議の末，ネイピアの対数表より使いやすい10を底（てい）とする対数表を一緒につくることにした。

ところが，その後すぐにネイピアは亡くなってしまったことから，ブリッグスは一人で10を底とする対数の計算をつづけた。そして1624年に，一覧で示した表を発表したのである。現在，この表は「常用対数表（じょうようたいすうひょう）」とよばれている。

常用対数表（→）

右ページは，10を底とする「常用対数表」である。左端の列が，知りたい対数の小数第一位までの値だ。いちばん上の行は小数第二位の値である。

たとえば，$\log_{10}4.82$を求めたい場合，左端の列にある「4.8」の行に注目する（黄色のかこみ）。つづいて，いちばん上の行の「2」の列に注目する（青いかこみ）。この二つが重なった欄（赤いかこみ）に「0.6830」とあるので，「$\log_{10}4.82 = 0.6830$」とわかる。

数	0	1	2	3	4	5	6	7	8	9
1.0	0.0000	0.0043	0.0086	0.0128	0.0170	0.0212	0.0253	0.0294	0.0334	0.0374
1.1	0.0414	0.0453	0.0492	0.0531	0.0569	0.0607	0.0645	0.0682	0.0719	0.0755
1.2	0.0792	0.0828	0.0864	0.0899	0.0934	0.0969	0.1004	0.1038	0.1072	0.1106
1.3	0.1139	0.1173	0.1206	0.1239	0.1271	0.1303	0.1335	0.1367	0.1399	0.1430
1.4	0.1461	0.1492	0.1523	0.1553	0.1584	0.1614	0.1644	0.1673	0.1703	0.1732
1.5	0.1761	0.1790	0.1818	0.1847	0.1875	0.1903	0.1931	0.1959	0.1987	0.2014
1.6	0.2041	0.2068	0.2095	0.2122	0.2148	0.2175	0.2201	0.2227	0.2253	0.2279
1.7	0.2304	0.2330	0.2355	0.2380	0.2405	0.2430	0.2455	0.2480	0.2504	0.2529
1.8	0.2553	0.2577	0.2601	0.2625	0.2648	0.2672	0.2695	0.2718	0.2742	0.2765
1.9	0.2788	0.2810	0.2833	0.2856	0.2878	0.2900	0.2923	0.2945	0.2967	0.2989
2.0	0.3010	0.3032	0.3054	0.3075	0.3096	0.3118	0.3139	0.3160	0.3181	0.3201
2.1	0.3222	0.3243	0.3263	0.3284	0.3304	0.3324	0.3345	0.3365	0.3385	0.3404
2.2	0.3424	0.3444	0.3464	0.3483	0.3502	0.3522	0.3541	0.3560	0.3579	0.3598
2.3	0.3617	0.3636	0.3655	0.3674	0.3692	0.3711	0.3729	0.3747	0.3766	0.3784
2.4	0.3802	0.3820	0.3838	0.3856	0.3874	0.3892	0.3909	0.3927	0.3945	0.3962
2.5	0.3979	0.3997	0.4014	0.4031	0.4048	0.4065	0.4082	0.4099	0.4116	0.4133
2.6	0.4150	0.4166	0.4183	0.4200	0.4216	0.4232	0.4249	0.4265	0.4281	0.4298
2.7	0.4314	0.4330	0.4346	0.4362	0.4378	0.4393	0.4409	0.4425	0.4440	0.4456
2.8	0.4472	0.4487	0.4502	0.4518	0.4533	0.4548	0.4564	0.4579	0.4594	0.4609
2.9	0.4624	0.4639	0.4654	0.4669	0.4683	0.4698	0.4713	0.4728	0.4742	0.4757
3.0	0.4771	0.4786	0.4800	0.4814	0.4829	0.4843	0.4857	0.4871	0.4886	0.4900
3.1	0.4914	0.4928	0.4942	0.4955	0.4969	0.4983	0.4997	0.5011	0.5024	0.5038
3.2	0.5051	0.5065	0.5079	0.5092	0.5105	0.5119	0.5132	0.5145	0.5159	0.5172
3.3	0.5185	0.5198	0.5211	0.5224	0.5237	0.5250	0.5263	0.5276	0.5289	0.5302
3.4	0.5315	0.5328	0.5340	0.5353	0.5366	0.5378	0.5391	0.5403	0.5416	0.5428
3.5	0.5441	0.5453	0.5465	0.5478	0.5490	0.5502	0.5514	0.5527	0.5539	0.5551
3.6	0.5563	0.5575	0.5587	0.5599	0.5611	0.5623	0.5635	0.5647	0.5658	0.5670
3.7	0.5682	0.5694	0.5705	0.5717	0.5729	0.5740	0.5752	0.5763	0.5775	0.5786
3.8	0.5798	0.5809	0.5821	0.5832	0.5843	0.5855	0.5866	0.5877	0.5888	0.5899
3.9	0.5911	0.5922	0.5933	0.5944	0.5955	0.5966	0.5977	0.5988	0.5999	0.6010
4.0	0.6021	0.6031	0.6042	0.6053	0.6064	0.6075	0.6085	0.6096	0.6107	0.6117
4.1	0.6128	0.6138	0.6149	0.6160	0.6170	0.6180	0.6191	0.6201	0.6212	0.6222
4.2	0.6232	0.6243	0.6253	0.6263	0.6274	0.6284	0.6294	0.6304	0.6314	0.6325
4.3	0.6335	0.6345	0.6355	0.6365	0.6375	0.6385	0.6395	0.6405	0.6415	0.6425
4.4	0.6435	0.6444	0.6454	0.6464	0.6474	0.6484	0.6493	0.6503	0.6513	0.6522
4.5	0.6532	0.6542	0.6551	0.6561	0.6571	0.6580	0.6590	0.6599	0.6609	0.6618
4.6	0.6628	0.6637	0.6646	0.6656	0.6665	0.6675	0.6684	0.6693	0.6702	0.6712
4.7	0.6721	0.6730	0.6739	0.6749	0.6758	0.6767	0.6776	0.6785	0.6794	0.6803
4.8	0.6812	0.6821	0.6830	0.6839	0.6848	0.6857	0.6866	0.6875	0.6884	0.6893
4.9	0.6902	0.6911	0.6920	0.6928	0.6937	0.6946	0.6955	0.6964	0.6972	0.6981
5.0	0.6990	0.6998	0.7007	0.7016	0.7024	0.7033	0.7042	0.7050	0.7059	0.7067
5.1	0.7076	0.7084	0.7093	0.7101	0.7110	0.7118	0.7126	0.7135	0.7143	0.7152
5.2	0.7160	0.7168	0.7177	0.7185	0.7193	0.7202	0.7210	0.7218	0.7226	0.7235
5.3	0.7243	0.7251	0.7259	0.7267	0.7275	0.7284	0.7292	0.7300	0.7308	0.7316
5.4	0.7324	0.7332	0.7340	0.7348	0.7356	0.7364	0.7372	0.7380	0.7388	0.7396
5.5	0.7404	0.7412	0.7419	0.7427	0.7435	0.7443	0.7451	0.7459	0.7466	0.7474
5.6	0.7482	0.7490	0.7497	0.7505	0.7513	0.7520	0.7528	0.7536	0.7543	0.7551
5.7	0.7559	0.7566	0.7574	0.7582	0.7589	0.7597	0.7604	0.7612	0.7619	0.7627
5.8	0.7634	0.7642	0.7649	0.7657	0.7664	0.7672	0.7679	0.7686	0.7694	0.7701
5.9	0.7709	0.7716	0.7723	0.7731	0.7738	0.7745	0.7752	0.7760	0.7767	0.7774
6.0	0.7782	0.7789	0.7796	0.7803	0.7810	0.7818	0.7825	0.7832	0.7839	0.7846
6.1	0.7853	0.7860	0.7868	0.7875	0.7882	0.7889	0.7896	0.7903	0.7910	0.7917
6.2	0.7924	0.7931	0.7938	0.7945	0.7952	0.7959	0.7966	0.7973	0.7980	0.7987
6.3	0.7993	0.8000	0.8007	0.8014	0.8021	0.8028	0.8035	0.8041	0.8048	0.8055
6.4	0.8062	0.8069	0.8075	0.8082	0.8089	0.8096	0.8102	0.8109	0.8116	0.8122
6.5	0.8129	0.8136	0.8142	0.8149	0.8156	0.8162	0.8169	0.8176	0.8182	0.8189
6.6	0.8195	0.8202	0.8209	0.8215	0.8222	0.8228	0.8235	0.8241	0.8248	0.8254
6.7	0.8261	0.8267	0.8274	0.8280	0.8287	0.8293	0.8299	0.8306	0.8312	0.8319
6.8	0.8325	0.8331	0.8338	0.8344	0.8351	0.8357	0.8363	0.8370	0.8376	0.8382
6.9	0.8388	0.8395	0.8401	0.8407	0.8414	0.8420	0.8426	0.8432	0.8439	0.8445
7.0	0.8451	0.8457	0.8463	0.8470	0.8476	0.8482	0.8488	0.8494	0.8500	0.8506
7.1	0.8513	0.8519	0.8525	0.8531	0.8537	0.8543	0.8549	0.8555	0.8561	0.8567
7.2	0.8573	0.8579	0.8585	0.8591	0.8597	0.8603	0.8609	0.8615	0.8621	0.8627
7.3	0.8633	0.8639	0.8645	0.8651	0.8657	0.8663	0.8669	0.8675	0.8681	0.8686
7.4	0.8692	0.8698	0.8704	0.8710	0.8716	0.8722	0.8727	0.8733	0.8739	0.8745
7.5	0.8751	0.8756	0.8762	0.8768	0.8774	0.8779	0.8785	0.8791	0.8797	0.8802
7.6	0.8808	0.8814	0.8820	0.8825	0.8831	0.8837	0.8842	0.8848	0.8854	0.8859
7.7	0.8865	0.8871	0.8876	0.8882	0.8887	0.8893	0.8899	0.8904	0.8910	0.8915
7.8	0.8921	0.8927	0.8932	0.8938	0.8943	0.8949	0.8954	0.8960	0.8965	0.8971
7.9	0.8976	0.8982	0.8987	0.8993	0.8998	0.9004	0.9009	0.9015	0.9020	0.9025
8.0	0.9031	0.9036	0.9042	0.9047	0.9053	0.9058	0.9063	0.9069	0.9074	0.9079
8.1	0.9085	0.9090	0.9096	0.9101	0.9106	0.9112	0.9117	0.9122	0.9128	0.9133
8.2	0.9138	0.9143	0.9149	0.9154	0.9159	0.9165	0.9170	0.9175	0.9180	0.9186
8.3	0.9191	0.9196	0.9201	0.9206	0.9212	0.9217	0.9222	0.9227	0.9232	0.9238
8.4	0.9243	0.9248	0.9253	0.9258	0.9263	0.9269	0.9274	0.9279	0.9284	0.9289
8.5	0.9294	0.9299	0.9304	0.9309	0.9315	0.9320	0.9325	0.9330	0.9335	0.9340
8.6	0.9345	0.9350	0.9355	0.9360	0.9365	0.9370	0.9375	0.9380	0.9385	0.9390
8.7	0.9395	0.9400	0.9405	0.9410	0.9415	0.9420	0.9425	0.9430	0.9435	0.9440
8.8	0.9445	0.9450	0.9455	0.9460	0.9465	0.9469	0.9474	0.9479	0.9484	0.9489
8.9	0.9494	0.9499	0.9504	0.9509	0.9513	0.9518	0.9523	0.9528	0.9533	0.9538
9.0	0.9542	0.9547	0.9552	0.9557	0.9562	0.9566	0.9571	0.9576	0.9581	0.9586
9.1	0.9590	0.9595	0.9600	0.9605	0.9609	0.9614	0.9619	0.9624	0.9628	0.9633
9.2	0.9638	0.9643	0.9647	0.9652	0.9657	0.9661	0.9666	0.9671	0.9675	0.9680
9.3	0.9685	0.9689	0.9694	0.9699	0.9703	0.9708	0.9713	0.9717	0.9722	0.9727
9.4	0.9731	0.9736	0.9741	0.9745	0.9750	0.9754	0.9759	0.9763	0.9768	0.9773
9.5	0.9777	0.9782	0.9786	0.9791	0.9795	0.9800	0.9805	0.9809	0.9814	0.9818
9.6	0.9823	0.9827	0.9832	0.9836	0.9841	0.9845	0.9850	0.9854	0.9859	0.9863
9.7	0.9868	0.9872	0.9877	0.9881	0.9886	0.9890	0.9894	0.9899	0.9903	0.9908
9.8	0.9912	0.9917	0.9921	0.9926	0.9930	0.9934	0.9939	0.9943	0.9948	0.9952
9.9	0.9956	0.9961	0.9965	0.9969	0.9974	0.9978	0.9983	0.9987	0.9991	0.9996

古生物が生きた時代を推定できるのも対数のおかげ

古生物学などで，岩石や化石がいつの時代のものなのかを推定する方法に「放射年代測定」がある。ここでも，対数（指数）が大いに活躍する。

物質を構成している元素の中には，「放射性元素」とよばれるものがある。放射性元素はそのままでは不安定で，放射線を出しながら「崩壊」し，別の安定な元素に変化する性質をもっている。たとえば，放射年代測定によく使われる「カリウム40」という放射性元素は，徐々に崩壊し，「アルゴン40」という元素などに変化する。

ある放射性元素の集団が，時間がたつにつれて徐々に崩壊していくとき，放射性元素の数が，元の半分になる期間を「半減期」という。半減期は，放射性元素の種類によってことなり，前述のカリウム40では12.8億年である。

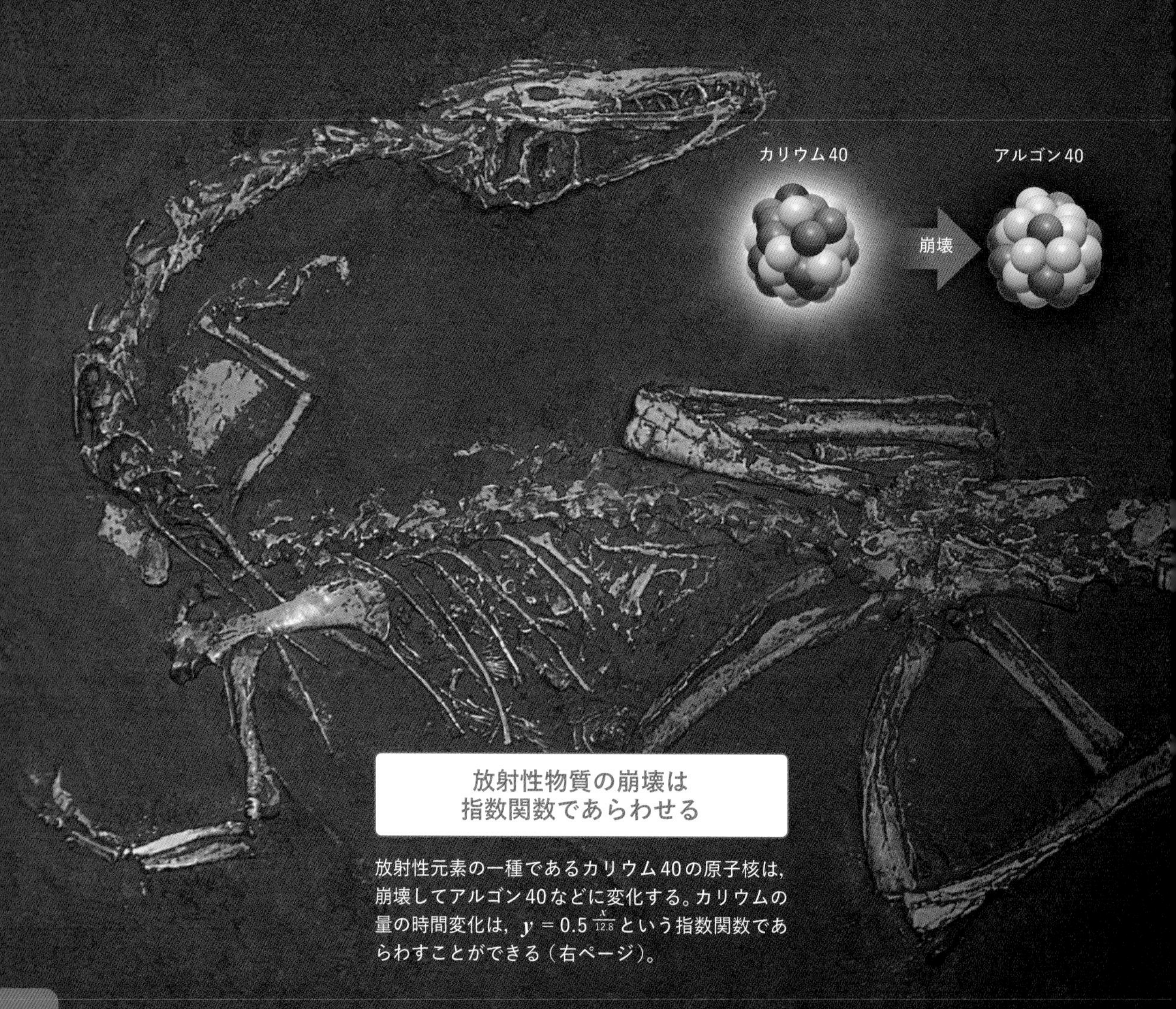

放射性物質の崩壊は指数関数であらわせる

放射性元素の一種であるカリウム40の原子核は，崩壊してアルゴン40などに変化する。カリウムの量の時間変化は，$y = 0.5^{\frac{x}{12.8}}$という指数関数であらわすことができる（右ページ）。

さて，元の試料にカリウム40が100個含まれていたとすると，12.8億年後には半分は崩壊し，残りは50個になる。さらに12.8億年たった25.6億年後には，さらに半分の25個になる。つまり**経過年数をx億年，カリウム40の割合をxとすれば，$y=0.5^{\frac{x}{12.8}}$という指数関数の式であらわすことができる**（下図）。

通常，研究者が知りたいのは，岩石や化石などの経過年数xだ。xは指数で，指数を知りたい場面で役立つのが対数である。$y=0.5^{\frac{x}{12.8}}$を対数を使って書きかえると，$\log_{0.5}y=\frac{x}{12.8}$となる。

たとえば，ある試料においてカリウム40が崩壊し，40％の量になっていたとしよう。その場合，$\log_{0.5}y=\frac{x}{12.8}$に$y=0.4$を代入して計算すれば，経過年数$x$億年が求まる。$\log_{0.5}0.4$の値は，対数の公式や常用対数表を使えば「$\log_{0.5}0.4=1.32$」と計算できる。この値を使って$x≒17$となり，化石が約17億年前のものであることが推定できるのだ。

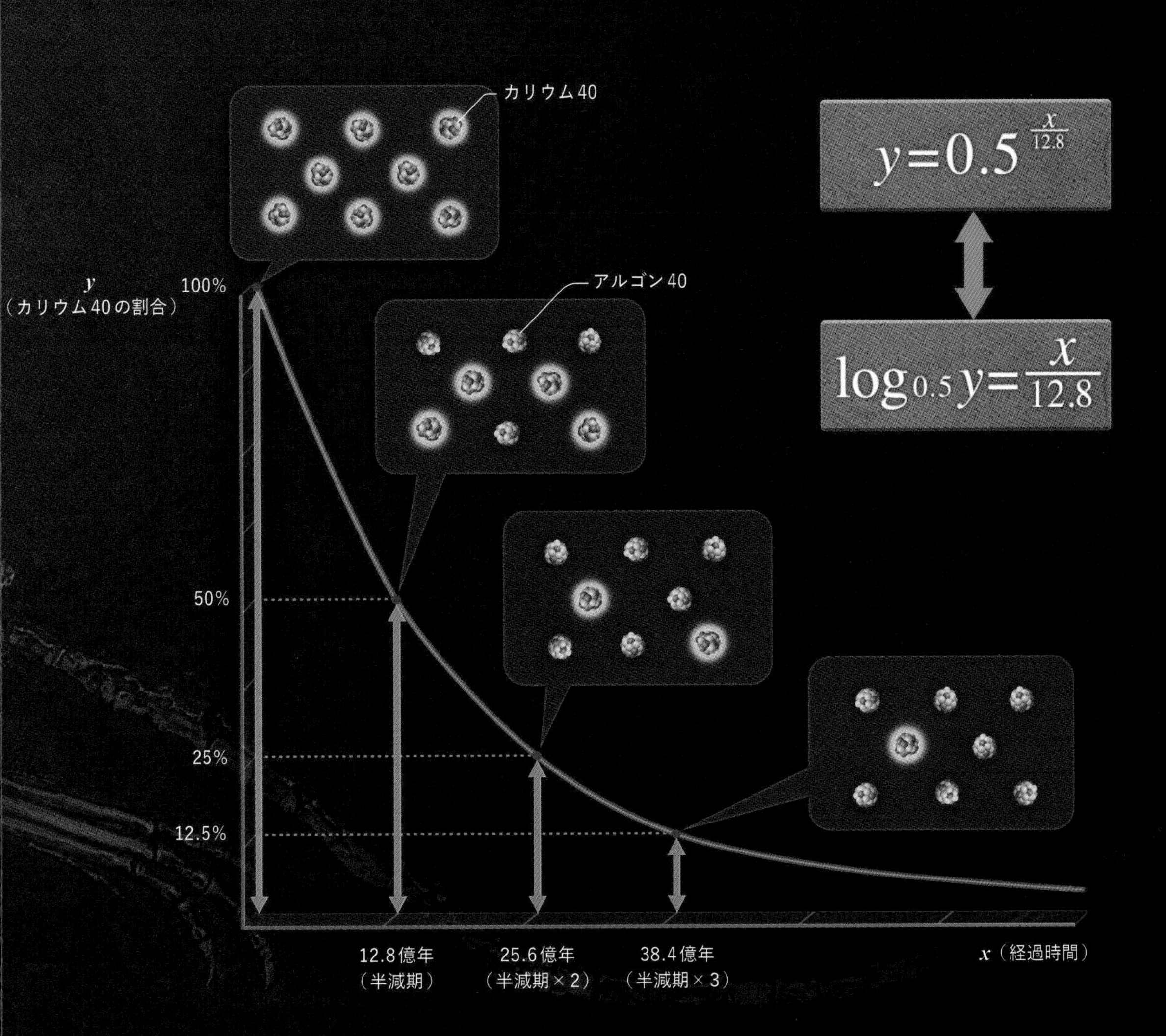

人間の感覚器官は対数的にふるまう

星の明るさは,「等級（とうきゅう）」が一つ上がるごとに約2.5倍になる。6等級より2.5倍明るい星が5等級（等星），5等級より2.5倍明るい星が4等級（等星）…となる（右ページ上）。

肉眼でやっと見える程度の明るさの星は，6等級と定められている。では，6等級の100倍明るい星は何等級だろうか。これを求めるには,「2.5を何乗したら100になるか」を計算する。ここで対数（たいすう）の登場だ。$\log_{2.5}100 \fallingdotseq 5$なので，この星は6等級よりも5等級分明るい星，すなわち「1等級」である。

音の単位には対数が使われる

音の大きさをあらわす「デシベル（dB)」という単位にも，対数が登場する。音は，20dB大きくなるごとに，音圧（単位はパスカル；Pa）が10倍になる。0dB（約10^{-5}Pa）より10倍大きい音は20dB（約10^{-4}Pa), 20dBより10倍大きい音は40dB（約10^{-3}Pa), 40dBより10倍大きい音は60dB（約10^{-2}Pa）といったぐあいだ。

“倍数”を感じる感覚器官

星の等級や音の単位に対数が使われるのは，人間の感覚器官が「対数的」にふるまうためである。**たとえば目は，星の等級が1大きくなる（光の強さは2.5倍になる）と，明るさが1段階かわったと感じる。また耳は，元の音から1dB程度※の変化（音圧が1.1倍）があれば，音の大きさのちがいに気づくことができるといわれている。**

人間は心理的に，光の強さや音圧といった物理的な刺激が「いくら増加したか」ではなく，元の刺激から「何倍になったか」を感じているのだ。このことは，人間の感覚器官が感じる刺激の強さは，物理的な刺激の強さの対数に近似（きんじ）的に比例すると言いかえることができる。

視覚や聴覚にかぎらず，味覚や触覚や嗅覚（きゅうかく）など，人間の五感は対数的にふるまう。この性質を「ヴェーバー・フェヒナーの法則」という。ドイツの生理学者エルンスト・ヴェーバー（1795～1878）が発見し，その弟子グスタフ・フェヒナー（1801～1887）が実証したことから，その名がつけられた。

※：実際は元の音の高さや音圧により，0.5dB～1dBの間で変動する。

デネボラ：2.1等星

星の明るさと「等級」の関係

星の明るさは，6等級（等星）の光の量を1とすると，等級が1上がるごとに，光の量が約2.5倍になっていく。つまり，光の量が「2.5の何乗か」によって決められているのだ。これは，対数の考え方そのものである。

1等級ちがうと明るさは2.5倍になる

春の南の空に見える，しし座を示した。しし座の最も明るい星は「レグルス」（1.4等星）で，2番目に明るい星は「デネボラ」（2.1等星）だ。この二つの光の強さの差は，約1.9倍（$2.5^{2.1-1.4}=2.5^{0.7}\fallingdotseq 1.9$）である。

＊ https://in-the-sky.org/data/constellation.php?id=47

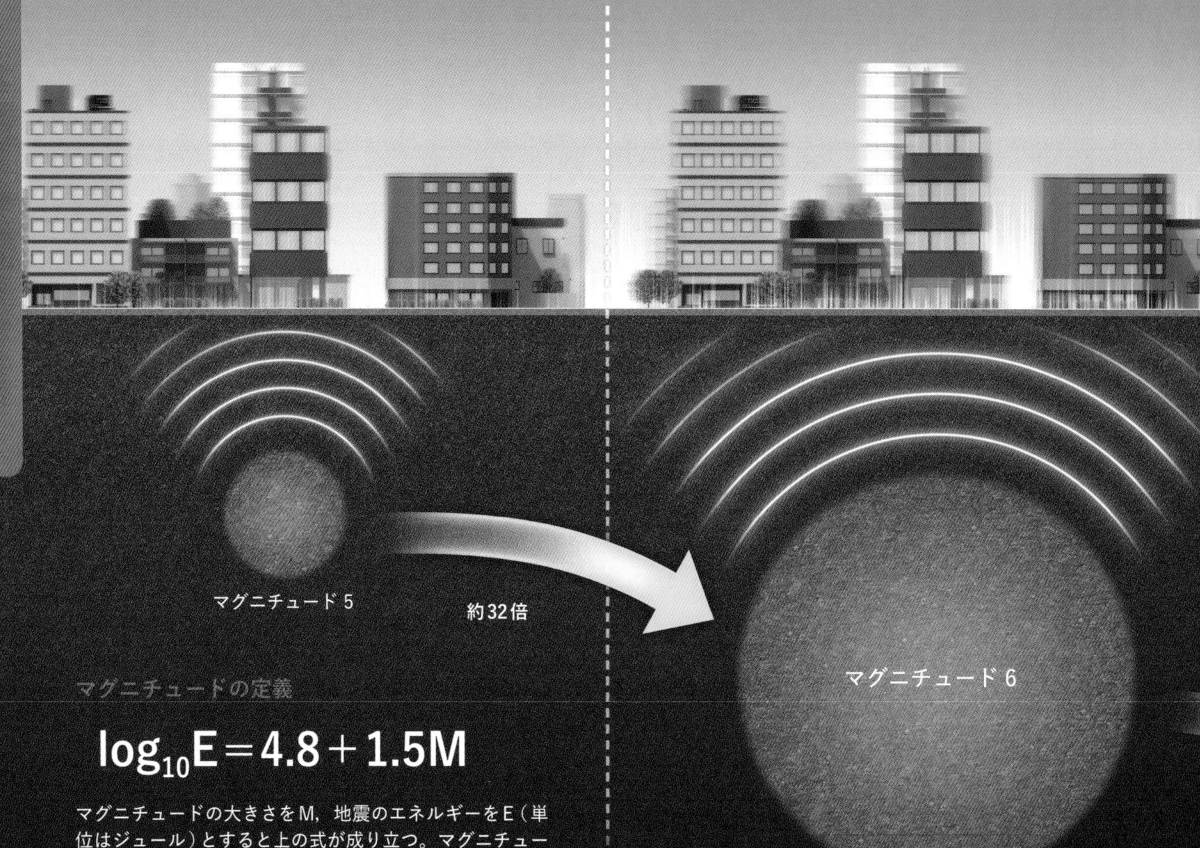

マグニチュードの定義

$$\log_{10}E = 4.8 + 1.5M$$

マグニチュードの大きさをM，地震のエネルギーをE（単位はジュール）とすると上の式が成り立つ。マグニチュードが1大きくなると，$\log_{10}E$は1.5大きくなる。すなわち，Eは$10^{1.5}$（≒32）倍大きくなる。

「マグニチュード」を使えば地震の規模をわかりやすく比較できる

テレビの地震速報などで,「マグニチュード」という言葉をよく耳にするが, 実はこの言葉は, 対数（たいすう）を使って定義されている。

マグニチュードは地震の規模をあらわす単位で，**値が1大きくなると，地震のエネルギー（単位はジュール）は約32倍になる。**マグニチュードが2大きくなると，エネルギーの大きさは一気に約1000倍になる（32×32＝1024）。

日本では，マグニチュード3以下の地震が毎月1万回以上おきているが（ほとんどゆれを感じることはない），まれな頻度で，マグニチュード7以上の大地震がおきることもある。2011年3月11日に東日本大震災をもたらした「東北地方太平洋沖地震」のマグニチュードは，実に9.0だった。マグニチュード3の地震と9の地震は，エネルギーの大きさが約10億倍（32^6倍）もことなる。

このように，マグニチュードという単位は，小さな地震から巨大地震まで,「ジュール」という“二つ目の単位”を持ちだすことなく，またけた数の大きい数字を数えることなく，**シンプルでわかりやすい比較を私たちに可能にしているといえる。**

＊ちなみに，ある場所（地表）における地震のゆれの強弱の程度をあらわすのが「震度」である。震度は震源に近いほど，値が大きくなる。

約32倍
マグニチュード 7

金融や経済成長率の計算にかかせない指数関数・対数関数

原子核の崩壊や熱湯の冷却過程など，**世の中の物理現象の多くは，指数関数を使って近似することができる**（近似とは，本質的な部分が損なわれない程度に単純化すること）。このことから指数関数は重要で，かつ非常に身近な関数であるといえる。

身近という点では，ネイピア数「e」を底とする指数関数「e^x」もその一つで，金融と密接な関係がある。

利子の計算のために見いだされた「ネイピア数」

eとは，円周率πなどと同じ無理数で，e = 2.71828182845904523536028747135…とつづく。このeをはじめて見いだしたのは，17世紀のスイスの数学者ヤコブ・ベルヌーイである。

ベルヌーイは，元金を1，年利を1，付利期間を$\frac{1}{n}$年としたとき，1年間の預金でどれだけ利子を得られるかを，次式で計算しようとしたという。

$$\lim_{n\to\infty}\left(1+\frac{1}{n}\right)^n = e$$

この式は，$\frac{1}{n}$年ごとに利子$\frac{1}{n}$ずつ元利合計（元金と利子）がふえていったとき，nをどんどん大きくしていくと，1年後の預金額がいくらになるかをあらわしている（164ページでくわしく解説）。そして1690年ごろ，この値に定数記号「e」を割

り当てたのが，17世紀のドイツの数学者ゴットフリート・ライプニッツである。

「現在割引価値」の計算に不可欠

さて，指数関数や対数関数は，金融の世界では「現在割引価値」の計算などに多用されている。現在割引価値とは，**将来の価値（借金や不動産など）を現在の価値に換算することである。**

たとえば，「金利が10％のとき，借金が4倍になるのは何年後か」といった問題に対しては，指数関数を使って計算する。10％は0.1なので，ここでは，$1.1^x = 4$のxを解くことで求めることができる。

対数の計算に関しては，常用対数表から求めてもよいし，インターネット上では，変数の値を入力するだけで高精度に計算してくれるアプリケーションソフトが無償で提供されているので，そういったものを利用してもよいだろう。

実際に計算してみると，$1.1^x = 4$のときのxの値は，$x = \log_{1.1}4 = 14.545\cdots$となる。つまり，約14年半で借金は4倍になるということだ。

また，指数関数や対数関数は，経済成長率の計算などにも使われている。考え方は，現在割引価値の計算と同様だ。「ある国のGDP（国内総生産）の成長率が8％だった場合，GDPが3倍になるのは何年後か」といった問題では，$1.08^x = 3$のxを解くことで求めることができる。実際に計算すると，$x = \log_{1.08}3 = 13.733\cdots$となり，「約14年後」とわかる。

グラフの軸を対数目盛りにすれば感染者の推移がわかりやすくなる

新型コロナウイルス感染症（COVID-19）は，今なお収束のきざしがみえない。感染症のおそろしいのは，感染者数の変化が指数関数的であることだ。

メディアのニュースでは，「再生産数」という言葉を耳に（目に）することがある。再生産数とは，一人の感染者が平均して何人に感染させるかをあらわす数字だ。再生産数が1より大きいと感染は拡大し，1より小さいと感染は収束する。

再生産数をa，時間をxとすると，新規感染者数yは，理論的には$y=a^x$という指数関数であらわすことができる※。新型コロナウイルスの感染者数が，急にふえたり減ったりするのは，このためだ。

縦軸を対数軸にすればグラフが読みやすくなる

下に示したのは，G7の7か国における，新型コロナウイルスの新規感染者数の推移をあらわした折れ線グラフである。グラフは国ごとに色分けされているが，複数のグラフが密集して重なり，読み取りづらいと感じるだろう。

このグラフの縦軸は，0，10万，20万，30万…といったように，等間隔に目盛りがふられている。一方，右ページに示したグラフは，同じデータについて

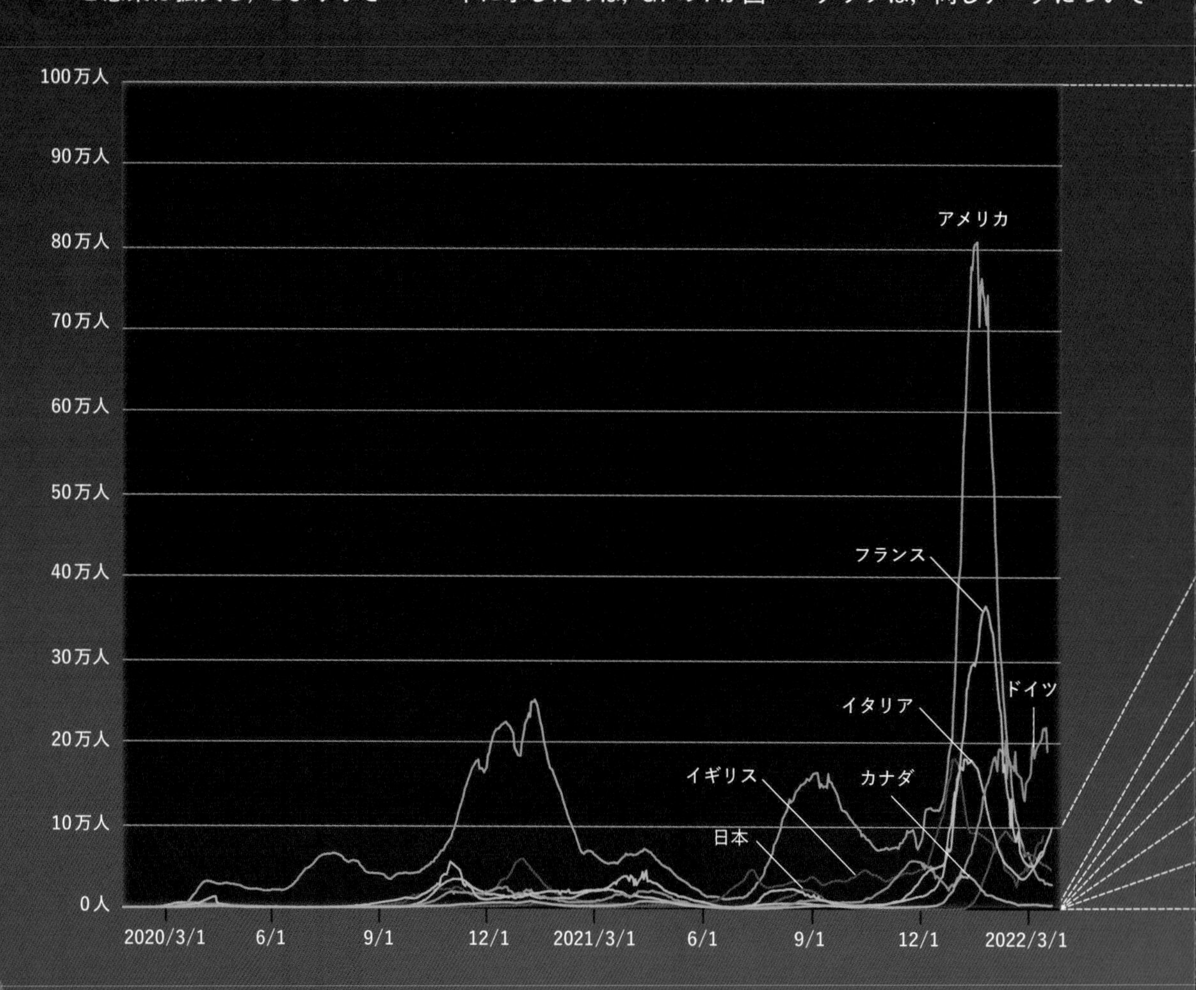

縦軸を「対数軸(たいすう)」にしたものだ。対数軸では，1，10，100，1000…のように**10倍ごとに目盛りがふられており，目盛りの値の対数が，$\log_{10}1=0$，$\log_{10}10=1$，$\log_{10}100=2$，$\log_{10}1000=3$，…といったように，等間隔になっている。**

縦軸または横軸のいずれかを対数軸にしたグラフを「片対数(かたたいすう)グラフ」という。片対数グラフは，データの変化の幅が大きい場合などによく使われる。新型コロナウイルスの感染者数の推移は，片対数グラフを使うことで，比較がより簡単になるのだ。

※：これは単純化した数式であり，実際の感染拡大は，再生産数の変動などを含む，さまざまな要素が複雑に絡みあっている。

対数軸を使えば
感染者数の推移がよくわかる（↓）

2020年1月29日から2022年3月21日における，新型コロナウイルス感染症の新規感染者数（前後7日間の平均値）の推移をグラフにした（アメリカのジョンズ・ホプキンズ大学が公開しているデータをもとにした）。片対数グラフでは，縦軸を対数軸にすることで，各国の新規感染者数の推移がわかりやすくなっている。

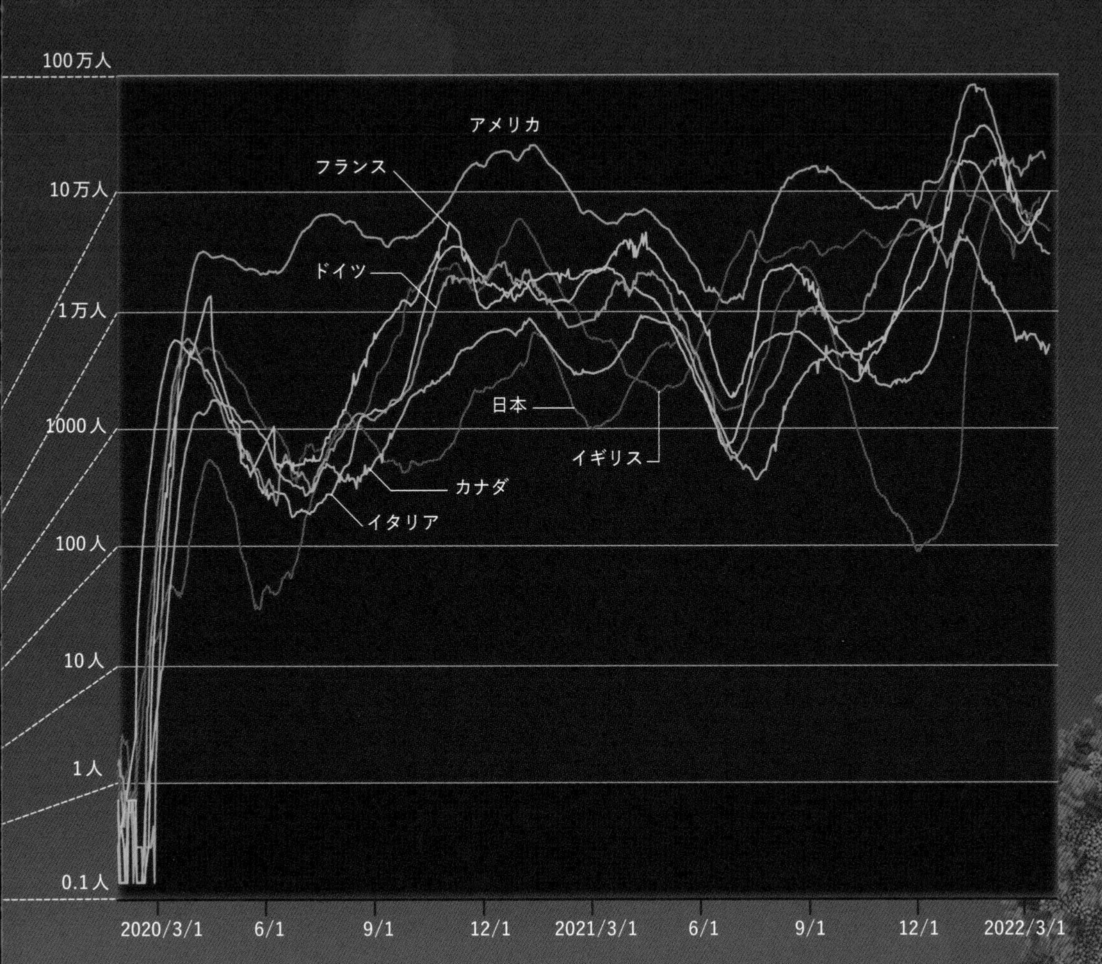

飛び散ったグラスの破片には自然界を支配する「べき乗則」がかくれている

床に落ちて割れたグラスの破片を大きさごとに分別すると，大きな破片は少なく，より小さな破片が大量に存在することがわかる。破片の大きさを横軸，破片の数を縦軸にしてグラフをかいてみると，右ページ上段に示したような分布になる。これは「べき乗則（べき分布）」とよばれるものだ。

べき乗則は1890年代に，イタリアの経済学者ヴィルフレド・パレート（1848 ～ 1923）が，世帯収入の分布を研究していた際に発見された。

べき乗則は，割れたグラスの破片の大きさだけでなく，さまざまな現象にあてはまる。たとえば，ドイツの地震学者ベノー・グーテンベルク（1889 ～ 1960）とアメリカの地震学者チャールズ・リヒター（1900 ～ 1985）は，地震の規模と発生頻度が，べき乗則にしたがうことを発見している。

身近なところでは，百貨店で売っているすべての商品を，売り上げ順に並べるとしよう。すると，横軸を商品，縦軸を売上額にしたグラフは，べき乗則にしたがう。また，SNSのすべてのユーザーをフォロワー数順に並べた場合も，そのグラフはべ

き乗則にしたがう。

さらには，株価の変動や，戦争の発生頻度と死者数といったさまざまな経済・社会現象においても，べき乗則が成り立つことが判明しているのである。

「両対数グラフ」でよりわかりやすく

さて，べき乗則のグラフは，一見しただけでは，それが意味するところを読み解くのはむずかしいかもしれない。そこで，縦軸と横軸の両方を対数軸にした「両対数グラフ」にしてみよう。すると，下（下段）に示したような直線のグラフになる。つまり両対数グラフは，**グラフではみえにくい法則や関係性をみえるようにするための，重要なツールであるといえる。**

なお，べき乗則にしたがう分布を両対数グラフにすると，必ず直線になる。別の言い方をすれば，両対数グラフで直線の関係にあれば，それはべき乗則にしたがっているといえる。

べき乗則のグラフと両対数グラフ（↓）

割れたガラスの破片の大きさを横軸に，破片の個数を縦軸にとったグラフを示した。通常の軸だと，グラフは曲線になる（上段）。一方，両対数軸で書き直すと，グラフは直線になる（下段）。

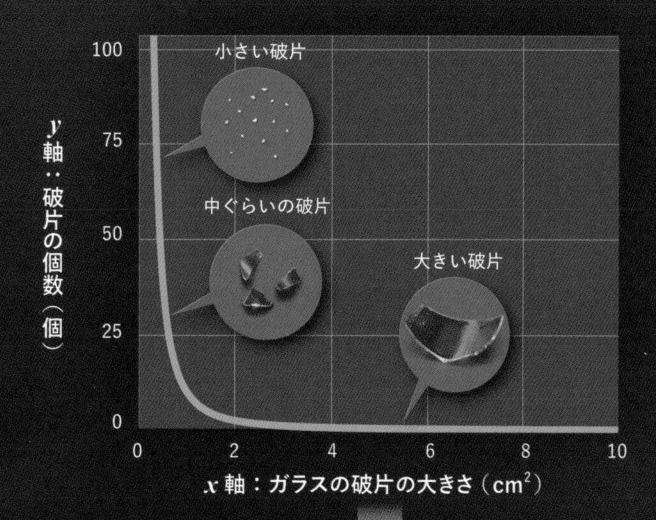

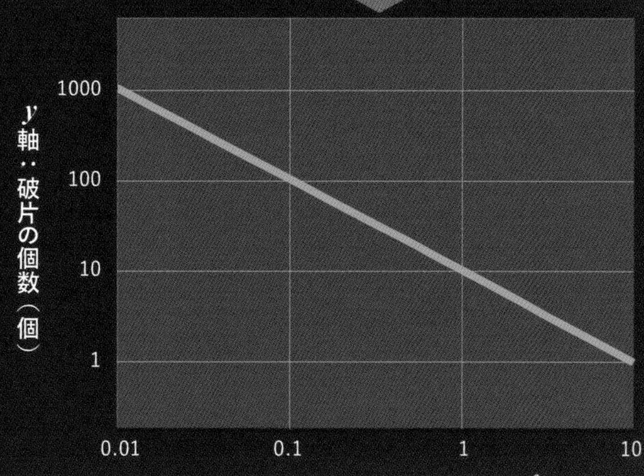

対数の原理を利用した「計算尺」は便利で優秀な計算機

電卓やコンピュータなど「デジタル計算機」が普及した現代では，みずから手を動かして計算を行うことは滅多になくなった。しかし1970年代ごろまでは，「計算尺(けいさんじゃく)」がさかんに使われていた。**計算尺とは，対数(たいすう)の原理を利用した，いわばアナログ計算機である。**とくにかけ算や割り算，三角関数，対数，平方根(へいほうこん)や立方根(りっぽうこん)（3乗すると元の数に等しくなる数）などの計算に利用された。

1970年代以前，計算尺は技術者や科学者にとって必需品だった。建築物や航空エンジンの設計，ロケットや航空機の航法計算など，特定の用途に応じたさまざまな計算尺がつくられ，活用されてきたのだ。

計算尺で「2×3」を計算する方法

計算尺には，棒状のものと円盤状のものがある。前者は「滑尺(かっしゃく)」という定規を，「固定尺(こていしゃく)」という二つの定規で上下からはさんだ構造をしている（下図）。固定尺と滑尺にはさまざまな「対数目盛り」が配置されており，滑尺を左右にスライドさせるだけで，さまざまな計算を簡単に行うことができる。

たとえば「2 × 3」という計算を行う場合，まず固定尺（D尺）の2をさがす。そして，滑尺（C尺）の位置をスライドさせ，滑尺の1と固定尺の2の位置を合わせる。つづいて，滑尺の3をさがし，その真下にある固定尺の数字を読み取れば，それが答え（6）である。

これは，「$\log_{10}2 + \log_{10}3 = \log_{10}6$」という計算を行っていることに相当する。つまり計算尺とは，**かけ算を「対数の足し算」に置きかえて計算する道具なのだ。**大きな数どうしのかけ算は，もう少し複雑な操作をする必要があるが，基本的には同じ原理で計算できる。

計算尺の基本的な構造

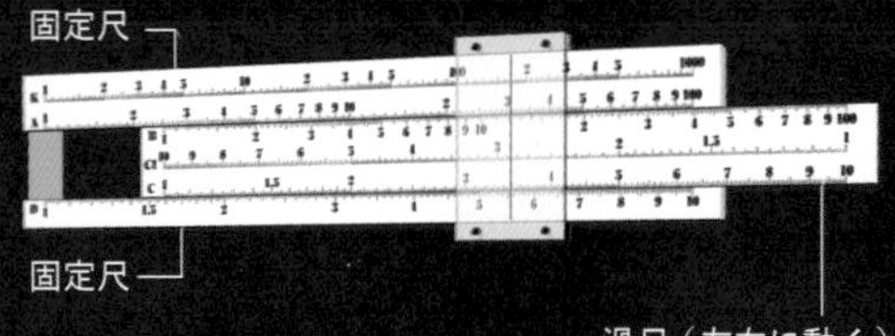

科学者や技術者を象徴する道具とされてきた計算尺

ニューヨークのエンパイア・ステート・ビルディングやパリのエッフェル塔，東京タワーなど，世界の名だたる近代建築物は，どれも計算尺を使って設計された。また，スタジオジブリの映画『風立ちぬ』の中にも，主人公である航空技術者の堀越二郎（ほりこしじろう）が，航空機設計のために計算尺を使用しているシーンが登場する。

滑尺と固定尺（拡大図）

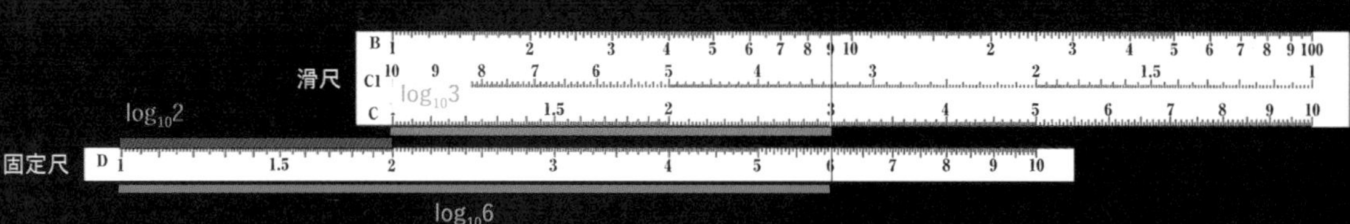

宇宙船にも持ちこまれた

上は，1966年に撮影された，地球周回中の宇宙船「ジェミニ12号」の船内の写真。無重力で浮いている計算尺が写っている。

（↑）1969年に人類初の月面着陸に成功した「アポロ11号」にも，計算尺が持ちこまれた。

数式が生む曲線と円の神秘

協力　磯田正美

「生き物の構造」や「天体の軌道」などといった自然の造形には，しばしば美しい曲線がみられるが，その背景に数学がかくれていることも少なくない。本章では，そのような数式であらわされる美しい曲線を鑑賞し，神秘的な世界にせまる。

水の軌跡がえがく美しい放物線

写真は，フランス・パリのコンコルド広場で撮影されたものだ。噴水の水の軌跡が，美しい放物線をえがいている。

空中に投げられた物体の軌跡が放物線をえがくことを発見したのは，イタリアの科学者ガリレオ・ガリレイである。放物線は，高校数学で学ぶ「二次曲線」の例としてよく知られている。

放物線と双曲線は円や楕円の“兄弟”だった

遠くへ投げたボールは，放物線をえがいて地面に落ちる。では砲弾を，高い場所から高速で，水平に発射するとどうなるだろうか。空気抵抗が無視できれば，ある範囲内の速度で発射された砲弾は，原理的には地球の裏側をぐるりとまわって発射した場所にもどってくる。この軌道は，円を少しつぶした形の「楕円」となる。

地球などの惑星が太陽をまわる軌道の形も，約76年周期で太陽に近づくハレー彗星の軌道も，細長い楕円だ。しかし彗星の中には，放物線や双曲線をえがくものもある。このような彗星は，太陽に近づいたとしてもその後太陽系の外へと飛んでいってしまうため，もどってくることはない。

円錐の切り口にあらわれる曲線たち

円・楕円・放物線・双曲線は，実は兄弟のようなものだ。なぜなら，円錐をさまざまな角度で

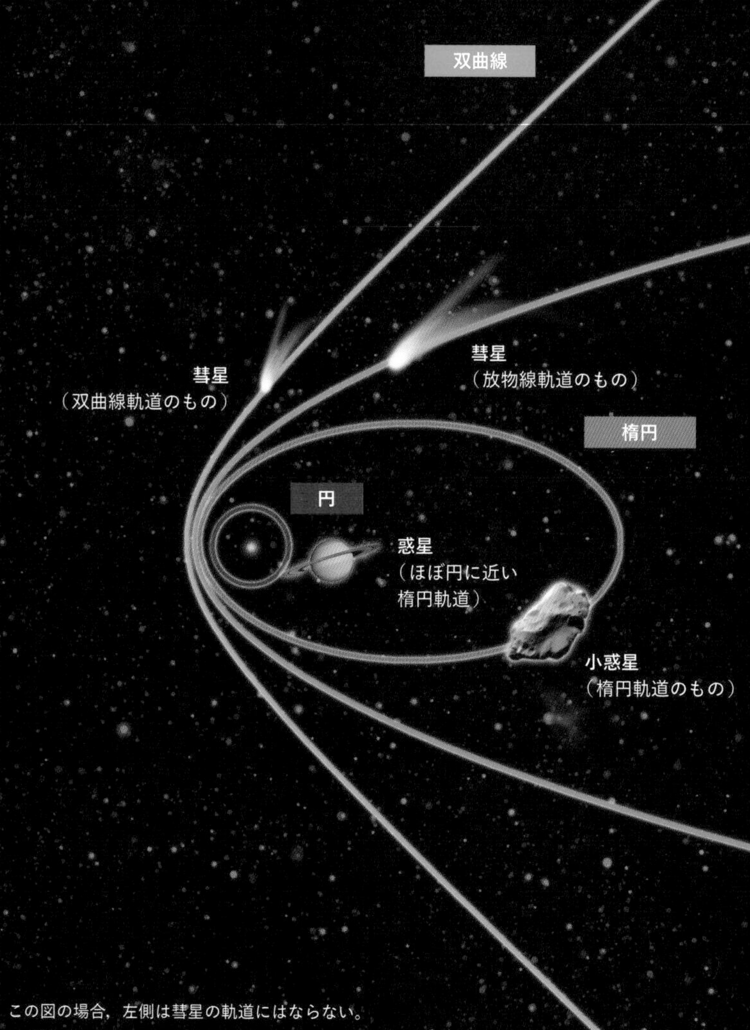

＊数学的には，双曲線は左右合わせて1セットだが，この図の場合，左側は彗星の軌道にはならない。

切ると，角度次第でいずれかがあらわれるためだ。**円・楕円・放物線・双曲線は，みな円錐の切り口なので，ひとまとめに「円錐曲線」とよばれる。**なお円は，楕円の二つの焦点（しょうてん）が一致した瞬間にあらわれる図形なので，楕円ともみなせる。

古代ギリシャの数学者アポロニウス（前262ごろ〜前190ごろ）は，円錐曲線をくわしく研究した。ちなみに，「楕円」(ellipse)や「放物線」(parabola)，「双曲線」(hyperbola) などの名前は，彼の研究に由来するものだ。

天体の軌道と円錐曲線（↓）

惑星や小惑星，彗星などの天体は，太陽の重力を受けて運動している。これらの天体の軌道は基本的に，円錐曲線である楕円・放物線・双曲線のいずれかとなる。

アポロニウスの研究は，天体の軌道を研究するうえでも有効だった。ハレー彗星の回帰を予言したイギリスの天文学者エドモント・ハリー（1656〜1742）は，アラビア経由で伝わってきた『アポロニウスの円錐曲線論』全7巻の翻訳に取り組み，失われていた第8巻を補完したラテン語完訳版として出版したことでも知られる。

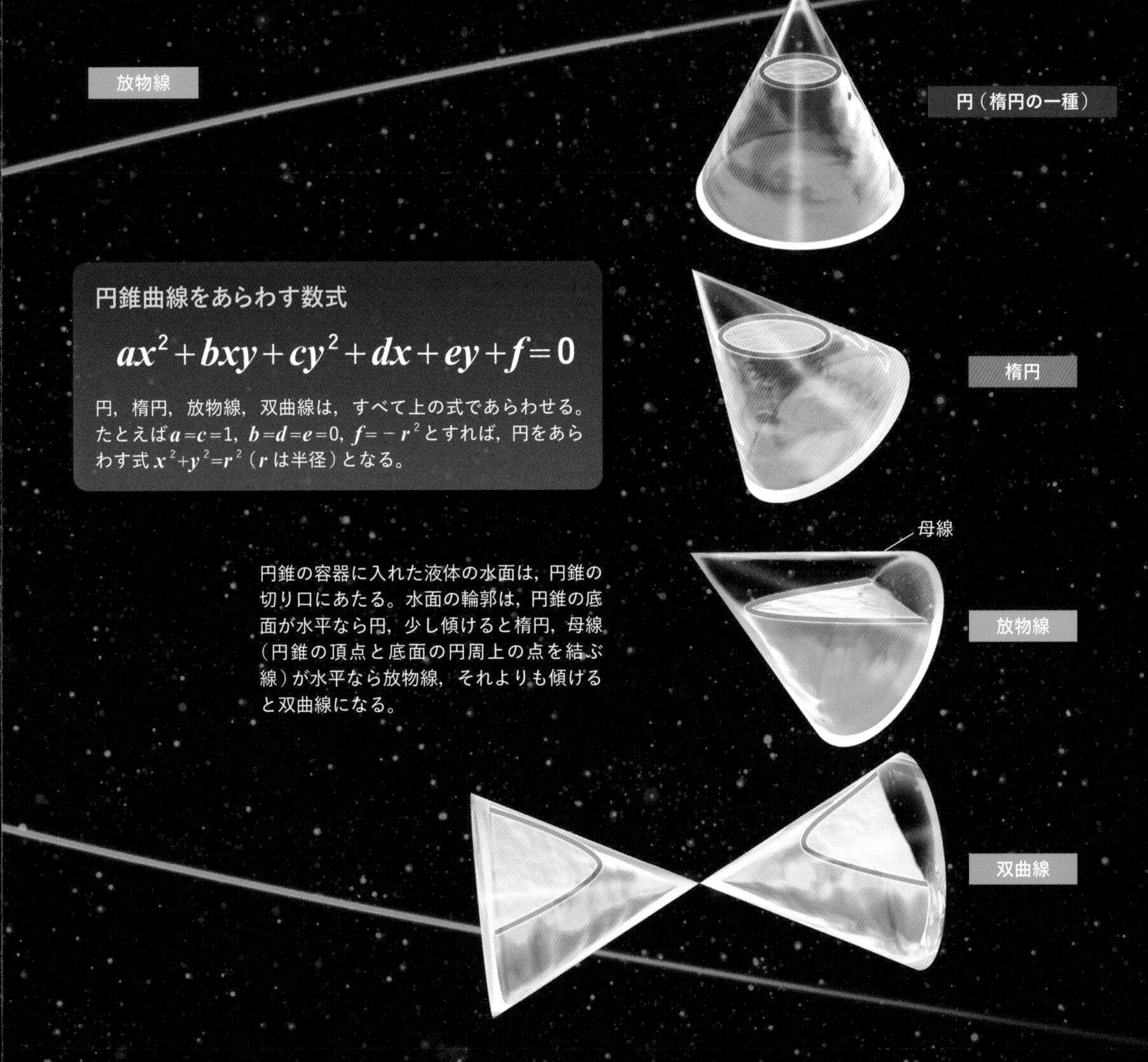

円錐曲線をあらわす数式

$$ax^2+bxy+cy^2+dx+ey+f=0$$

円，楕円，放物線，双曲線は，すべて上の式であらわせる。たとえば $a=c=1$，$b=d=e=0$，$f=-r^2$ とすれば，円をあらわす式 $x^2+y^2=r^2$（r は半径）となる。

円錐の容器に入れた液体の水面は，円錐の切り口にあたる。水面の輪郭は，円錐の底面が水平なら円，少し傾けると楕円，母線（円錐の頂点と底面の円周上の点を結ぶ線）が水平なら放物線，それよりも傾けると双曲線になる。

垂らした鎖のカーブが建築美を生んだ

ひもや鎖（くさり）などの両端を持ってぶら下げると，「カテナリー（懸垂曲線（けんすいきょくせん））」とよばれる放物線に似たカーブがあらわれる。この，重力が生むカテナリーを上下反転させると，アーチ状の構造になる。このアーチを建築の要素として重視したのが，スペインを代表する建築家アントニ・ガウディ（1852～1926）である。バルセロナにある「サグラダ・ファミリア」をはじめ，複数のガウディ作品が，鎖を垂らした模型を使って設計された。

なお，17世紀のオランダの物理学者で数学者であるクリスティアーン・ホイヘンス（1629～1695）は，わずか17歳でこの曲線が放物線ではないことを証明している。そして62歳で，その数式を明らかにしている（右ページ上）。

ちなみに，ラテン語で鎖を意味するcatenaから「カテナリー」と名づけたのもホイヘンス自身である。

カテナリーとガウディ建築

下は，スペイン・バルセロナにあるガウディの建築物「カサ・ミラ」の屋根裏部屋に設置された復元模型。ガウディが設計のために，鎖を垂らしてつくったものだ。ちなみに，この部屋の屋根の形も，美しいカテナリーになっている。

右は「サグラダ・ファミリア」で，塔や柱の形状がカテナリーを用いて設計されている。

＊垂らした鎖やひもがカテナリーになるのは，密度が一定の場合。

カテナリーをあらわす数式

$$y=\frac{a\left(e^{\frac{x}{a}}+e^{-\frac{x}{a}}\right)}{2}$$

e は「自然対数の底」とよばれる定数で，その値は約2.718である。定数 a の値が大きいほど曲線はゆるやかになる（a が正のとき）。

「サイクロイド」を使えば東京・大阪間は8分で移動可能

── ある斜面に沿って物体が落下するとき，最も速く落下するのは，どのような斜面の場合だろうか。

これは，「最速降下曲線問題」とよばれるものだ。ガリレオはその答えを「円弧（円周の一部）」と考えたが，誤りである。1696年，スイスの数学者ベルヌーイは，名だたる数学者たちに最速降下曲線問題に対する解答を求めた。すると，それに応じたニュートンは，わずか一晩で解答したという。

それが「サイクロイド（曲線）」である。サイクロイドとは，**平面上の一直線に沿って回転する円（車輪など）の周上の一点がえがく曲線のことだ**。これを上下逆にしたものが，最速降下曲線である。なお，ニュートンと同時代を生きたドイツの数学者ゴットフリート・ライプニッツも，ニュートンと同時期に同じ答えを得ていた。

サイクロイドは，さまざまな形で工学的に応用されている。

$$x=a(\theta-\sin\theta),\ y=a(1-\cos\theta)$$

sin と cos は，それぞれ三角関数のサインとコサインである。定数 a はころがる円の半径で，変数 θ は回転角だ。

たとえば歯車には，歯車どうしの接触をなめらかにするために，噛みあう部分の曲線形状（歯形）がたがいにサイクロイドになっているものがある（右図）。

また，東京－大阪間にサイクロイド型の真空トンネルを掘れば，そこを進む列車は，わずか8分で反対側に到着できる計算になる（摩擦（まさつ）が無視できる場合）。これが実現すれば，燃料不要の夢の交通システムとなるかもしれない。

（↑）腕時計に使われている「サイクロイド歯形」。外サイクロイド（エピサイクロイド）と，内サイクロイド（ハイポサイクロイド）という，2種類のサイクロイドが組み合わされている。

車輪がえがくサイクロイド

写真は，走行する自動車の車輪に発光器をつけて撮影された。発光器の軌跡が，美しいサイクロイドをえがいている。車輪が1回転してえがかれるサイクロイドの長さは，車輪（転がる円）の直径のちょうど4倍になるという興味深い特徴もある。

オウムガイにも銀河にも……自然界にあらわれる神秘の「対数らせん」

オウムガイの殻の断面(下図)にあらわれた美しいらせんは,「対数らせん」(あるいは「等角らせん」)とよばれるものだ。スイスの数学者ヨハン・ベルヌーイの兄で,対数らせんをくわしく研究したヤコブ・ベルヌーイ(1654～1705)にちなんで,「ベルヌーイらせん」とよばれることもある。ちなみに,対数らせんをはじめて数学的に考察したのは,デカルトだといわれている。

対数らせんには,重要な特徴がある。それは,「**中心から外へのばした直線(右ページ上の図の黄色い線)に対して,らせんはつねに一定の角度で交わる」というものだ。**らせんの巻き具合を決める角度がつねに一定なので,らせんを拡大・縮小しても,元のらせんを回転させたものに一致する(自己相似性)。

対数らせんは,自然界のさまざまなところにあらわれる。たとえば,ヒマワリの種の並びや,カリフラワーの一種であるロマネスコの花蕾(つぼみ)の並び

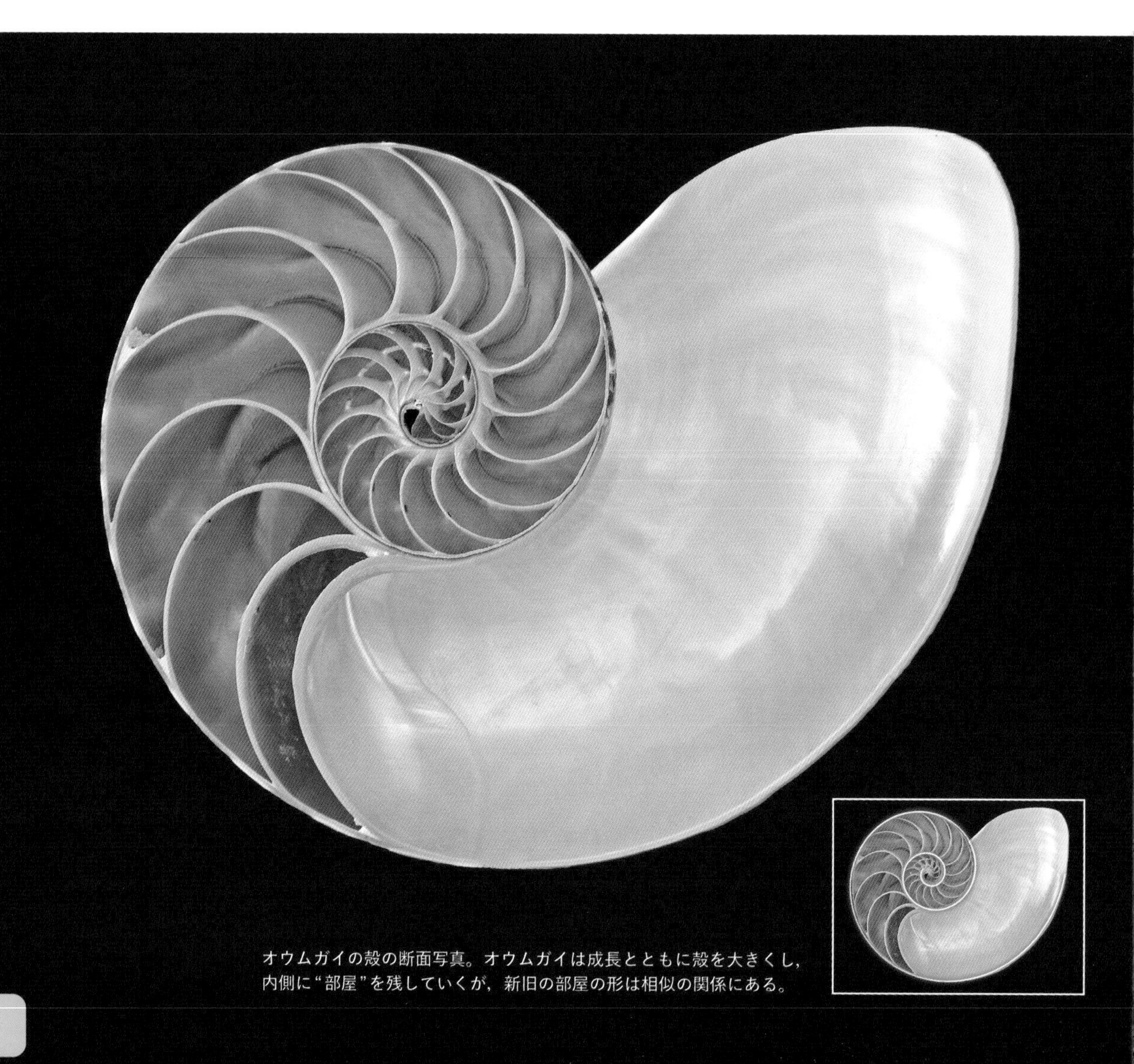

オウムガイの殻の断面写真。オウムガイは成長とともに殻を大きくし,内側に"部屋"を残していくが,新旧の部屋の形は相似の関係にある。

にみられるらせんも，基本的には対数らせんであることが知られている。また，銀河（渦巻銀河）の腕も，基本的には対数らせんに沿っている。

（↑）ロマネスコ

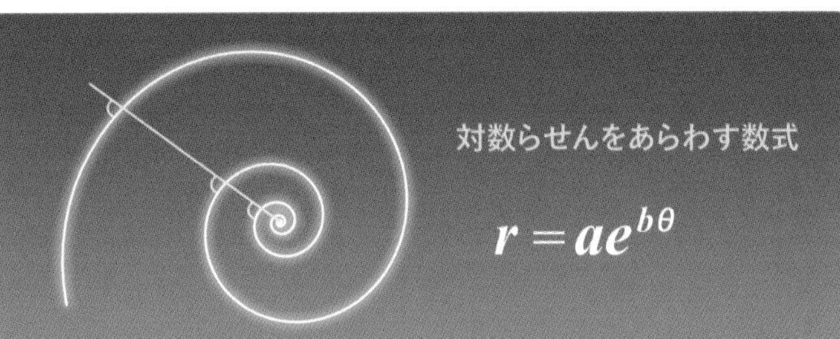

対数らせんをあらわす数式

$$r = ae^{b\theta}$$

右の式は「極座標表示（きょくざひょうひょうじ）」とよばれるもので，r は中心からの距離を，θ は回転角をあらわしている。θ の値次第で，らせんは内にも外にも無限につづく。定数 a の値を大きくするとらせんは拡大されるが，その形は元のらせんを回転したものに一致する。そして，定数 b の値でらせんの巻き具合が決まる。b の値が大きいほど，らせんはゆるくなる。

画像は，「M74」という渦巻銀河である。渦巻銀河の腕にあらわれるらせんが，きれいに対数らせんに沿っていることがわかる。

高速道路やジェットコースターを安全にする「クロソイド」

1895年，アメリカで世界初の垂直ループコースター「フリップフラップ」が登場したが，鞭打ちになる乗客が続出したという。原因は，ループ部分のレールの形状を「円」にしたためだった。直線部分から円にさしかかった瞬間，乗客は強烈な加速度の影響を受けて首を痛めてしまったのである。

円にかわってループコースターに採用されたのが「クロソイド（曲線）」だ。クロソイドは，先に進むにつれて少しずつカーブがきつくなる。

クロソイドは，高速道路のカーブやジャンクションにも取り入れられている。一定の走行速度の場合，円弧のカーブでは，車の運転者は大きくハンドルを切って，大きくハンドルをもどすという動きになる。しかし，クロソイドを取り入れたカーブでは，**ハンドルを一定の角速度**

美しい高速道路の曲線

タイ，バンコクにある高速道路のジャンクションを撮影した写真。クロソイドに沿うように設計された美しいカーブが，ループ部分やカーブ部分の道路にみられる。

(**1秒あたりに回転する角度**)で**切ることができる**。つまり，安全性をもたらし，同乗者にかかる加速度の影響を減らす(乗り心地が向上し)，“人にやさしい曲線”なのである。

なおクロソイドは，「緩和曲線」や，レオンハルト・オイラーがくわしく研究したことから「オイラーのらせん」とよばれることもある。

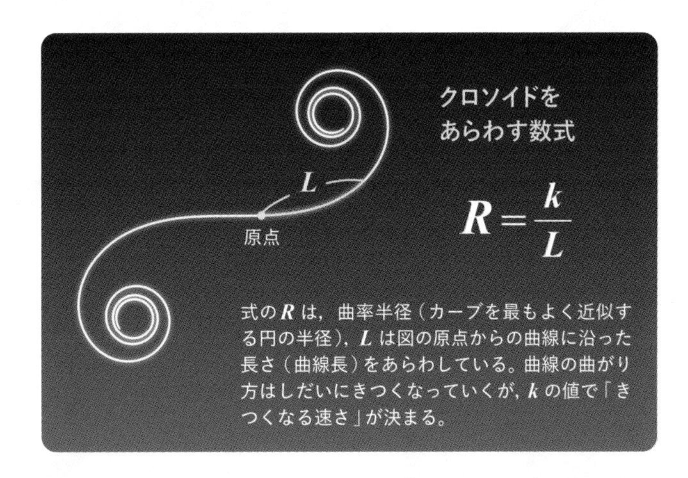

クロソイドを
あらわす数式
L
原点
$R=\frac{k}{L}$
式の R は，曲率半径(カーブを最もよく近似する円の半径)，L は図の原点からの曲線に沿った長さ(曲線長)をあらわしている。曲線の曲がり方はしだいにきつくなっていくが，k の値で「きつくなる速さ」が決まる。

振り子がえがく不思議で美しい曲線

最後に，手軽な実験によってえがくことのできる，美しい曲線を紹介しよう。

Y字につないだひもを用意し，Yの字の上端二点を固定する。ひもの下端に塩を入れた振り子をぶら下げて揺らし，落ちてくる塩の軌跡を地面にえがかせると，右の写真のような「リサージュ曲線」があらわれる。ちなみにこの名前は，発見者である19世紀のフランスの物理学者ジュール・リサージュ（1822～1880）に由来する。

装置の上半分（V字部分）と，下半分（I字部分）は，それぞれ独立した揺れ方で振動する。つまり，**二つの振動（単振動）が組み合わさってできているのだ。これらの振動数（単位時間あたりの往復回数）の比がかわると，曲線の形もかわる**※。

リサージュ曲線はまた，音や電気信号などを可視化する「オシロスコープ」という装置に，2種類の交流（こうりゅう）信号を入力することでもあらわれる。

※：この比が有理数なら曲線は閉じるが，比が無理数なら，曲線は永遠に閉じず，平行四辺形の内側を埋めつくすように曲線がえがかれつづける（減衰がない場合）。

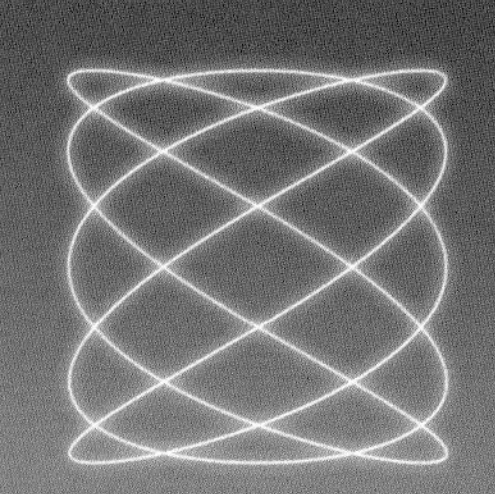

リサージュ曲線をあらわす数式

$$x = a\sin m\theta$$
$$y = b\sin n\theta$$

リサージュ曲線は，2種類の振動が組み合わされたものである。上の式のaとbは2種類の振動の振幅を，mとnは2種類の振動の速度をあらわしている。これらの値を変化させることで，多様なリサージュ曲線をえがくことができる。

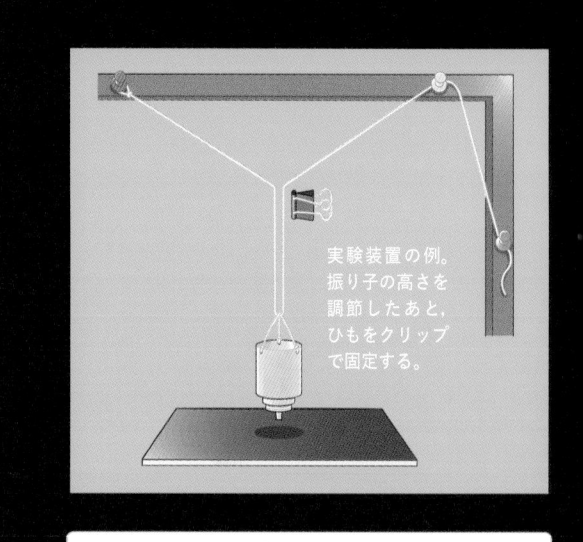

実験装置の例。振り子の高さを調節したあと，ひもをクリップで固定する。

リサージュ曲線

調味料容器を振り子にして揺らすと，容器から落ちる食塩が地面に美しいリサージュ曲線をえがく。振り子を振りはじめる位置や角度，糸の長さをかえたりすることで，えがかれる形が変化する。なお，この実験では食塩を使ったが，砂絵用のカラー砂を使えば，カラフルな曲線をえがくことができる。

＊画像提供：日本ガイシ株式会社。同社の「NGKサイエンスサイト」(https://site.ngk.co.jp/lab/no66/)には，実験のくわしい手順が紹介されている。

世界一美しい「オイラーの式」

協力・監修　小山信也

世界一美しいといわれるのが，レオンハルト・オイラーが発表した「オイラーの等式」である。オイラーの等式では，まったく関係なさそうな数どうしが一つの形にまとめられている。本章では，この何とも神秘的な数式がどのようにみちびかれたのかについて，くわしく紹介しよう。

オイラーがみちびきだした“美”と“宝”

多くの科学者や数学者から，世界一美しい式として賞賛される式がある。それが，下に示した「オイラーの等式」である。

ネイピア数 e，虚数(きょすう)単位 i，円周率 π は，**それぞれ“生まれ”がことなる，本来たがいに縁もゆかりもないであろう数だ。**そのような e と i と π を，$e^{i\pi}$ という形にまとめて1を足すと「0」になることに，神秘的なものさえ感じる人も決して少なくないはずだ。

オイラーの等式の元となっているのが，「オイラーの公式」(下図・下段）である。オイラーの公式は数学だけでなく，物理学のさまざまな分野でも必須の式であり，自然界のしくみを解き明かすうえでなくてはならないものとなっている。アメリカの著名な物理学者リチャード・ファインマン（1918 ～ 1988）は，そんなオイラーの公式を「This

is our jewel.」（人類の至宝）と表現している。

オイラーは歴史上で最も多くの論文を書いた数学者

オイラーの等式はその名のとおり，天才数学者の一人であるレオンハルト・オイラーが，1748年に出版した著書『無限解析序説』の中で発表した。

オイラーは，歴史上で最も多くの論文を書いた数学者だといわれている。その数は，わかっているだけで866にものぼる。

1909年，スイス科学アカデミーは，オイラーの論文を収集して，オイラーの『全集』を刊行する計画を立てた。全集の刊行は1911年からはじめられ，1巻あたり300～600ページある大型本がこれまでに75巻以上刊行されたが，おどろくべきことに計画から100年以上が経過した現在でも，完結には至っていない。

レオンハルト・オイラー

数学界の“三大選手”eとiとπ

オイラーの等式に登場する，ネイピア数 e，虚数単位 i，円周率 π は，数学界の“三大選手”ともいうべき存在で，さまざまな場面に登場する。

π は円周を円の直径で割り算した数で，3.141592…と，小数点以下が循環せずに無限につづく「無理数」である。

i は方程式の解を求めるために生まれた数で，2乗すると－1になる。i は，最も単純な虚数であり，虚数の単位となることから，「虚数単位」とよばれる。

e は「$(1+\frac{1}{n})^n$」という式に含まれる n を無限に大きくしたときの数（収束値）である。

e は，銀行などに預けたお金の利子計算から生まれたといわれている。最初に預ける金額（元金）を「1」とし，$\frac{1}{n}$ 年後に預金額が $(1+\frac{1}{n})$ 倍になる場合，1年後の預金額は $(1+\frac{1}{n})^n$ になる。$\frac{1}{n}$ は，$\frac{1}{n}$ 年間につく利子（複利[※1]）だ。

たとえば，n に2を代入すると，$\frac{1}{2}$ 年後に預金額が $(1+\frac{1}{2})$ 倍になる場合を計算できる。この場合，$(1+\frac{1}{2})^2$ で[※2]，2.25と求められる。

では，n を無限に大きくすると，1年後の預金額はどうなるだろうか。これを計算してみたものが，e である。最初に預ける金額が1で，$\frac{1}{n}$ 年後に預金額が $(1+\frac{1}{n})$ 倍になる場合，n を無限に大きくすると，1年後の預金額は2.718281…（無理数）になる。これは，利息がつ

円周率 π

円周を円の直径で割り算した数。円周率が一定の値になるらしいことは，紀元前から知られていた。前2000年ころのバビロニア人は，円周率を「3」または「3と$\frac{1}{8}$(3.125)」と考えていたようだ。そして，イギリスの数学者ウィリアム・ジョーンズ（1675～1749）が，1706年に，円周率の記号として「π」を使いはじめた。

π＝3.141592…

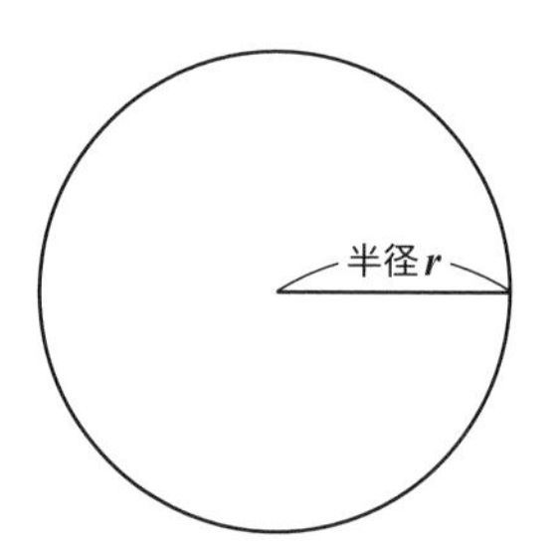

半径 r の円

円周 ＝ 直径 × π
＝ $2\pi r$

円の面積 ＝ π × 半径の2乗
＝ πr^2

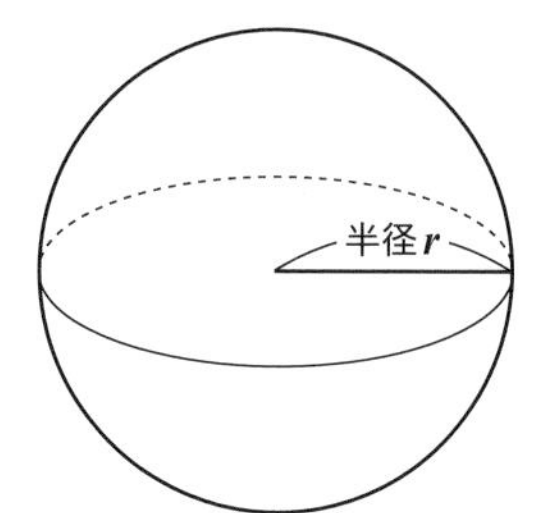

半径 r の球

球の表面積 ＝ 4 × π × 半径の2乗
＝ $4\pi r^2$

球の体積 ＝ $\frac{4}{3}$ × π × 半径の3乗
＝ $\frac{4}{3}\pi r^2$

くまでの時間をどんなに短くしても，1年後の預金額は最大で2.718281…にしかならないことを意味している。

※1：預金額を計算する際，前の期間に生じた利子を元金に組み入れる方法を「複利計算」といい，複利計算で生じる利子が「複利」。

※2：$\frac{1}{2}$は，半年間につく利息。半年後の預金額は$(1+\frac{1}{2})$倍になる。半年後からさらに半年後の預金額は，$(1+\frac{1}{2})$の$(1+\frac{1}{2})$倍になる。したがって，1年後の預金額は，$(1+\frac{1}{2})^2$である。

数学界の“三大選手”（↓）

πは円から生まれた数，iは方程式の解を求めるために生まれた数，eはお金の計算から生まれたといわれる数である。それぞれの数のイメージを，記号とともに図案化した。

虚数単位 i

2乗すると－1になる数で，$i=\sqrt{-1}$ともあらわせる。

2乗すると負になる数は，古代ギリシャや古代インドでは無視されていた。ところが16世紀のイタリアで，三次方程式の解を求めるためにそのような数が必要になると，認められるようになった。なお，虚数単位の記号「i」は，オイラーが1777年に使いはじめたものだ。

$$i^2=-1$$

$$i=\sqrt{-1}$$

ネイピア数 e

$(1+\frac{1}{n})^n$のnを，無限に大きくしたときの数。“ネイピア”は，対数を考案して発表した数学者，ジョン・ネイピアに由来する。対数とは，aを何乗したらxになるかに相当する数で，「$\log_a x$」とあらわす。

aにeを使う対数を，「自然対数」という。自然対数の関数「$y=\log_e x$」は，微分すると，「$y=\frac{1}{x}$」と簡単な形になる性質がある。一方，eを使った指数関数「$y=e^x$」は，微分しても$y=e^x$のまま変化しない性質がある。

$$e=2.718281\cdots$$

$$(\log_e x)'=\frac{1}{x}$$

$$(e^x)'=e^x$$

＊(　)'は，カッコ内の関数を微分することを意味する。微分とは，大ざっぱにいうと，グラフの傾きを求めるための計算である。

オイラーの等式の土台となっている「三角関数」

オイラーの公式には，$\sin x$ と $\cos x$ といった三角関数が登場する。

$\sin x$ や $\cos x$ は，直角三角形の角度と辺の長さの関係をあらわす「三角比」で登場するが，この三角比を拡張したのが「三角関数」である。

三角関数はその名前から三角形を頭にえがきやすいが，“円の関数”と考えたほうが本質をつかみやすい。今，下図のように原点Oを中心とする半径1の円（単位円（たんいえん））を考える。円周上に適当な点Pをおき，点Pと原点Oを結んだ線分が x 軸となす角の角度を θ（シータ）としよう。このとき，点Pの x 座標が $\cos\theta$，y 座標が $\sin\theta$ になる。つまり三角関数は，**半径1の円周上を点Pがぐるぐる回転するときの点Pの座標（位置）をあらわすものといえる。**

波や振動を記述するのに必須

右ページは，$y=\sin\theta$ と $y=\cos\theta$ のグラフである。θ 軸（横軸）は角度，y 軸（縦軸）は三角関数の値だ。三角関数の横軸には通常，角度360°を「2π（ラジアン）」とあらわす弧度（こど）法が使われる。

点Pは単位円周上を円運動しており，一周すると最初の位置にもどるため，三角関数のグラフは周期的に振動する波の形になる。$y=\cos\theta$ のグラフを θ 軸方向に $\frac{\pi}{2}$（＝90°）ずらすと，$y=\sin\theta$ と完全に一致する。

三角関数は，光（電磁波）や音波，地震波などといった自然現象をあらわすうえで，必須の“ツール”である。オイラーの公式が物理学において不可欠な式となっているのは，このような理由からだ。

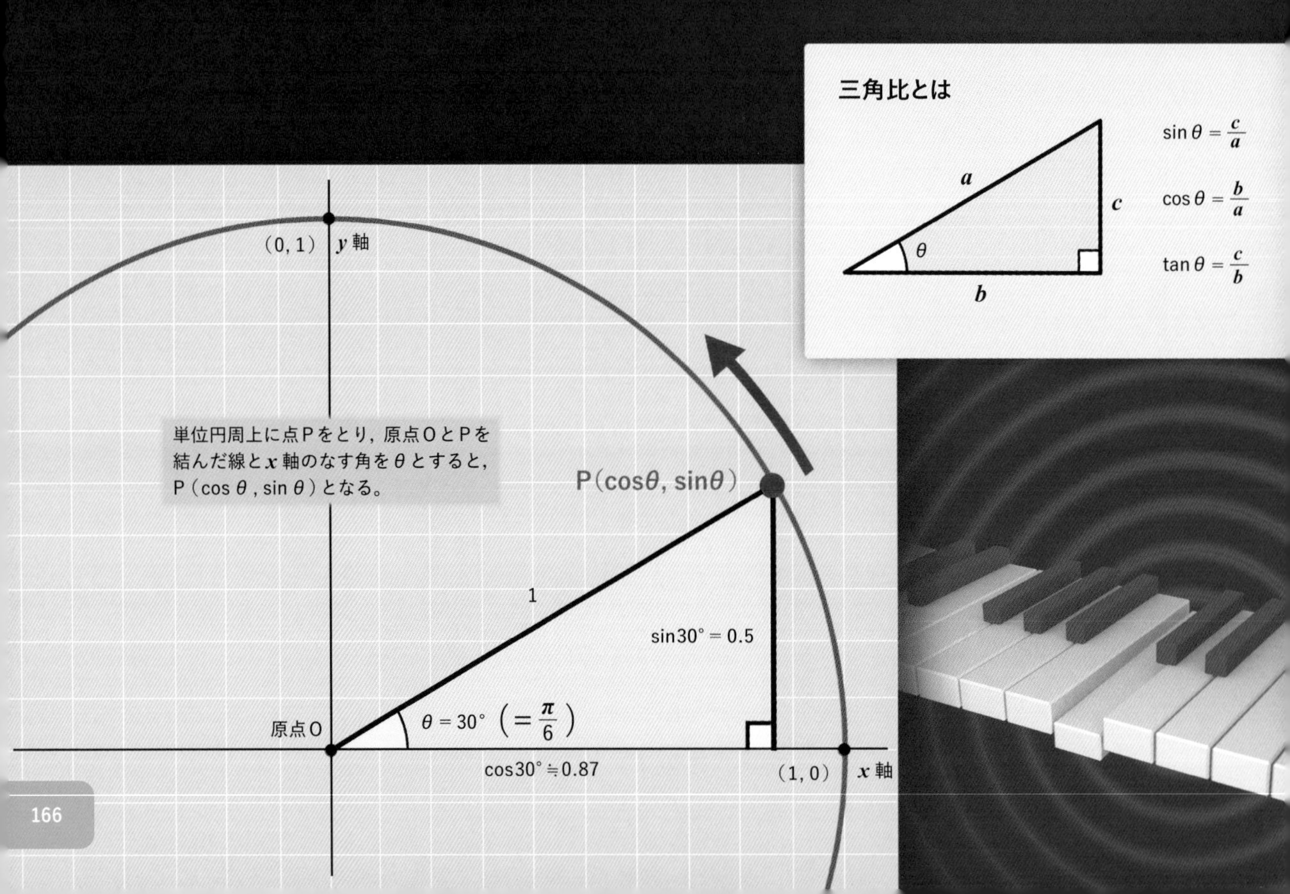

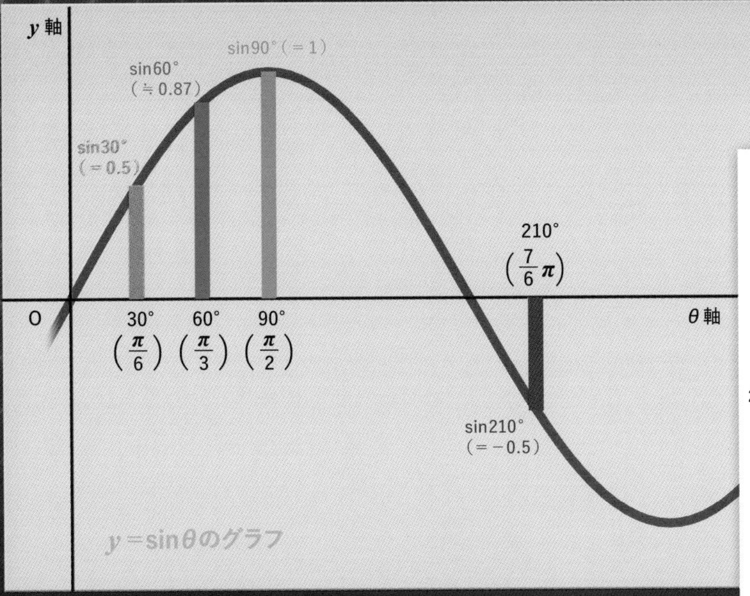

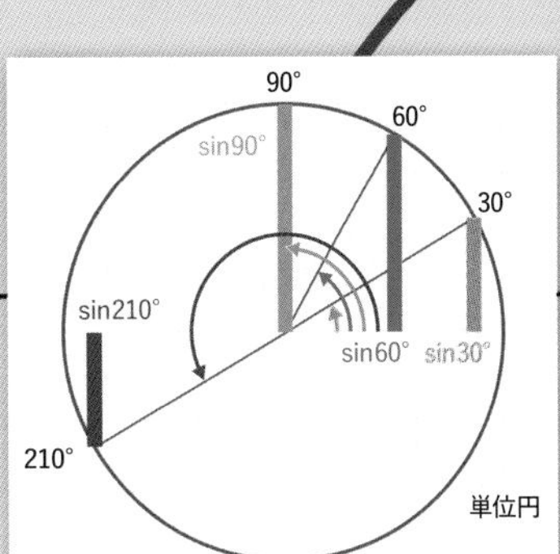

$\theta = 0°$のとき，sin の値は0である。θを大きくしていくと，sin30° = 0.5，sin60° ≒ 0.87 というぐあいに大きくなり，90°で1になる。90°をこえると，sinの値は小さくなっていき，180°で0になる。180°をこえるとマイナスになり，360°でふたたび0にもどる。この変化をグラフにすると，左のような波の形になる。

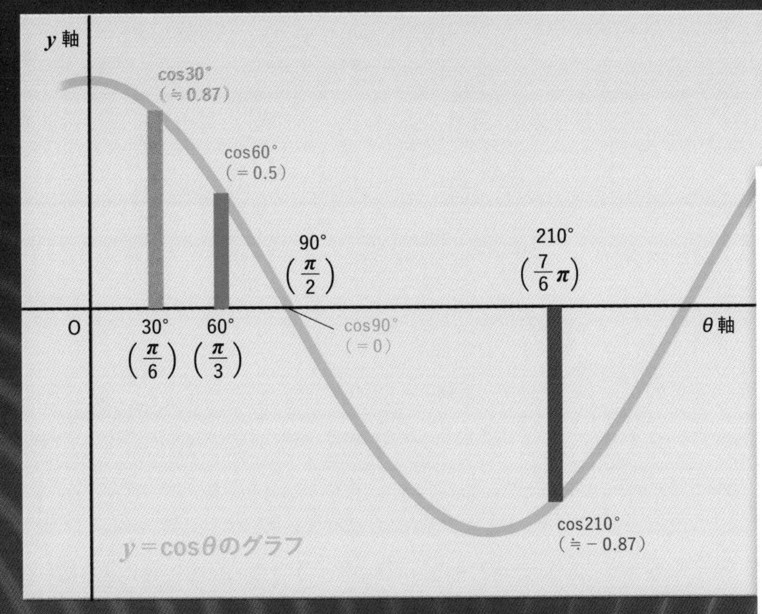

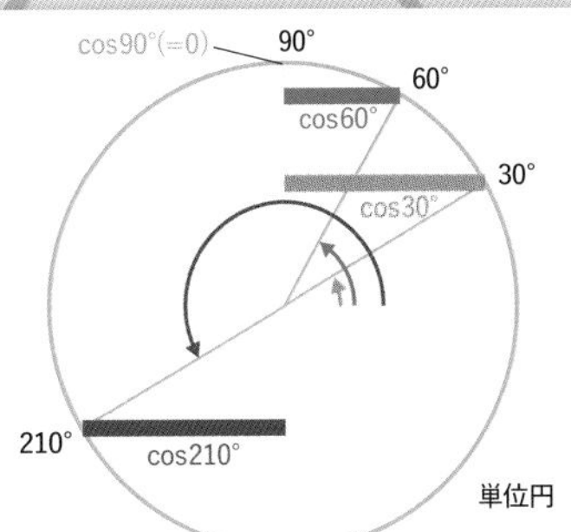

$\theta = 0°$のとき，cosの値は1である。θを大きくしていくと，cos30° ≒ 0.87，cos60° = 0.5 というぐあいにcosの値は小さくなり，90°で0になる。90°をこえるとマイナスになり，180°でマイナス1になる。180°をこえるとふたたびプラスになり，360°で1にもどる。この変化をグラフにすると，左のような波の形になる。

オイラーの公式とオイラーの等式をみちびく

本節では，オイラーの公式およびオイラーの等式をみちびいてみよう。

まず最初の難関は，オイラーの公式に登場する「e の ix 乗」である。e の2乗は2個の e を掛けるということだが，e の虚数(きょすう)乗とは何だろうか。実は，このような計算をはじめてあつかったのが，オイラーなのだ。

足し算に直して計算すると複素数になる

e の虚数乗は，e^x を「無限につづく足し算」であらわすことで意味をとらえやすくなる。当時，微分(びぶん)・積分(せきぶん)を生みだしたニュートンやライプニッツらによって，三角関数 $\sin x$ や $\cos x$ を，無限につづく足し算（無限級数(きゅうすう)）であらわす方法が研究されていた（下図A・B）。オイラーは，この研究に強い関心を寄せていた。そして，著書『無限解析序説』の中で指数(しすう)関数や対数(たいすう)関数について深い考察を行い，無限大や無限小の概念をたくみに駆使することによって，e^x という指数関数を，無限級数を使ってあらわすことに成功したの

オイラーの公式

$$e^{ix} = \cos x + i \sin x$$

A. $\cos x$ の無限級数表示（ニュートン，ライプニッツらが研究）

$$\cos x = 1 - \frac{x^2}{2\times1} + \frac{x^4}{4\times3\times2\times1} - \frac{x^6}{6\times5\times4\times3\times2\times1} + \cdots\cdots$$

B. $\sin x$ の無限級数表示（ニュートン，ライプニッツらが研究）

$$\sin x = x - \frac{x^3}{3\times2\times1} + \frac{x^5}{5\times4\times3\times2\times1} - \frac{x^7}{7\times6\times5\times4\times3\times2\times1} + \cdots\cdots$$

C. e^x の無限級数表示（オイラーが発見）

$$e^x = 1 + x + \frac{x^2}{2\times1} + \frac{x^3}{3\times2\times1} + \frac{x^4}{4\times3\times2\times1} + \cdots\cdots$$

Cに $x = i$ を代入すると…

$$e^i = 1 + i + \frac{i^2}{2\times1} + \frac{i^3}{3\times2\times1} + \frac{i^4}{4\times3\times2\times1} + \frac{i^5}{5\times4\times3\times2\times1} + \cdots\cdots$$

$$e^i = \underbrace{\left(1 - \frac{1}{2\times1} + \frac{1}{4\times3\times2\times1} - \cdots\cdots\right)}_{0.5403\cdots} + \underbrace{\left(1 - \frac{1}{3\times2\times1} + \frac{1}{5\times4\times3\times2\times1} - \cdots\cdots\right)}_{0.8414\cdots} i$$

$$e^i \fallingdotseq 0.5403 + 0.8414\,i$$

である（C）。

オイラーが研究を行う前は，指数関数e^xのxには実数が入ることが前提だった。**オイラーはxに複素数が入る場合について考察し，e^xの定義を複素数にまで拡張した。**これは，数学的には大変重要な発見であった。

この式を用いると，eの虚数乗の意味も見通しがつきやすくなる。たとえば，xに虚数iを代入し計算してみると，実数部分と虚数部分はそれぞれ無限級数であらわされる。そして，それぞれの足し算は，0.5403…と0.8414…に収束することが知られている。e^iが「(0.5403…)＋(0.8414…)i」という複素数になるのだ。すなわち，eの虚数乗は，複素平面上のある一点をあらわす複素数になる。

大きな影響をあたえた名著

下は，『無限解析序説』の表紙である。オイラーはこの本の中で，ネイピア数と円周率に対してそれぞれ「e」「π」という記号を使った。ほかにも，指数関数と対数関数の関係について考察し，無限級数で展開することに成功するなど，さまざまな重要な発見をこの一冊の中にしるした。

INTRODUCTIO
IN ANALYSIN
INFINITORUM.
AUCTORE
LEONHARDO EULERO,
Professore Regio BEROLINENSI, & *Academiæ Imperialis Scientiarum* PETROPOLITANÆ *Socio.*
EDITIO NOVA.
TOMUS PRIMUS.

LUGDUNI,
Apud BERNUSET, DELAMOLLIERE, FALQUE & Soc.
1797.

項を次々に足していくと二つのグラフが近づく

無限級数(きゅうすう)表示した式を見せられても，直感的に納得できないという人も多いだろう。そこで，e^x を無限級数表示した式（下に，あらためてしるした）の左辺と右辺が等しいことを，グラフを使って視覚化してみよう。

$$e^x = 1 + \frac{x}{1} + \frac{x^2}{1\times2} + \frac{x^3}{1\times2\times3} + \frac{x^4}{1\times2\times3\times4} + \frac{x^5}{1\times2\times3\times4\times5} + \frac{x^6}{1\times2\times3\times4\times5\times6} + \frac{x^7}{1\times2\times3\times4\times5\times6\times7} + \cdots$$

右図の赤い線は，上の式の左辺，つまり $y = e^x$ のグラフである。一方，青い点線は，e^x を無限級数表示した式（上の式の右辺）において，項の数を一つずつふやしていったときのグラフである。つまり，

$$y = 1 \rightarrow y = 1 + \frac{x}{1} \rightarrow y = 1 + \frac{x}{1} + \frac{x^2}{1\times2}$$
$$\rightarrow y = 1 + \frac{x}{1} + \frac{x^2}{1\times2} + \frac{x^3}{1\times2\times3}$$
$$\rightarrow y = 1 + \frac{x}{1} + \frac{x^2}{1\times2} + \frac{x^3}{1\times2\times3} + \frac{x^4}{1\times2\times3\times4}$$

である。

青い点線のグラフを見ると，**項の数がふえていくにしたがって，赤い e^x のグラフにどんどん近づいていくことがよくわかるだろう。実際に右辺の項の数を無限にふやしていくと，左辺と右辺が完全に一致することが，数学的に確かめられている。**

168ページ下の，AとBの式も同様だ。ここではグラフは紹介しないが，右辺の項の数をどんどんふやしていくと，右辺のグラフが左辺のグラフ（167ページの，$y = \sin\theta$ と $y = \cos\theta$ のグラフ）にどんどん近づいていく。

赤い線は $y = e^x$ のグラフで，青い点線は，e^x を無限級数表示した式において，項の数を一つずつふやしていった場合のそれぞれのグラフである。項の数をふやしていくと，$y = e^x$ のグラフに近づいていく（矢印）。

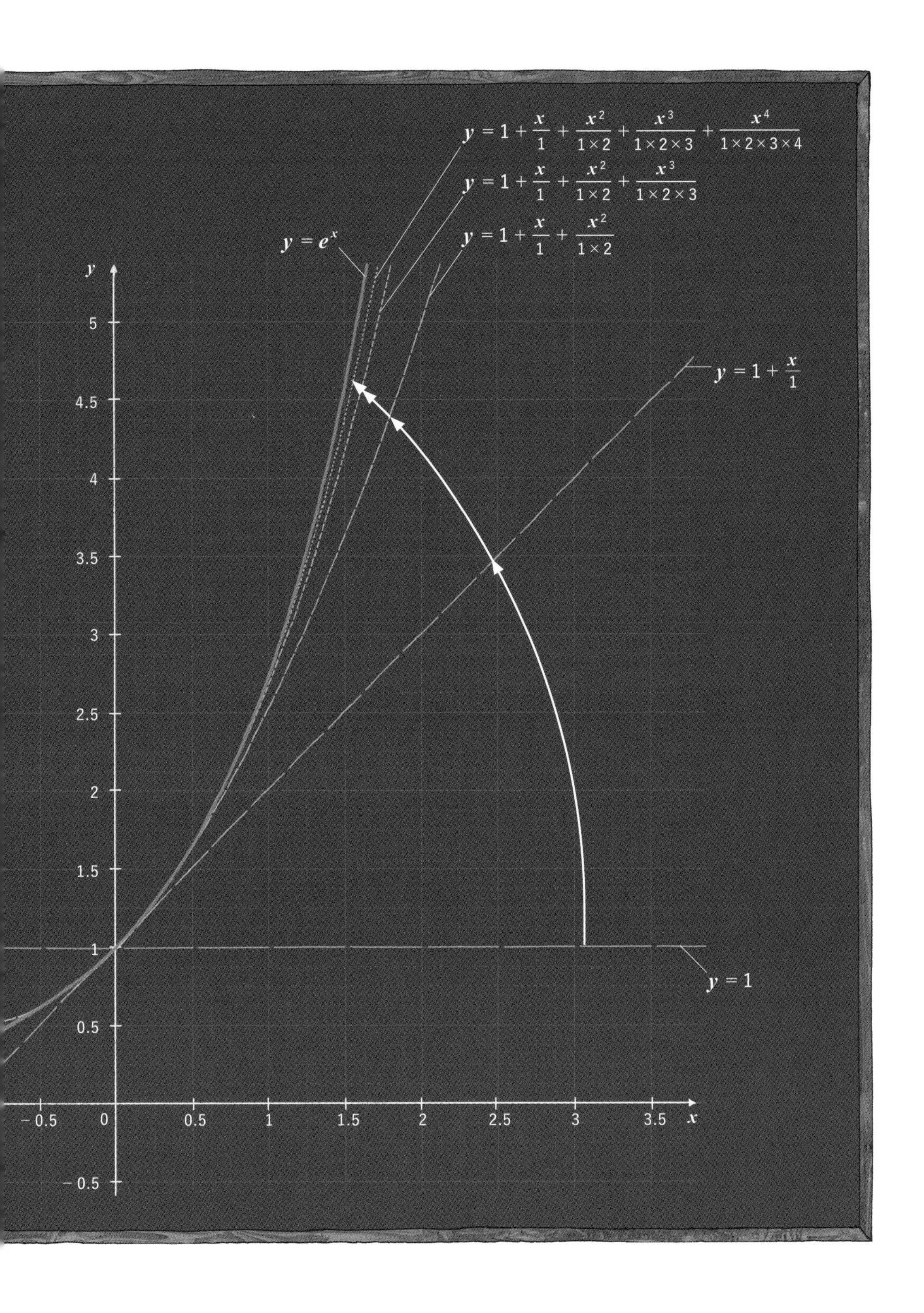
$y = 1 + \frac{x}{1} + \frac{x^2}{1 \times 2} + \frac{x^3}{1 \times 2 \times 3} + \frac{x^4}{1 \times 2 \times 3 \times 4}$
$y = 1 + \frac{x}{1} + \frac{x^2}{1 \times 2} + \frac{x^3}{1 \times 2 \times 3}$
$y = 1 + \frac{x}{1} + \frac{x^2}{1 \times 2}$
$y = e^x$
$y = 1 + \frac{x}{1}$
$y = 1$
y
5
4.5
4
3.5
3
2.5
2
1.5
1
0.5
−0.5
0
0.5
1
1.5
2
2.5
3
3.5
x

三角関数と指数関数は虚数の世界でつながっていた

168ページで示した指数関数の無限級数のxにixを代入したものと，sin$x$とcos$x$の無限級数を比較してみよう。とても面白いことに，**指数関数の実数部分はcos$x$の無限級数表示に，虚数部分の係数はsin$x$の無限級数表示になっているのだ**（下図）。これで，オイラーの公式がみちびきだせた。最後に，xにπを代入すれば，オイラーの等式をみちびきだすことができる。

オイラーの公式は，**e^{ix}という関数が複素平面上の単位円周上を回転する点をあらわすことを意味している**（右ページ下）。単位円周上の点をPとすると，Pと原点を結んだ線と，実数軸（横軸）がなす角（偏角）がxである。168ページで示したe^{i}は，$x=1$（偏角が1）のときの円周上の点をあらわしている。オイラーの等式にあらわれる$e^{i\pi}$は$x=\pi$（偏角がπ），すなわち180°回転した点に相当する。この点は−1なので，$e^{i\pi}$が−1になるということが視覚的にわかる。

また，オイラーの公式は，指数関数$y=e^{ix}$が三角関数のように単位円周上をまわっていることを意味する。これは，**指数関数と三角関数という実数の世界ではまったくことなる性質をもった関数が，複素数まで広げ**

$$e^{ix}=1+\frac{ix}{1}+\frac{(ix)^2}{2\times1}+\frac{(ix)^3}{3\times2\times1}+\frac{(ix)^4}{4\times3\times2\times1}+\frac{(ix)^5}{5\times4\times3\times2\times1}+\cdots\cdots$$

$$=1+\frac{ix}{1}-\frac{x^2}{2\times1}-\frac{ix^3}{3\times2\times1}+\frac{x^4}{4\times3\times2\times1}+\frac{ix^5}{5\times4\times3\times2\times1}-\cdots\cdots$$

$$=\left(1-\frac{x^2}{2\times1}+\frac{x^4}{4\times3\times2\times1}-\cdots\cdots\right)+i\left(x-\frac{x^3}{3\times2\times1}+\frac{x^5}{5\times4\times3\times2\times1}-\cdots\cdots\right)$$

①と②を代入すると，オイラーの公式がみちびきだせる。

① $\cos x=1-\dfrac{x^2}{2\times1}+\dfrac{x^4}{4\times3\times2\times1}-\cdots\cdots$

② $\sin x=x-\dfrac{x^3}{3\times2\times1}+\dfrac{x^5}{5\times4\times3\times2\times1}-\cdots\cdots$

オイラーの公式 $e^{ix}=\cos x+i\sin x$

オイラーの公式のxにπを代入すると，

$e^{i\pi}=\cos\pi+i\sin\pi$

$\cos\pi=-1$，$\sin\pi=0$なので，

$e^{i\pi}=-1$

オイラーの等式 $e^{i\pi}+1=0$

て考えると密接な関係にあるということだ。

オイラーの等式は人類の一つの到達点

あらためて，オイラーの等式をみてみよう。e，i，πはそれぞれ解析学（極限や収束という概念をあつかう分野），代数学（方程式の解法を研究する分野），幾何学（図形の性質を研究する分野）という数学の三大分野を代表する数である。そして，これらが無限級数や微分・積分，指数関数，三角関数を駆使することで，オイラーの等式において見事に結実している。つまりオイラーの等式は，人類が4000年以上にわたり育んできた，数学の長い歴史における一つの到達点であることを意味しているのである。

オイラーの等式をよりシンプルにする方法

オイラーの等式を，さらにシンプルにする方法がある。それは，現在の「円周率＝円周/直径」という定義を変更するというものだ。たとえば，円周率＝円周/半径と再定義し，πのかわりにτ（タウ）という記号で円周率をあらわしてみることにしよう。つまり$\tau=2\pi$とするわけだ。オイラーの公式のxにτを代入すると，$\cos\tau=\cos 2\pi=1$，$\sin\tau=\sin 2\pi=0$となり，「$e^{i\tau}=1$」という式がみちびきだせる。πをτに置きかえることで右辺からマイナス記号がなくなり，よりシンプルな等式が得られた。

そもそも円の定義は「平面上のある点から等しい距離にある点の集まり」であり，「等しい距離」とは半径のことだ。それにもかかわらず，なぜ円周率πの定義には，半径ではなく直径が使われているのだろうか。その理由は，古代バビロニア人や古代エジプトの人たちが直径を使って円周率を定義していたという歴史的な背景にある。なお，πのかわりにτを使おうと主張する数学者もいるが，今のところ広く定着しているとはいえない。

$$e^{ix}=\cos x+i\sin x$$

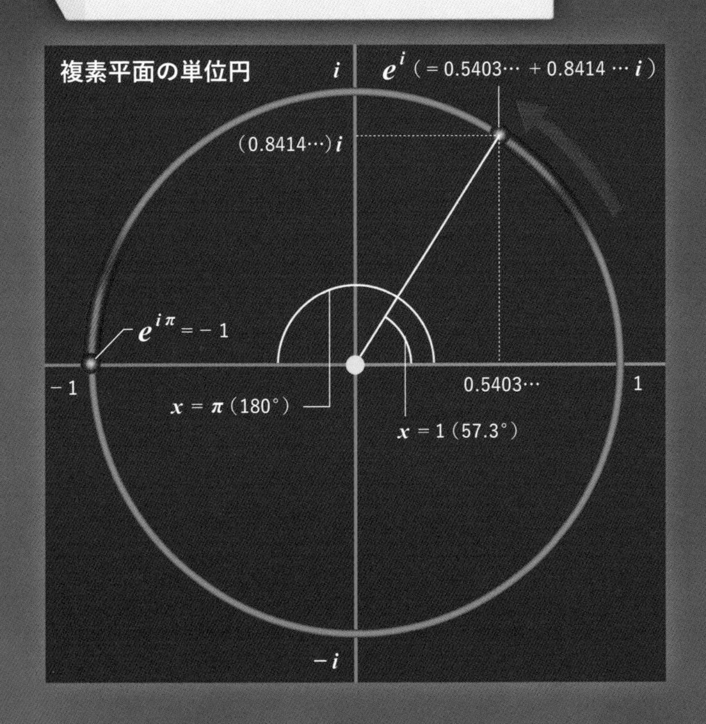

オイラーの公式の意味

オイラーの公式によれば，e^{ix}は複素平面の単位円周上の点をあらわす。xは，e^{ix}と原点Oを結んだ線が実数軸（横軸）となす角度を，弧度法であらわしたものだ。左図では，e^{ix}のxに1（約57.3°）を代入して得られるe^{i}が「0.5403…＋（0.8414…）i」になり，xにπ（180°）を代入して得られる$e^{i\pi}$がマイナス1になるようすをえがいた。xを連続的に変化させれば，e^{ix}は単位円周上をぐるぐると回転する。

オイラーの公式は現代物理学や工学を陰で支えている

オイラーの公式は，一言であらわすと**“計算を簡単にする数学上のツール”だ**。応用範囲が広く，数学以外でも物理学や工学など，幅広い分野で活躍している。

たとえば，理論物理学者ジェームズ・マクスウェルは1864年，真空中の電磁波の速度が光の速度と一致することを発見し，光も電磁波の一種であると予想した。その際，マクスウェルは計算過程を簡潔にするために，オイラーの公式を使っている。

また，精密機器の“核”となる半導体や，レーザーの技術などを支えている「量子力学（りょうしりきがく）」は，ミクロな世界の物理現象を説明する理論である。量子力学の基礎方程式である「シュレーディンガー方程式」（110ページ参照）は，「波動（はどう）関数ψ（プサイ）」をあたえると，電子や光子（こうし）など（粒子）の波としてのふるまいが決定する。この波動関数を記述するのに，オイラーの公式は必要不可欠なのだ。

「波」がかかわる現象の解析に威力を発揮する

さて，オイラーの公式はとくに，**「波」や「振動」がかかわる現象を解析する際に威力を発揮する。**

「ノイズキャンセリングヘッドホン」という製品は，周囲の騒音をヘッドホン自体が判別し，騒音とは反対の波形をもつ信号を瞬時に発生させることで，耳に届く騒音を低減させる機能をもつ。

ノイズキャンセリングヘッドホンの中では，騒音の解析に，オイラーの公式を基礎とした「フーリエ変換」という手法が利用されている（右図）。ノイズの“複雑な波”を関数とみなし，その関数を「フーリエ級数（きゅうすう）展開」（サインとコサインを無限に足しあわせた式）であらわせば，“単純な波”に分解できる。これにより，音の特徴を分析することができるというわけだ。

なおフーリエ変換は，スマートフォンの検索やカーナビゲーションシステムの操作など，人間の話し声を聞き取る「音声認識技術」にも用いられている。

フーリエ変換（→）

フーリエ変換の基本的なしくみをえがいた。フーリエ変換をあらわす式にある$F(\omega)$は，関数$f(x)$をフーリエ変換してできる関数である。つまり，関数$f(x)$という複雑な波形を，$F(\omega)$という周波数を横軸とした連続的なグラフにおきかえる数式といえる。

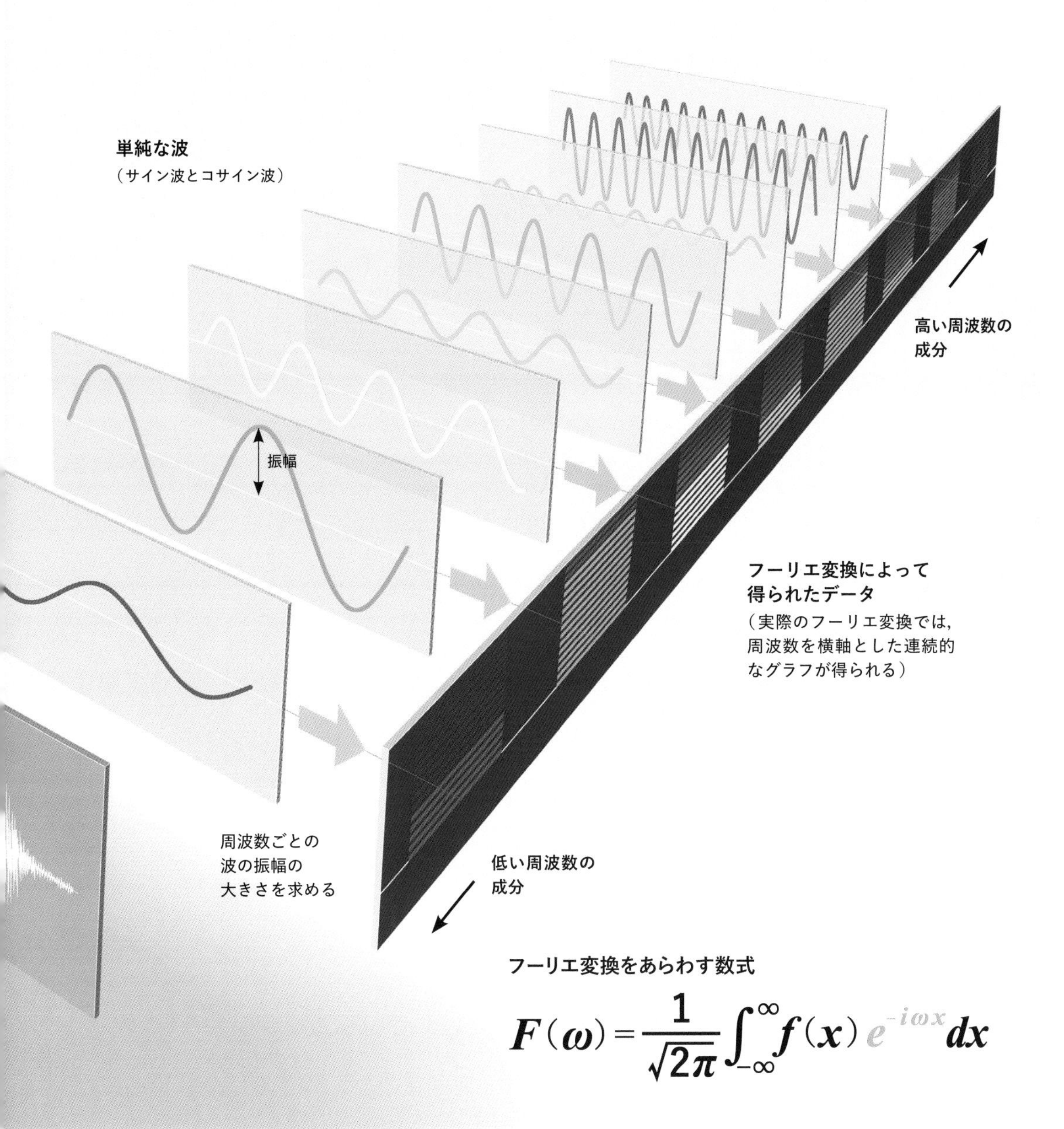

フーリエ変換をあらわす数式

$$F(\omega)=\frac{1}{\sqrt{2\pi}}\int_{-\infty}^{\infty}f(x)\,e^{-i\omega x}dx$$

虚数を虚数回掛けるとどうなる?「虚数乗の計算」

ここまでオイラーの公式について紹介してきたが，本コラムでは，虚数に関する面白い計算をみてみよう。

e を虚数回掛けるという不思議な計算を考えだしたのは，オイラーである。

168ページでみたように，オイラーは，指数関数を無限級数(無限個の足し算)によって定義することで，xに虚数を入れても計算できるようにした。その結果，e^iはおおよそ0.5403＋0.8414iという複素数になることがわかった。

e^iは複素数になったが，乗数だけでなくeも虚数に置きかえた場合，すなわちi^i（iのi乗）の値を求めることはできるだろうか。

「虚数を虚数回掛ける」ことはさすがに想像がつかない，もしくはそんな数は存在しないと感じる人も少なくないはずだ。しかし意外なことに，少し複雑にはなるが，オイラーの公式「$e^{ix} = \cos^x + i\sin^x$」を使うと，その値を求めることができる。

まず，オイラーの公式に$x = \frac{\pi}{2}$を代入してみよう。

$$e^{i\times\frac{\pi}{2}}=\cos\frac{\pi}{2}+i\sin\frac{\pi}{2}$$

ここで，$\sin\frac{\pi}{2}$と$\cos\frac{\pi}{2}$はそれぞれ1と0なので，

$$e^{i\times\frac{\pi}{2}}=0+i=i$$

となる。すなわち，

$$e^{i\times\frac{\pi}{2}}=i$$

である。ここで両辺をi乗すると，次のようになる。

$$e^{i\times\frac{\pi}{2}\times i}=i^i$$

$$e^{-\frac{\pi}{2}}=i^i$$

eも$-\frac{\pi}{2}$も実数なので，左辺の計算結果も実数になり，約0.2078…となる。すなわち，$i^i\fallingdotseq 0.2078$である。iのi乗は，なんと実数だったのだ。

実は不思議なことに，オイラーの公式に$x=\frac{\pi}{2}+2\pi n$（$n=0, 1, 2\cdots$）を代入した場合も，右辺はiになる。そして，その式の両辺をi乗すると，

$$e^{-\frac{\pi}{2}-2\pi n}=i^i$$

となる。前にみたのは$n=0$の場合だが，$n=1, 2\cdots$の場合も左辺は実数なので，iのi乗は0.2078…だけでなく無限個の値をとるのである。

では，角度を虚数にした場合，三角関数の値はどうなるだろうか。たとえば$\cos i$を計算してみると，これも値は実数になる。なんとも意外な結果になったのではないだろうか。

角度が虚数のとき，三角関数cosの値は実数になる

$\cos i = 1.5430\cdots$

168ページでみたように，$y=\cos x$の無限級数表示は次のようになる。

$$\cos x=1-\frac{x^2}{2\times1}+\frac{x^4}{4\times3\times2\times1}-\frac{x^6}{6\times5\times4\times3\times2\times1}+\cdots\cdots$$

この式に$x=i$を代入すると，次のようになる。

$$\begin{aligned}\cos i&=1-\frac{i^2}{2\times1}+\frac{i^4}{4\times3\times2\times1}-\frac{i^6}{6\times5\times4\times3\times2\times1}+\cdots\cdots\\&=1+\frac{1}{2\times1}+\frac{1}{4\times3\times2\times1}+\frac{1}{6\times5\times4\times3\times2\times1}+\cdots\cdots\\&=1.5430\cdots\end{aligned}$$

フェルマーの最終定理

協力　小山信也

「おどろくべき証明を見つけたが，それを書くには余白がせますぎる」という言葉とともに，17 世紀の数学者ピエール・ド・フェルマーが書き残したのが「フェルマーの最終定理」である。本章では，この世紀の難問にいどんだ人々の奮闘を追っていく。

証明に360年を要した「フェルマーの最終定理」とピタゴラス

中学生にも理解できるほど単純であるにもかかわらず，それが本当に成り立つことが証明されるまで，約360年もの歳月を要した有名な難問がある。「フェルマーの最終定理」である。この世紀の難問の誕生は，私たちが中学校の数学で学ぶ「三平方（さんへいほう）の定理（ピタゴラスの定理）」が“きっかけ”となっている。

三平方の定理とは，直角三角形の三辺の長さをX，Y，Z（Zは斜辺（しゃへん））としたとき，Xを一辺とする正方形の面積（X^2）と，Yを一辺とする正方形の面積（Y^2）を足すと，斜辺Zを一辺とする正方形の面積（Z^2）に必ず一致するというものだ。すなわち，

三平方の定理の発見はタイルがきっかけ？

言い伝えによれば，三平方の定理は古代ギリシャの数学者ピタゴラスが，神殿の床にしきつめられたタイルを見て思いついたという（えがいたのは想像図）。ただし，ピタゴラス本人が発見したのかは定かではない。

「$X^2+Y^2=Z^2$」が成り立つ。またその逆に，$X^2+Y^2=Z^2$を満たすX，Y，Zを三辺とする三角形は，必ず直角三角形になる。

三平方の定理を証明してみよう

三平方の定理の証明方法は，実に数百通りが知られているが，ここではその一つを紹介しよう。

X，Y，Z（Zは斜辺）を三辺とする直角三角形を四つつくり，斜辺を内側にして並べる（下図A）。すると，一辺が「$X+Y$」の正方形の内側のすき間に，もう一つの正方形ができる。この正方形の一辺はZなので，面積はZ^2である。

次に，下図Bのように三角形を並べかえると，同じく一辺が「$X+Y$」の正方形ができるが，先ほどのすき間が二つの正方形へと変換される。これら二つの正方形の面積は，X^2とY^2であり，これらを合わせたものがZ^2と等しいことになる。つまり「$X^2+Y^2=Z^2$」となるので，これにより三平方の定理が証明された。

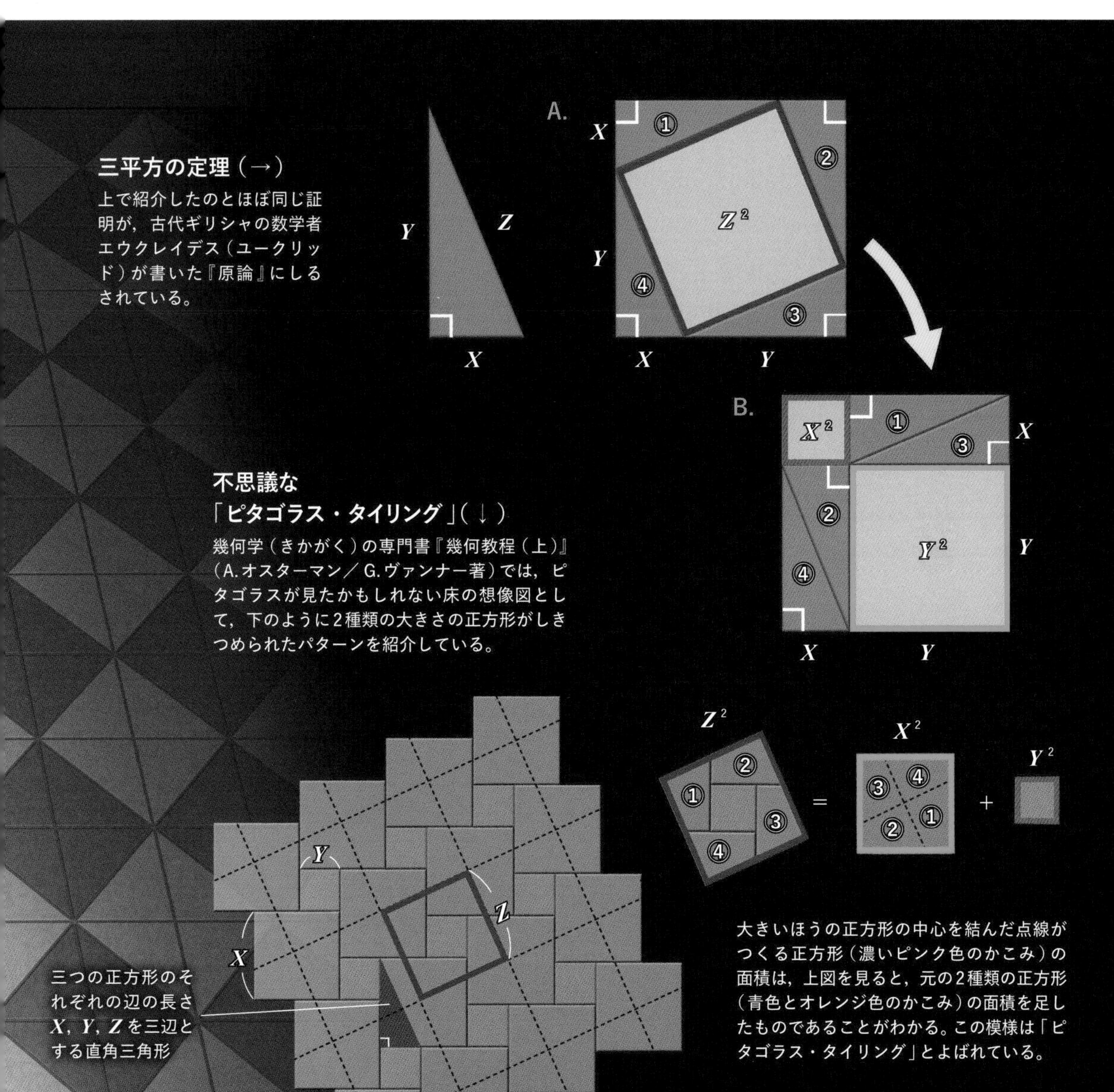

三平方の定理（→）
上で紹介したのとほぼ同じ証明が，古代ギリシャの数学者エウクレイデス（ユークリッド）が書いた『原論』にしるされている。

不思議な「ピタゴラス・タイリング」（↓）
幾何学（きかがく）の専門書『幾何教程（上）』（A.オスターマン／G.ヴァンナー著）では，ピタゴラスが見たかもしれない床の想像図として，下のように2種類の大きさの正方形がしきつめられたパターンを紹介している。

三つの正方形のそれぞれの辺の長さX，Y，Zを三辺とする直角三角形

大きいほうの正方形の中心を結んだ点線がつくる正方形（濃いピンク色のかこみ）の面積は，上図を見ると，元の2種類の正方形（青色とオレンジ色のかこみ）の面積を足したものであることがわかる。この模様は「ピタゴラス・タイリング」とよばれている。

「ピタゴラス数」は無限に存在する

ピタゴラスの定理を満たす三つの自然数の組を「ピタゴラス数（すう）」という。たとえば「3, 4, 5」は，$3^2 = 9$，$4^2 = 16$であり，$9 + 16 = 25 = 5^2$となるので，ピタゴラス数である。

ピタゴラス数には，ほかにも「5，12，13」や「7，24，25」などがある。そして，**ピタゴラス数を三辺とする三角形は，すべて直角三角形になる**（右図）。

ピタゴラス数は，いったいいくつあるのだろうか。ここで「平方数（へいほうすう）」を考えよう。平方数とは，自然数を2乗した数のことだ。$1^2 = 1, 2^2 = 4, 3^2 = 9$，$4^2 = 16$，…と並べて，となりあう平方数の差をとってみよう。すると，$4 - 1 = 3$，$9 - 4 = 5$，$16 - 9 = 7$となり，奇数が順に並ぶ。

このように，3以上の奇数はすべて，となりあう平方数の差（$Z^2 - Y^2$）であらわせる。そして，この奇数自身が平方数X^2である場合，$X^2 = Z^2 - Y^2$，すなわち$X^2 + Y^2 = Z^2$が成り立つので，「X，Y，Z」はピタゴラス数となる。平方数である奇数は無限にあるので，**ピタゴラス数も無限に存在することがわかる。**

ピタゴラス数を無限に生みだす式

二つの自然数mとn（$m > n$）を使って，次のようにX，Y，Zを定めることで，ピタゴラス数をつくることができる。

$$X = m^2 - n^2,\ Y = 2mn,\ Z = m^2 + n^2$$

たとえば，$m = 2$，$n = 1$のとき（X，Y，Z）＝（3，4，5）となる。mとnをともに割り切る自然数が1しかない（たがいに素（そ）の）とき，X，Y，Zを「原始ピタゴラス数」という。そのようなmとnの組は無限にあるため，**原始ピタゴラス数も無限に存在する。**

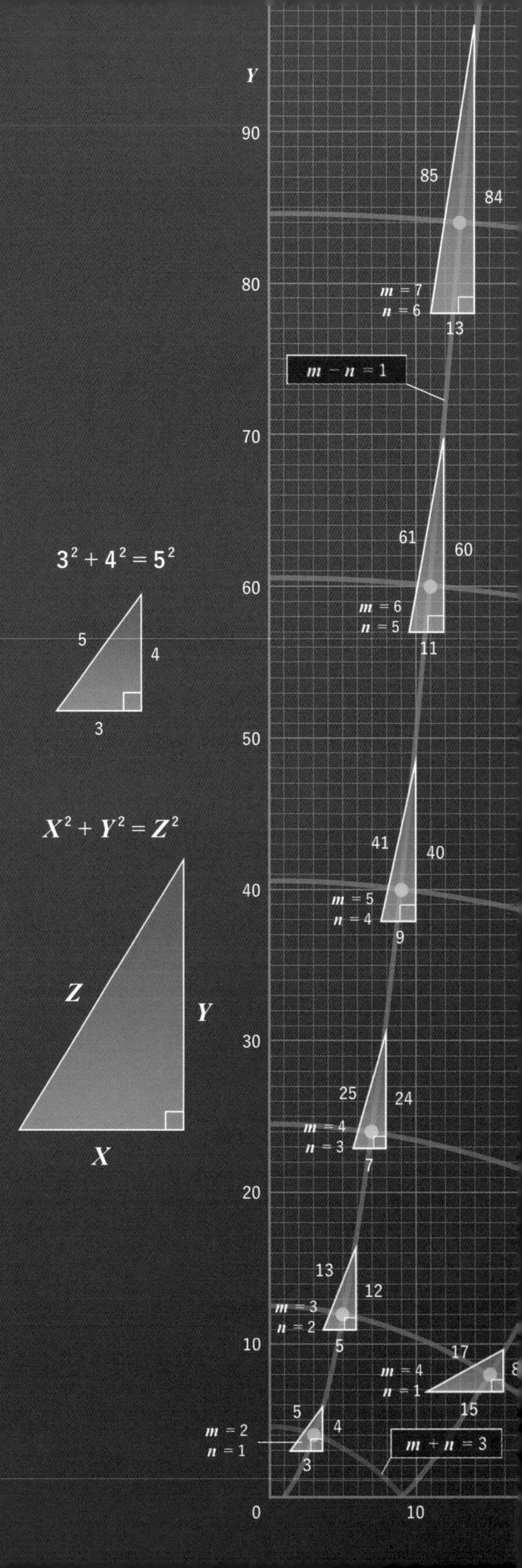

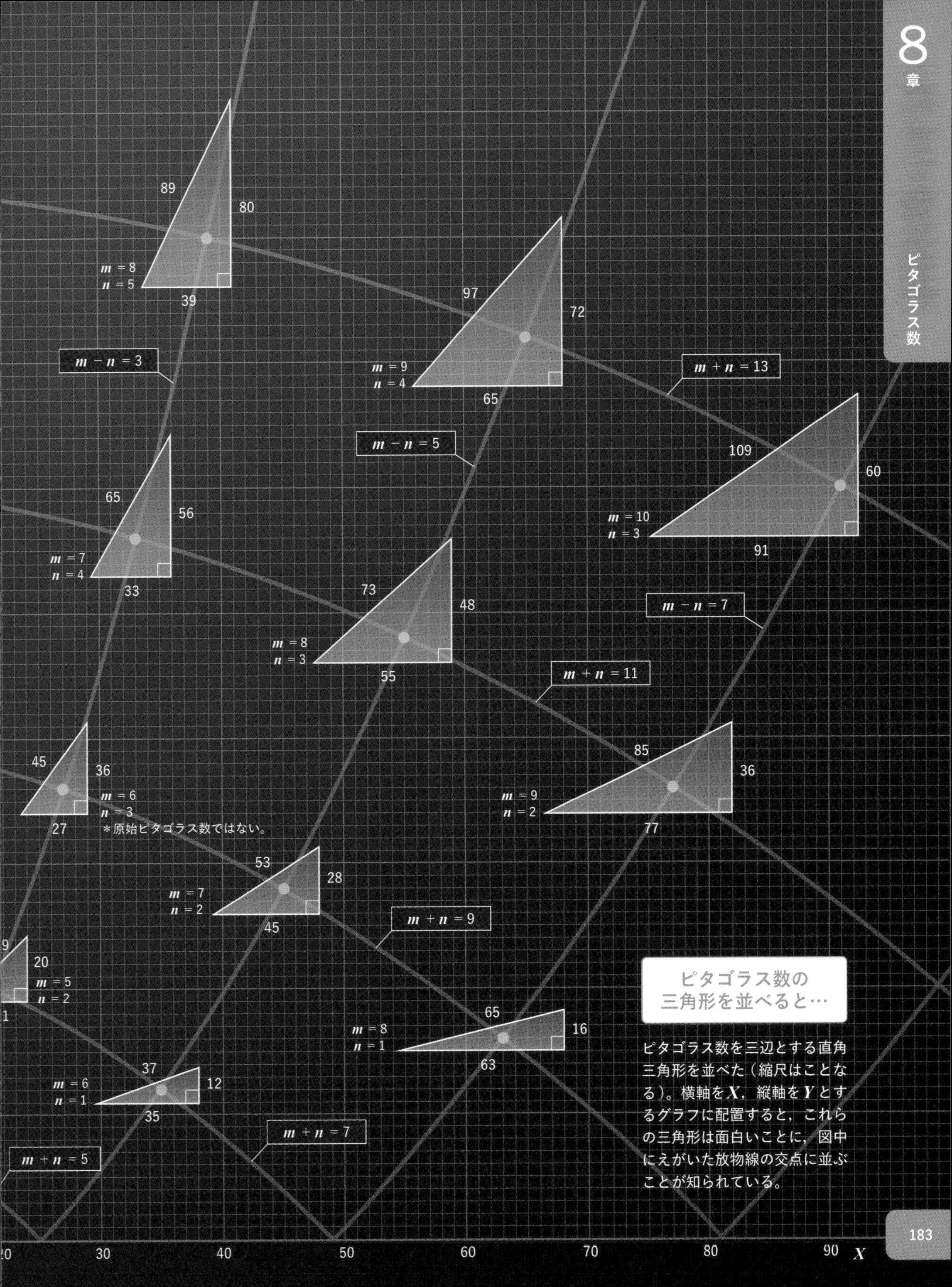

ピタゴラス数の三角形を並べると…

ピタゴラス数を三辺とする直角三角形を並べた（縮尺はことなる）。横軸をX，縦軸をYとするグラフに配置すると，これらの三角形は面白いことに，図中にえがいた放物線の交点に並ぶことが知られている。

ピタゴラス数を拡張した「フェルマーの最終定理」

3世紀の数学者ディオファントスは，当時知られていた数学の問題を，全13巻からなる『算術』という本にまとめた。『算術』は，エジプトの都市アレクサンドリアの図書館におさめられたが，たび重なる侵略や混乱で図書館は燃え，蔵書の多くが失われた。ところが奇跡的にも，6巻分は失われずに残った。

その後『算術』はラテン語に翻訳され，1621年にヨーロッパで出版された。これを熱心に読んだのが，フランスの数学者ピエール・ド・フェルマー（1601～1665）である。

フェルマーは，$X^2+Y^2=Z^2$を満たす自然数の組，すなわちピタゴラス数について書かれたページに目をとめ，**「$X^2+Y^2=Z^2$の2乗を，3乗や4乗に拡張するとどうなるだろうか」と考えた。** そして，『算術』のさまざまなページにメモを書いていたフェルマーは，このページにもあることを書き残した。それは，「3以上の整数nについて，$X^2+Y^2=Z^2$を満たす自然数の組は存在しない」という意味のことだ。

フェルマーの死後，彼の息子がこれらの（メモの）内容を追加して，1670年に『算術』を再出版した。こうして世に知られるようになったのが，「フェルマーの最終定理」なのである。

フェルマーは本当に証明を見つけていたか

フェルマーがメモに書き残したのは，$n=4$の場合の証明だけだった。フェルマーは本当に，すべてのnで成り立つ完全な証明を見つけていたのだろうか。

東洋大学の小山信也（こやましんや）教授によれば，フェルマーはその後，$n=3$の場合を研究した形跡があるという。もし完全な証明を得たのなら，個別のnについて研究する必要がない。つまり，完全な証明を見つけたというのはまちがいだったと，フェルマー自身も気づいていたのではないかとのことだ。

ピエール・ド・フェルマー

フェルマーの最終定理

右はフェルマーが残したメモの内容，下はメモに出てくる平方数と立方数を示している。このメモは，現代の数学の記号を使えば「$X^n+Y^n=Z^n$（nは3以上の整数）を満たす自然数の組X，Y，Zは存在しない」とあらわせる。

平方数　自然数を2乗した数

1 $=1^2$　4 $=2^2$　9 $=3^2$　16 $=4^2$

立方数　自然数を3乗した数

1 $=1^3$　8 $=2^3$　27 $=3^3$　64 $=4^3$

メモの原文（ラテン語）

Cubum autem in duos cubos,
aut quadratoquadratum in duos
quadratoquadratos, et generaliter nullam
in infinitum ultra quadratum potestatem in
duos eiusdem nominis fas est dividere cuius
rei demonstrationem mirabilem sane detexi.
Hanc marginis exiguitas non caperet.

（日本語訳）

立方数を，二つの立方数の和に
分けることはできない。
4乗数を，二つの4乗数の和に
分けることはできない。
一般に，2より大きい指数をもつ累乗数を，
二つの累乗数の和に分けることはできない。
この定理について，
私はおどろくべき証明を見つけたが，
それを書くには余白がせますぎる。

フェルマーの最終定理

$$X^n + Y^n = Z^n$$
$$(n \geqq 3)$$

＊メモのイラストはイメージ。

多くの数学者が定理の証明にいどんだ

フェルマーが残した謎に，最初の突破口を開けたのが，18世紀の数学者レオンハルト・オイラーである。オイラーは，n＝3のフェルマーの最終定理，つまり「$X^3+Y^3=Z^3$を満たす自然数の組は存在しない」ことを証明してみせた。

19世紀に入ると，フランス科学アカデミーは，フェルマーの最終定理に3000フランの懸賞金をかけた。やがて，n＝5とn＝7の場合の証明に成功する数学者（右図・下段）があらわれたが，証明すべきnは無限に残されていた。

実は，n＝6は証明の必要がない。なぜなら，自然数の6乗は「（自然数の2乗の）3乗」とあらわせるため，オイラーが証明したn＝3の形に直せるためだ。このことは，フェルマーの最終定理は「nが素数の場合」を証明すれば十分であることを意味する。

「nが素数の場合」にいどんだクンマー

ドイツの数学者エルンスト・クンマーは，**nがある特殊な素数（非正則素数）である場合を除けば，nがどんなに大きな素数でもフェルマーの最終定理が成り立つことを1850年に証明した。**特殊な素数は，素数のうちの“少数派”であり，たとえば100以下では37，59，67の三つだけだ。

クンマーの証明は完全な解決とはいえないが，わずかな数のnについてしか個別に証明できていなかったこととくらべれば，はるかに大きな進展である。フランス科学アカデミーはその重要性を認め，クンマーに懸賞金3000フランを贈ったという。

$X^4+Y^4=Z^4$ を満たす自然数X, Y, Zが存在しないことを証明

ピエール・ド・フェルマー

フェルマーは1637年ごろに，フェルマーの最終定理を書き残している。

$X^5+Y^5=Z^5$ を満たす自然数X, Y, Zが存在しないことを証明

ペーター・ディリクレ（1805～1859）

ドイツの数学者。1825年に，n＝5の場合のフェルマーの最終定理を証明した。証明には不完全な部分があったが，フランスの数学者アドリアン・ルジャンドルがそれを修正した（ディリクレは，独力でも修正に成功している）。

フェルマーは，182ページで紹介した「原始ピタゴラス数」の性質を巧妙に使って，$n=4$の場合のフェルマーの最終定理（$X^n+Y^n=Z^n$ を満たす自然数の組は存在しないこと）を証明した。

フェルマーは，$X^4+Y^4=Z^4$ を満たす自然数の組X, Y, Zが存在すると仮定すると，ある原始ピタゴラス数よりもさらに小さな原始ピタゴラス数を無限につくれることを示した。しかし，3，4，5よりも小さな原始ピタゴラス数は存在しないため，これは矛盾である。

こうして，最初の仮定が誤りであること，すなわち$n=4$の場合にフェルマーの最終定理が成り立つことを証明したのである。このフェルマーの証明方法は「無限降下法（むげんこうかほう）」とよばれる。

なお，$n=4$の場合にくらべ，$n=3$，$n=5$，$n=7$の場合の証明は，ずっと複雑な手順を必要とするものであった。

$X^3+Y^3=Z^3$ を満たす自然数X, Y, Zが存在しないことを証明

レオンハルト・オイラー

18世紀の数学者。1760年に，$n=3$の場合のフェルマーの最終定理を証明した。オイラーがこのとき駆使したのは，フェルマーの時代（17世紀）には役に立たないと考えられていた，虚数（きょすう）であった。

$X^7+Y^7=Z^7$ を満たす自然数X, Y, Zが存在しないことを証明

ガブリエル・ラメ（1795 ～ 1870）

フランスの数学者。1839年に$n=7$の場合のフェルマーの最終定理を証明した。その後，すべてのnについて完全に証明したと宣言したが，クンマーがその誤りを指摘した。

nが「正則素数」である場合のフェルマーの最終定理を証明

エルンスト・クンマー（1810 ～ 1893）

ドイツの数学者。素数には「正則素数」と「非正則素数」の2種類があることを明らかにし，nが正則素数である場合に，フェルマーの最終定理が成り立つことを1850年に証明した。

“フェルマーの難問”を解決したアンドリュー・ワイルズ

クンマーの成果は，フェルマーの最終定理の完全な解決への道筋をつけたかにみえた。ところが，その後は進展がないまま，時代は20世紀をむかえる。

1908年，あるドイツの資産家がフェルマーの最終定理の解決に10万マルクの懸賞金をかけ，期限を100年後の2007年に設定した。その後，世界中のアマチュア数学者から「解決した」という無数の応募があったが，それらはことごとく誤りであったという。

フェルマーの最終定理に魅せられた少年

1963年，イギリス，ケンブリッジの図書館で，E.T.ベルの著作『The Last Problem（最後の問題）』を手にした10歳の少年は，そこに書かれていたフェルマーの最終定理と出会った。自分でも理解できるほど単純であるにもかかわらず，300年以上も解かれていないという事実に，少年は強く魅了された。そして「自分がこれを最初に解きたい」と夢見たのが，イギリスのアンドリュー・ワイルズである。

大学を卒業したワイルズは，「楕円曲線」（下図）の問題を研究する数学者になった。アメリカに移住し，プリンストン大学の教授になったワイルズは，1984年に開かれた楕円曲線の研究集会で，ある重大なアイデアを知る。

ドイツの数学者ゲルハルト・フライが，**「谷山-志村予想」の正しさを証明できれば，フェルマーの最終定理を証明したことになるはずだと述べたのである。**それは，クンマーが示した道筋とはまったく関係のない，意外なアイデアだった。

日本人数学者の予想が夢への架け橋となった

谷山-志村予想とは，20世紀後半の数学界でさかんに研究された予想で，1950年代に，日本の数学者である谷山豊（1927～1958）と，志村五郎（1930～2019）がとなえた。谷山と志村が研究していたのは，「ゼータ関数」である。これは，「オイラー積」とよばれる関係式を基礎に，ベルンハルト・リーマンが定義した特殊な関数のことだ（82ページ参照）。

184ページに登場した小山教授は，谷山-志村予想の意義を次のように解説する。

「ゼータ関数には，曲線をもとに定義されるものがあります。そのようなゼータ関数はすべて，ある“望ましい性質”※をもつだろうと予想されています。谷山・志村は，数ある曲線の中で，少なくとも楕円曲線についてはこの予想が成り立つはずだと，いち早くとなえたのです」

ワイルズがめざした証明への道のり

ワイルズは，フェルマーの最終定理の証明に本気で取り組むことにした。その手順は，次のとおりだ。まず，**「フェルマーの最終定理は成り立たない」**と仮

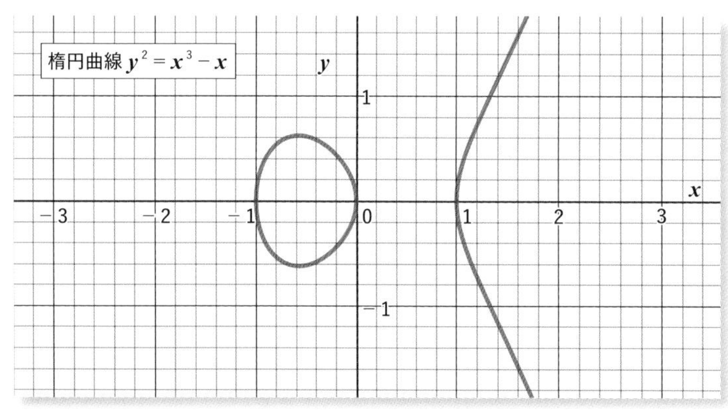

楕円曲線とは

一般に，$y^2=x^3+ax+b$ で定義される曲線は，右辺＝0が重解をもたない場合，楕円曲線とよばれる（上に例を示した）。“楕円”の名は歴史的経緯に由来し，いわゆる楕円とは関係ない。

定する。その結果，矛盾が生じることを示すことで，最初の仮定が誤りであること，すなわち「フェルマーの最終定理が成り立つ」ことを証明するのだ。これは，高校数学で学ぶ「背理法（はいりほう）」とよばれる証明方法である。

さて，フェルマーの最終定理が成り立たないならば，「$A^n + B^n = C^n$（$n \geqq 3$）を満たす自然数の組が存在する」ことになる。フライは，このA^nやB^nを使った「$y^2 = x(x - A^n)(x + B^n)$」という式からなる楕円曲線（フライの楕円曲線）に注目した。そして，「楕円曲線から定義されるゼータ関数は“望ましい性質”をもつはず」とする谷山-志村予想が正しいならば，フライの楕円曲線から定義されるゼータ関数もその性質をもつはずだと考えた。

しかし，アメリカの数学者ケン・リベットは，フライの楕円曲線から定義されるゼータ関数は，“望ましい性質”をもたないことを，1986年にすでに証明していた。これは，最初の仮定がみちびいた矛盾である。こうして，最初の仮定が誤りであること，つまりフェルマーの最終定理が成り立つことが示された。

フェルマーの最終定理ついに解決！

実は，ワイルズは1986年ごろからほかの研究をやめ，谷山-志村予想の証明に一心不乱に取り組みはじめていた。1990年代にプリンストン大学に在籍し，ワイルズと同僚だった小山教授は次のように語る。

「ワイルズは，フェルマーの最終定理に取り組んでいることをいっさい秘密にしていました。大学にもほとんど顔を見せず，新しい業績も出ていないし，いったいどうしているんだろうと言われていました」

孤独な研究の末，ワイルズはついに谷山-志村予想の証明にたどりついた。それは部分的なものだったが，フライの楕円曲線を論じるには十分であった。

そして1993年，**ケンブリッジで開かれたセミナーで，ワイルズはフェルマーの最終定理の完全な証明を宣言した。**当初の証明には誤りが含まれていたが，のちにそれも取り除かれ，あらためてその正しさが確認された。

※：ここでいう“望ましい性質”とは，専門的には「保型形式のゼータ関数がもつ性質」のことである。よりくわしく知りたい人は，小山教授の著書『リーマン教授にインタビューする』を参考にしてほしい。

「証明完了」を宣言した直後のワイルズ

ワイルズは1993年6月23日に，イギリスのケンブリッジで開かれたセミナーの講演で，谷山-志村予想を証明し，それによってフェルマーの最終定理を証明したことを宣言した。

のちに，ワイルズの論理には誤りがあったことが判明したが，1995年までには修正され，正しい証明にたどりついたことが認められた。ワイルズには，ドイツの資産家がかけた懸賞金「ヴォルフスケール賞」が1997年に贈られた。

解析幾何学や確率論の創始者として知られるフェルマー

ピエール・ド・フェルマーは，1601年に南フランスのボーモン・ド・ロマーニュで生まれた。父はボーモンの副領事で皮革商，母は議会法学者の娘であった。

大人となったフェルマーは，行政官として働くかたわら，趣味として数学に打ちこむアマチュア数学者であった。そして，後世の私たちが知るさまざまな業績を残している。

たとえば，フェルマーはデカルトと同国・同時代の人であったが，彼らは独立に「解析幾何学」を発明した。デカルトが平面上での解析幾何学にとどまったのに対し，フェルマーは3次元空間のそれをも考えていたといわれる。

また，微積分学の創始者といわれるニュートンやライプニッツに先立って，微積分の計算法の要点を明らかにしているし，ブレーズ・パスカル（1623～1662）と共同して確率論の基礎をつくったりもしている。

さらには，光の伝播に対する「フェルマーの原理」も求めている。これは，光が点P1からP2へ進むときの実際の経路は，通過に要する時間が最短となる経路であるとするものだ。フェルマーはこの原理を使って，光の直進・反射・屈折などの光学の基本となる法則をみちびきだしている。

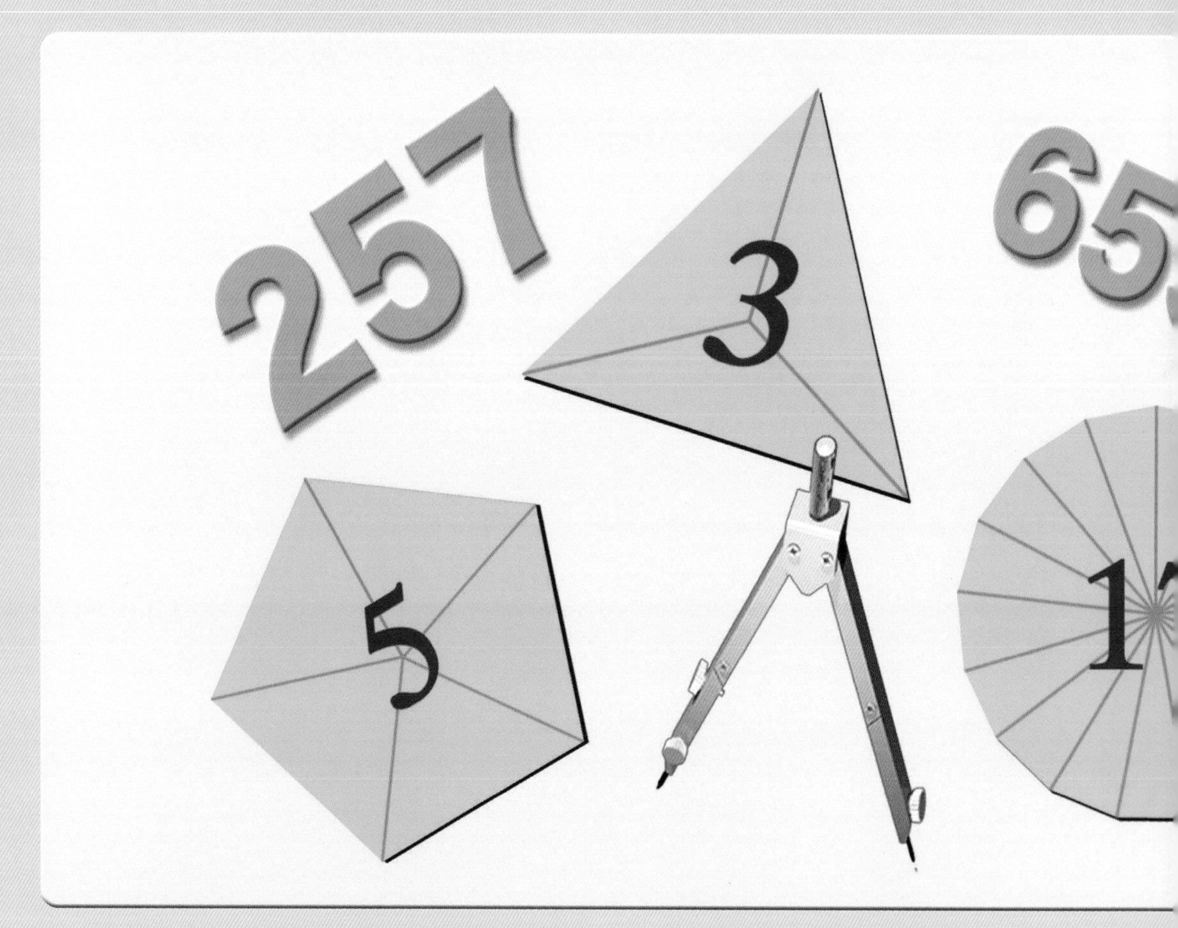

正三角形，正五角形，正17角形など，フェルマー素数の正多角形は，コンパスと定規だけを使って作図できる。

フェルマーが注目した「フェルマー数」

フェルマーを有名にしたのは，彼の整数論における仕事である。フェルマーの整数論に対する興味をかき立てたのは，古代ギリシャの数学者ディオファントスの著書『数論』の，クロード・パシェ（1581～1638）による翻訳であった。以下に述べる内容のいくつかは，パシェの本を読みながら，フェルマー自身が本の余白に書きつけたメモにもとづくものだ。

2を2乗すると4，その4を2乗すると16，その16を2乗すると256が得られる。これらをまとめて書くと，次のようになる。

$2,\ 2^2=4,\ 4^2=16,\ 16^2=256,\ 256^2=65536,\ 65536^2=4294967296,\ \cdots\cdots$

これらの数に1を加えて得られる数，

3，5，17，257，65537，4294967297，……

は，「フェルマー数（フェルマー素数）」とよばれている。

フェルマーは，これらの数のすべてが素数であることを確信すると主張した。しかし，たしかに最初の五つは素数であったが，それ以降のフェルマー数は素数ではなかった。

なお，フェルマーは「これらの数のすべてが素数であることを確信する」と言っただけで，「証明した」とは言っていない。

フェルマー数は，その後思いがけない問題とのかかわりをもつことになる。それは，定規とコンパスだけを使って，正N角形を作図する問題である。古代ギリシャ人たちは早くから，定規とコンパスだけを使って正3，4，5，6，8，10，15角形を作図する方法を見つけていた。

ある辺数の正多角形からは，その2倍の辺数をもつ正多角形をつくることができる。問題は，辺数が奇数の正多角形のうちのどれだけが，定規とコンパスだけで作図できるかということだ。

この問題を解いたのは，カール・フリードリヒ・ガウスである。彼は，Nがフェルマー数（3，5，17，257，65537，?），あるいはそれらの素数の積である場合，正N角形を作図することができることを明らかにした。

謎を残した「フェルマーの最終定理」

フェルマーはまた，nを任意の自然数，pを任意の素数とすると，n^p-nはpで割り切れるという定理が成り立つと述べている(フェルマーの小定理)。その後，この定理はライプニッツによって証明された。

さらにフェルマーは「nを自然数とすると，$4n+1$の形のどの素数も二つの平方数の和であらわされ，しかもその二数はただ一通りしかない。また$4n-1$の形のどの素数も，二つの平方数の和ではあらわされない」という定理が成り立つと述べている。のちにこの定理を証明したのは，レオンハルト・オイラーである。

これら，フェルマーによって書きつけられた『フェルマーの定理』のうちの一つが「フェルマーの最終定理」(フェルマーの大定理）である。多くの人々がこの問題にいどんだが，300年以上その証明も反例も見つからなかったため，“最終定理”とよばれている。

数学の超難問「ABC予想」

協力　小山信也
協力・監修　加藤文元

ABC予想は，自然数の足し算とかけ算の関係性に関する，数学の超難問である。30年以上未解決のままだったが，2012年，京都大学の望月新一教授がABC予想の証明を含む論文を発表し，世界に衝撃をあたえた。

自然数a, b, cにまつわる足し算とかけ算の問題「ABC予想」

「ABC予想」とは，ジョゼフ・オスターリとデイヴィッド・マッサーという二人の数学者が1985年に提示した，足し算とかけ算の関係性に関する超難問である。

ABC予想の主役は，三つの自然数a，b，cである。まず，a，b，cは，1以外に共通の約数をもたない(たがいに素)。そのうえで，三つの間には，$a+b=c$という足し算の関係が成り立つものとする。

次に，ABC予想には「rad(abc)」という関数が登場する。これは「a，b，cの三つをかけ算して得られた数（abc）を素因数分解し，得られた素数をすべて1回ずつ掛けあわせた値を求める」という意味だ。

具体的な数で考えてみよう(下図)。$a=4$，$b=9$の場合，$c=13$だ。この「4, 9, 13」は，たがいに素である。$abc=4\times9\times13=2^2\times3^2\times13$なので，$abc$を素因数分解して得られる素数は，「2，3，13」の三つ

$a=4$

$b=9$

rad（abc）$=2\times3\times13=78$

$c=a+b=13$

$a=4$，$b=9$のとき
$c<$ rad（abc）

である。rad（abc）は，それらを掛けあわせた78となる。

条件を満たさない組み合わせは非常にまれ

ABC予想では，aとbの足し算である「c」と，素因数分解で出てきた素数を掛けあわせた「rad（abc）」の大小関係が問題となっている。前述の$a=4$，$b=9$の例では，$c=13$，rad（abc）$=78$だったので，$c<$ rad（abc）である。

では，$a=1$，$b=8=2^3$の場合はどうだろうか。$c=a+b=9=3^2$，$abc=1\times2^3\times3^2$で，rad（abc）$=2\times3=6$となる。$c=9$，rad（abc）$=6$なので，この場合は，$c>$ rad（abc）となる（下図）。

ほかにもa，b，cの組み合わせを見つけて計算してみると，ほとんどの場合で，$c<$ rad（abc）となることがわかるはずだ。**$c>$ rad（abc）となる組み合わせは非常にまれなのだ。**

cが50000より小さい場合のa，b，cの組み合わせは，約3億8000万通りある。この中で$c>$ rad（abc）となるのは，たった276通りしかない（約0.00007%）。

つまりABC予想は，$c>$ rad（abc）となるa，b，cの組み合わせが非常にまれであり，**ほとんどの場合に，$c<$ rad（abc）が成り立つという主張なのだ。**

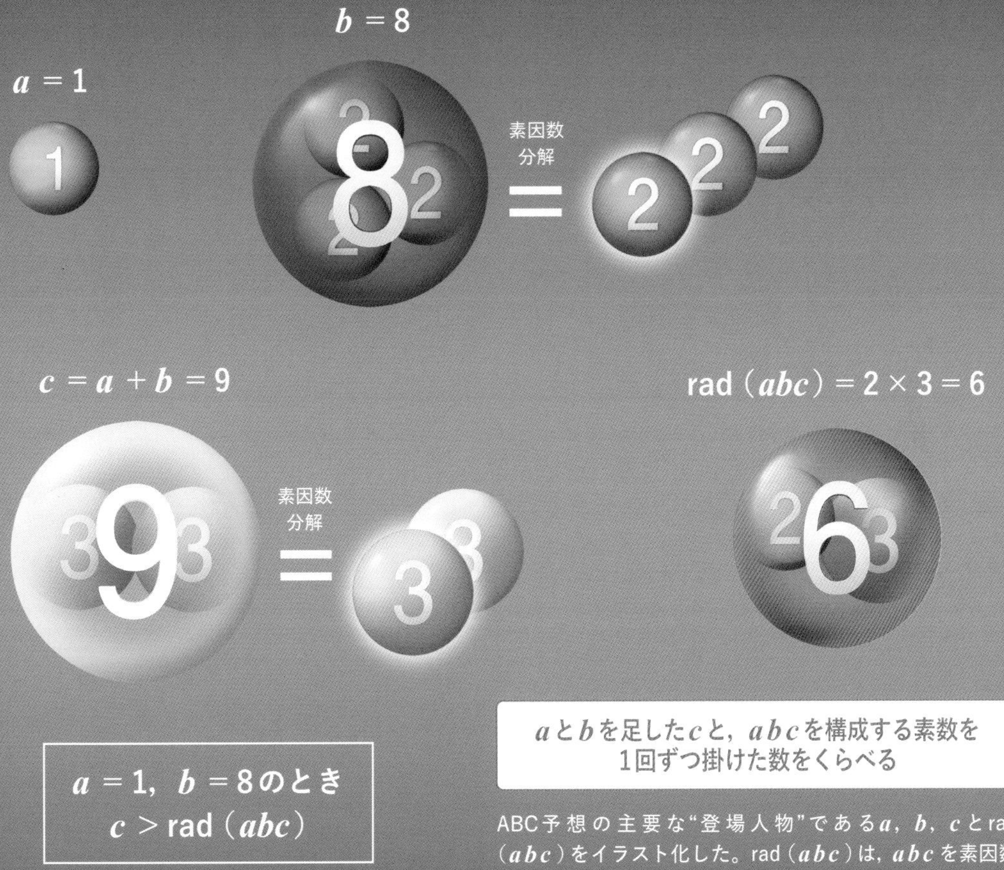

$b=8$

$a=1$

素因数分解

$c=a+b=9$

rad（abc）$=2\times3=6$

素因数分解

$a=1$，$b=8$のとき
$c>$ rad（abc）

aとbを足したcと，abcを構成する素数を1回ずつ掛けた数をくらべる

ABC予想の主要な“登場人物”であるa，b，cとrad（abc）をイラスト化した。rad（abc）は，abcを素因数分解して出てくる素数を1回ずつ掛けたものだ。図でいえば，abcの素因数分解で出てきた素数の球を一球ずつ（1種類ずつ）掛けあわせることに相当する。なおABC予想では，cとrad（abc）の大小関係が重要な意味をもつ。

ABC予想の数式の意味と“主張”

前節の話をまとめると，ABC予想は右ページ上のかこみのようにあらわせる。

不等式をみると，cと比較しているのは，rad（abc）を（1＋ε（イプシロン））乗したものである。これは，どういう意味だろうか。

1＋εとは，1に「任意の正の数ε」を加えたものなので，1より大きい数になる。ある数を1乗しても元の数とかわらないが，指数（しすう）が1より少しでも大きければ[※1]，rad（abc）をべき乗（じょう）（かけ算をくりかえすこと）した数は，元の数より大きくなる。つまり，rad（abc）＜$\{\mathrm{rad}(abc)\}^{1+\varepsilon}$だ。このとき，$c$＜rad（$abc$）であれば，$c<\{\mathrm{rad}(abc)\}^{1+\varepsilon}$も必ず成り立つ。

不等式を満たさない組み合わせが存在しなくなる

ε＝1の場合を考えてみよう。1＋ε＝2となるので，$\{\mathrm{rad}(abc)\}^{1+\varepsilon}=\{\mathrm{rad}(abc)\}^2$である。実はこの場合，$c>\{\mathrm{rad}(abc)\}^2$を満たす$a$，$b$，$c$の組み合わせは一通りも見つかっていない。どのような数値をあてはめても，$c<\{\mathrm{rad}(abc)\}^2$となる（右図）。

このことから，**どんな三つの自然数a，b，cの組み合わせであっても，必ず$c<\{\mathrm{rad}(abc)\}^2$が成り立つと予想できる。これは「強いABC予想」とよばれている**[※2]。

前節で解説したように，$c>$ rad（abc）となるa，b，cの組み合わせは非常にまれだ。しかし，そのような組み合わせは無限に存在することが知られている。一方，$c>\{\mathrm{rad}(abc)\}^2$を満たす$a$，$b$，$c$の組み合わせは一通りも見つかっていない。つまり，εの大きさによって，a，b，cの組み合わせがどれくらい存在するかがかわるのだ。

では，εをかぎりなく小さな値にしていくと，どうなるだろうか。

ABC予想の主張とは

ABC予想におけるεは「任意の正の数」だが，実際は「非常に小さい任意の正の数」という意味で使われている。つまり，ABC予想が主張しているのは，**「rad（abc）の指数の値が，1をほんの少しでもこえれば，$c<\{\mathrm{rad}(abc)\}^{1+\varepsilon}$という不等式が成り立たない$a$，$b$，$c$の組み合わせの数は無限ではなくなり，存在するとしてもたかだか有限個だけになる」ということなのである。**

このことから，とくに十分大きなεをとれば，$c<\{\mathrm{rad}(abc)\}^{1+\varepsilon}$が成り立たない$a$，$b$，$c$の組み合わせは存在しないことがわかる。ただし，具体的にどのくらい大きなεをとればいいのかは，また別の問題である。

※1：指数は分数や小数でもかまわない（4/3乗，1.2乗など）。n/m乗の場合，m乗根をn乗したものになる。
※2：これまでに例外は見つかっていないが，この予想が本当に成り立つのかは，まだ証明されていない。

【ε＝1のとき】

【εが非常に小さいとき】

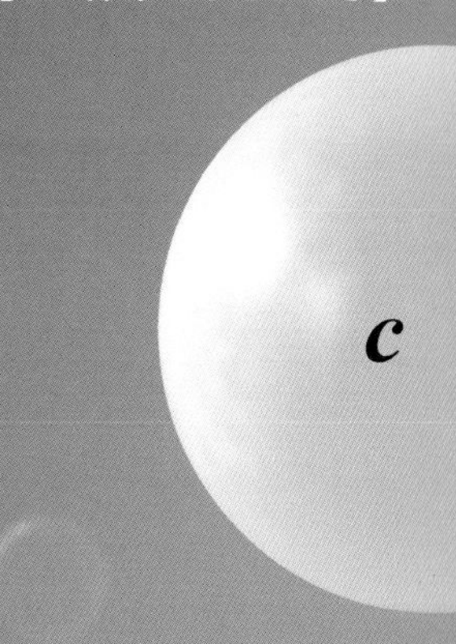

ABC予想

a，b，c はたがいに素な（1以外に共通の約数をもたない）正の整数で，$a+b=c$ だとする。このとき，任意の正の数 ε に対して，以下の不等式が成り立たない a，b，c の組み合わせは，たかだか有限個しかない。

$$c < \{\mathrm{rad}\,(abc)\}^{1+\varepsilon}$$

この不等式が成り立たなくなる例は，見つかっていない※2。

$<$

この不等式が成り立たない a，b，c の組み合わせは，あるとしても有限個だろうと主張するのがABC予想。

$<$

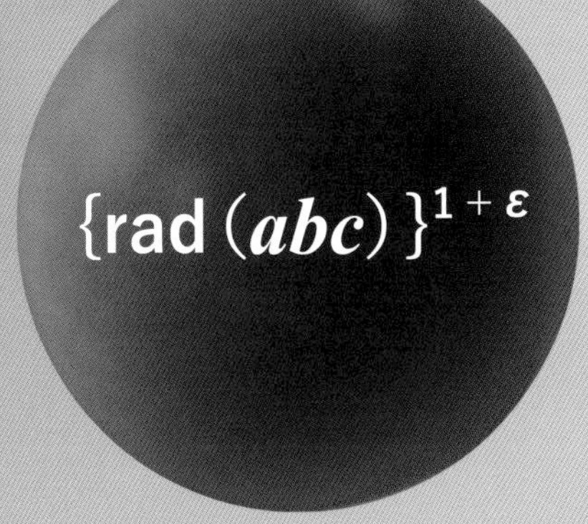

ABC予想が数学者を引きつける理由 そして「証明すること」の意義とは

ABC予想の意味するところは，次のような言葉でも表現することができる。

「素因数分解したときに，高いべき乗を含む特殊な数どうし（$a+b$）を足すと，その和（c）もまた同じ特殊性（素因数分解したときに高いべき乗）を維持していることはまれである」

自然数の中で「べき乗数」は特殊な存在

「素因数分解したときに高いべき乗を含む数」とは，たとえば「2^5」や「3^4」などが含まれる数のことだ。

このような数は，自然数全体の中ではかなり特殊である。たとえば，ある数の2乗であらわすことができる自然数（平方数）は，100以下では，1，2^2，3^2，4^2……10^2の合計10個ある（100分の10＝10％）。10000以下に範囲を広げると，合計100個ある（1万分の100＝1％）。このように，数の範囲を大きくしていけば，その中に含まれる平方数はどんどん少なくなっていく。

次に，ある数の3乗であらわすことができる自然数（立方数）を考える。すると，100以下に含まれる立方数の数は，1，2^3，3^3，4^3のわずか4個だ。同様に，4乗，5乗…と指数をふやしていくと，さらに減っていく。このようなべき乗であらわすことができる数のことを「べき乗数」という。

すなわち，**まれにしか存在しないべき乗数どうしを足した数が，べき乗数である確率も，きわめてまれと予想できる。**冒頭のカッコの中の文章は，そのような意味であるといえる。

フェルマーの最終定理とABC予想の関係

さて，べき乗数に関する数学の定理としては，「フェルマーの最終定理」が有名だ（下図）。フェルマーの最終定理とは，たとえば$n=15$の場合，$x^{15}+y^{15}=z^{15}$を満たす自然数x，y，zの組み合わせは存在しないことを意味する。

フェルマーの最終定理では，x，y，zの指数はいずれも同じnという数である。ここで少し視野を広げて，指数が同じ数でない場合についても考えてみよう。

たとえば，$x^{15}+y^{16}=z^{17}$を満たすx，y，zは存在するだろうか。この場合も，フェルマーの最終定理と同様に，「存在しない」と予想される。なぜなら，指数が同じ数であろうとなかろうと，非常にまれであるべき乗数どうしを足した数もまたべき乗数であることは，きわめてまれであると考えられるからだ。

東洋大学の小山信也教授によれば，ABC予想とは，フェルマーの最終定理を二つの点において考え方を広げたものであるという。ABC予想では，方程式の形を$x^n+y^n=z^n$に限定せず，**指数がことなる数の場合まで幅広く考える。**次に，解が存在しない場合だけでなく，**例外的に存在する場合まで考える。**つまり，存在してもわずかであり，そのような例外がきわめて少数であることまで含めて考えるのである。

素因数分解すると大きな素数があらわれる

指数がことなる場合，べき乗数どうしの和がどのような数に

フェルマーの最終定理

3以上の自然数nについて，$x^n+y^n=z^n$を満たす自然数の組x，y，zは存在しない。

$$x^n+y^n=z^n$$
$$(n \geqq 3)$$

なるかについて，小山教授が実際に計算したものが下表である。ここでは，$2^a + 3^b$（$\boldsymbol{a}$は20～25，$\boldsymbol{b}$は18～23の自然数）の素因数分解を行った。

足しあわせるのは，18乗以上と指数が非常に大きい（高い）べき乗数である。ところが，足しあわせた数を素因数分解すると，高いべき乗数はほとんど出てこない。たとえば，$2^{23} + 3^{19} = 5^2 \times 7 \times 6689429$のように，指数は最高でも2であることがわかる。しかも素因数分解すると，かなり大きな素数（そすう）が含まれる傾向が強いことも明らかだ。

ABC予想の証明に数学者がいどむわけ

今度は，「複数のべき乗数の積」を足しあわせてみよう。たとえば，$\boldsymbol{A} = 2^{11} \times 7^{10}$，$\boldsymbol{B} = 3^{15} \times 5^{10}$の場合，$\boldsymbol{C} = \boldsymbol{A} + \boldsymbol{B} = 140704554231827$（素数）となる。$\boldsymbol{A}$と$\boldsymbol{B}$は2，7，3，5という小さい素数だけからつくられた数だが，その和である$\boldsymbol{C}$を素因数分解すると，非常に大きな素数があらわれたのである。

小山教授によれば，小さな素数を使って新しい数をつくるとき，その過程で足し算が入ると，できあがった新しい数を素因数分解したときに大きな素数があらわれやすくなるという。

「この現象は，私には自然なことのように感じられます。無数にある数の中で，小さな素数は特殊な存在だといえます。何の制約もなしに掛けたり足したりしてできた数を素因数分解したら，非常に大きな素数があらわれるのは当然でしょう。べき乗数というかけ算的な性質が，足し算がからむことで帳消しになる感覚です。この感覚を数学的な命題として表現したものがABC予想なのです」

小山教授は，さらに次のようにつづける。

「フェルマーの最終定理やABC予想などの自然数や整数をあつかう分野を『整数論（数論）』といいます。整数論のむずかしさや奥深さは，**この足し算とかけ算の関係性に由来しているといっても過言ではありません**。それが，多くの数学者がABC予想に強い関心を寄せる理由であり，ABC予想を証明することの意義なのです」

2^a（$\boldsymbol{a}$が20～25の場合）

3^b（$\boldsymbol{b}$が18～23の場合）	2^{20}	2^{21}	2^{22}	2^{23}	2^{24}	2^{25}
3^{18}	5×29×53 ×50549	857 ×454513	391614793 （素数）	2089 ×189473	5×197 ×410353	41×83 ×123707
3^{19}	7×139×1021 ×1171	1164358619 （素数）	13×19 ×4722493	5^2×7 ×6689429	61×613 ×31531	29 ×41235031
3^{20}	41×97×281 ×3121	67 ×52072859	5×9109 ×76649	10099 ×346091	193 ×18153169	11×113 ×2832131
3^{21}	10461401779 （素数）	5×7^2×463 ×92233	109 ×96005023	11 ×951703801	7×31×37 ×349×3739	5 ×2098781527
3^{22}	5 ×6276421637	11×73 ×39082387	13 ×2414250301	31389448217 （素数）	5^2 ×1255913473	17×19 ×97258867
3^{23}	19 ×4954959337	443×1783 ×119191	7 ×13449624733	5×461×3083 ×13249	727 ×129518509	7 ×13453819037

「2^a」（上の行）と「3^b」（左の列）を足して，素因数分解した結果をまとめた。結果に出現するべき乗数（赤字）は，最高でも2乗にしかならない。

＊出典：小山信也『日本一わかりやすいABC予想』（ビジネス教育出版社）

数学界に大きな衝撃をあたえた革命的な「IUT理論」

2012年8月，京都大学の望月新一教授が「ABC予想を証明した」とする論文を自身のウェブサイトに掲載し，大きな反響をよんだ。それは『宇宙際タイヒミューラー理論（IUT理論）』と題される500ページ超の長大なもので，IUT理論を使ったABC予想の証明が書かれている。

この論文の査読は約8年にわたってつづけられ，2021年4月，数学の専門誌『PRIMS』に論文が掲載された。

IUT理論は望月教授が一から構築した独自の数学理論である。きわめて斬新なことから，現在でもIUT理論を完全に理解している数学者はあまり多くないといわれている。

ことなる宇宙の間を行き来する斬新な理論

宇宙際とは，（複数の）宇宙にまたがることを意味する。ここでいう「宇宙」とは，計算や理論の証明を行う数学一式の「舞台」を指している。また，タイヒミューラーは，ドイツの数学者オズヴァルト・タイヒミューラー（1913～1943）が構築した「タイヒミューラー理論」に由来する。

つまり，IUT理論は**ことなる数学の舞台（宇宙）を複数設定し，それらの間を行き来しながら計算するのだ。**この発想は，これまでの数学にはなかった革新的なものであり，数学界に大きな衝撃をあたえた。

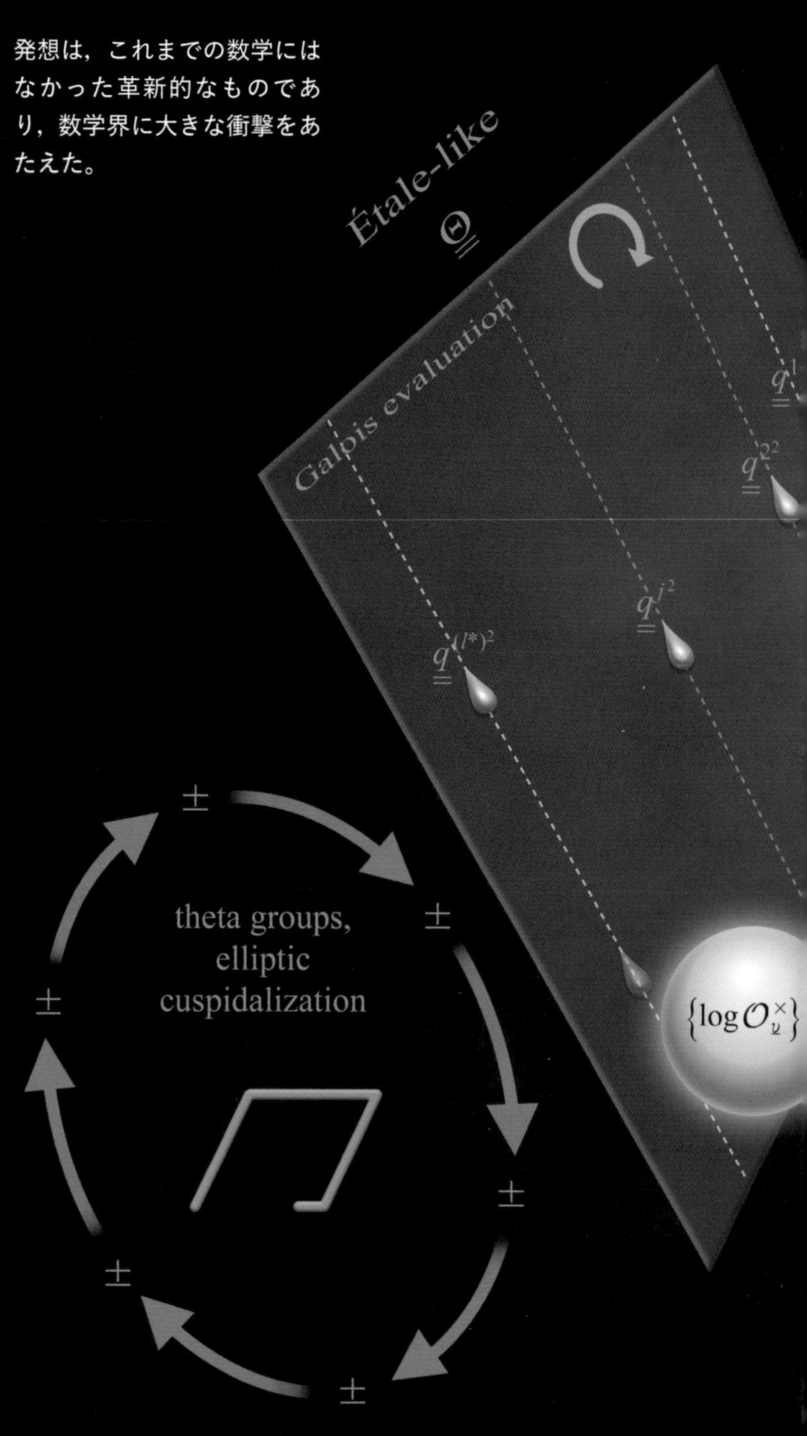

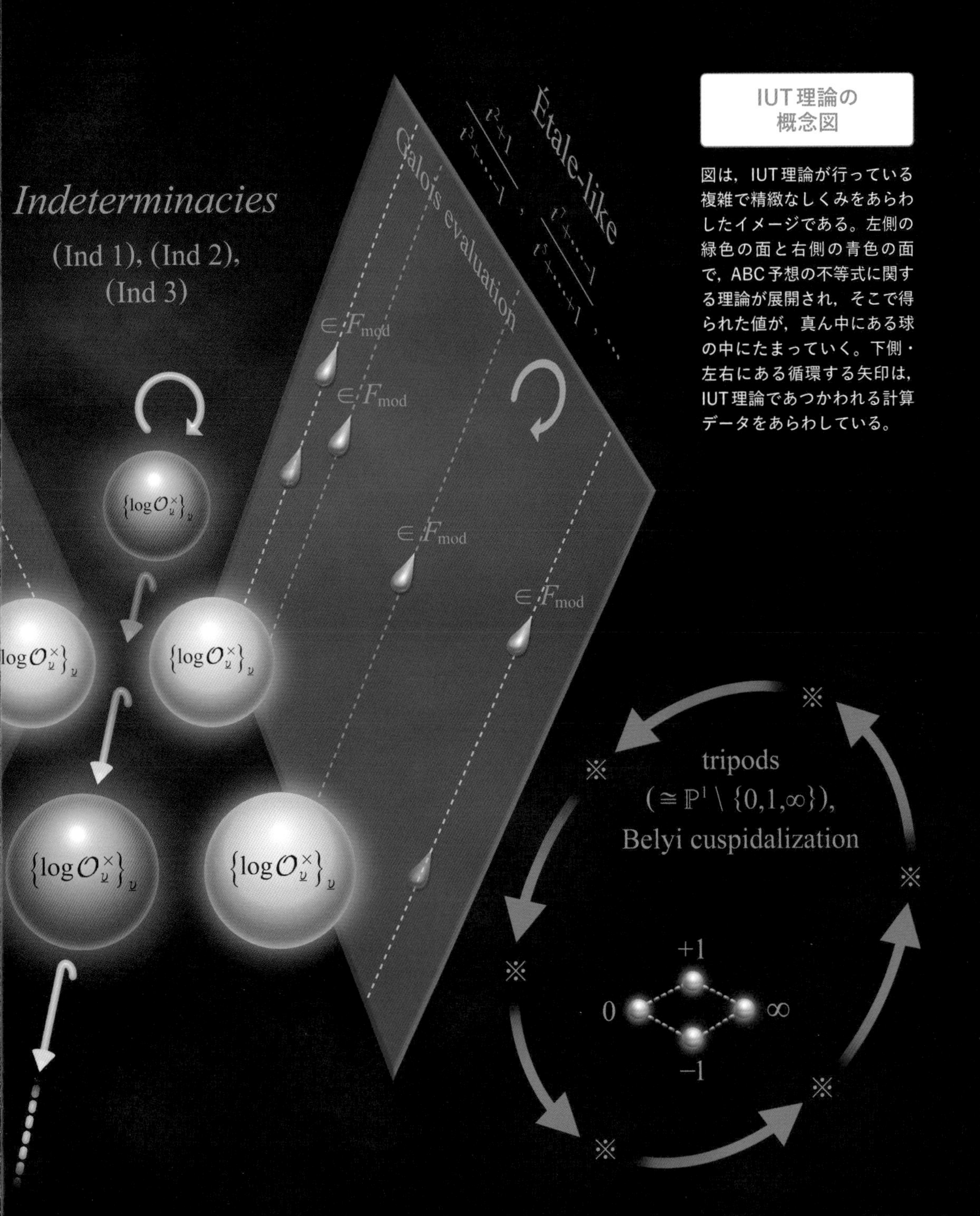

IUT理論の概念図

図は，IUT理論が行っている複雑で精緻なしくみをあらわしたイメージである。左側の緑色の面と右側の青色の面で，ABC予想の不等式に関する理論が展開され，そこで得られた値が，真ん中にある球の中にたまっていく。下側・左右にある循環する矢印は，IUT理論であつかわれる計算データをあらわしている。

＊京都大学・望月新一教授のウェブサイトに掲載されている「IUTeichに関するアニメーション」をもとに作成（https://www.kurims.kyoto-u.ac.jp/~motizuki/research-japanese.html）。

IUT理論が ABC予想を“解決”する？

IUT理論は，非常に複雑で高度だ。その内容を限られたスペースでくわしく紹介することはできないため，基礎となっている考え方を紹介しよう。

たとえば正方形には，縦と横という二つの「次元」があり，「縦と横の長さが等しい」のが特徴だ。この特徴を維持したまま，縦と横の次元を切り離して，一方だけを変化させることは不可能だ（正方形でなくなってしまう）。

このように，複数の次元が強固に結びついている状態を，望月教授は「正則構造」とよんでいる。正方形において，縦の長さを固定して横の長さだけを変化させせることができないのは，正方形という正則構造を破壊する行為だからである。

同様に，通常の数学において，足し算とかけ算は強固に結びついており，それぞれを分離して考えることはできない。これに対して望月教授は，**足し算とかけ算が強固にからみ合っている正則構造をあえて破壊することこそが，ABC予想などの整数論におけるさまざまな難問を根本的に解決できる道だと考えたのである。**

実は，タイヒミューラーが構築した「タイヒミューラー理論」とは，正則構造をあえて破壊し図形を変形させせることを積極的に行うものだ。望月教授は，この考え方を整数論の世界に適用した。つまり，ざっくりといえば，ことなる二つの舞台を用意して足し算とかけ算を分離する（からみ合いの一部を解きほぐす）ことで，足し算とかけ算の関係性を解き明かそうというのが，IUT理論なのである。

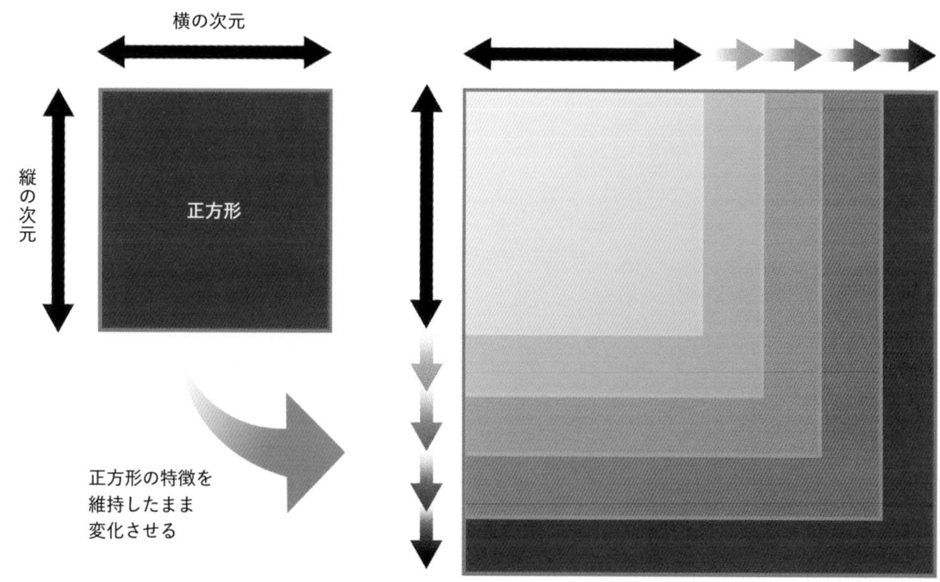

足し算とかけ算を分離する

ABC予想は足し算とかけ算の関係性に関する超難問であり，その関係性は未解明である。しかしIUT理論を用いれば，その強固なからみ合いの一部を“解きほぐし”，足し算とかけ算の関係性にせまることができるという。

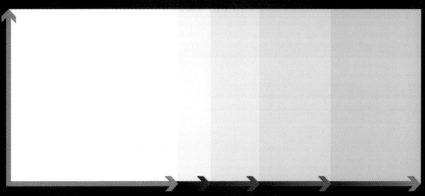

ことなる大きさのピースをはめるIUT理論的方法

通常の数学は，あくまでも単一の舞台（宇宙）の上でさまざまな計算を行う。ABC予想で登場する不等式 $c < \{\mathrm{rad}\,(abc)\}^{1+\varepsilon}$ も，単一の舞台に属する不等式である。

IUT理論の理解者の一人である東京工業大学の加藤文元（かとうふみはる）名誉教授によれば，IUT理論は，**大きさのことなるジグソーパズルのピースどうしをはめるような理論であるという。**

通常の数学の考え方では，大きさのことなるピースをぴったりとはめることはできない。IUT理論では，まずことなる複数の舞台を設定する。それぞれの舞台は，それぞれにこわすことができない正則（せいそく）構造をもっている。そして，それぞれが正則構造を保ったまま，片方のピースの見かけの大きさをかえて，“形式的にはめる”ことを考える。この考え方を模式的にあらわしたのが，右図である。

複数の舞台を考えることで，**かけ算の“のびちぢみ”のような，通常の数学では考えることができなかった柔軟性を手に入れることができる。**この，IUT理論が数学の世界に提案する非常に重要な発想の転換により，ABC予想だけでなく，整数論に関するさまざまな不等式を証明できることが期待されるのだ（→206ページにつづく）。

一方のピースの大きさをかえる

図中の大きな凹型のピースと，手で持っている小さな凸型のピースは大きさがことなるため，そのままでは，はめこむことができない。そこで，舞台を複数設定する。凹型ピースの形状はそのままに大きさだけをかえることで，どちらの舞台の秩序（正則構造）とも矛盾しない形で，二つのピースを（形式的には）ぴったりはめられるようになる。

一方のピースだけをのびちぢみさせる

ある舞台（前ページの図では枠で表現）の中に大きな凹型のピースがあり，その奥にことなる舞台がある。奥の舞台には，同じ形でありながら大きさのことなる凹型のピースがある。

手前の大きな凹型ピースと，手に持った小さい凸型ピースは大きさがことなるため，はめこむことができない。そこで，**形は同じだが，大きさのことなる凹型ピースを奥の舞台に用意するのだ。**こうすることで，どちらのピースの正則構造とも矛盾しない形で（ピースの形はかえないで），二つのピースを形式的にはめられるというわけだ。

実際，IUT理論では足し算（手に持った凸型ピース）を固定しておき，かけ算（凹型ピース）だけをのびちぢみさせることができる。これにより，足し算とかけ算を分離して別々にあつかうことが可能になり，さらにこれらを関係づけることができるのである。

ことなる舞台間を結びつける方法

IUT理論では，ことなる舞台に由来する二つの量の間を関係づけるために，次のような等式を考える。

$$\deg \Theta \text{“} = \text{”} \deg \boldsymbol{q}$$

左辺と右辺は，それぞれことなる舞台である。$\deg \Theta$ は，左辺の舞台における凹型ピースの大きさ，$\deg \boldsymbol{q}$ は，右辺の舞台における凸型ピースの大きさをあらわす数学の記号だと考えてほしい。また，ことなる舞台のピースは見かけ上同じ大きさになるが，本当に等しいわけではないため，仮に「“＝”」としている。

また，IUT理論ではことなる舞台どうしを関係づけるために，ある種の“通信”を行う。より具体的には，**「対称性」※1の情報を使って，ことなる舞台間で通信を行うのだ。**

前ページのイラストでいえば，凹型ピースであろうと凸型ピースであろうと，ピースそのものをことなる舞台間で移動することはできない。そこで，対称性という情報に置きかえて，ピースの大きさを伝達するのである。

最終的に通常の数学であつかえる式を得る

対称性の情報をことなる舞台から受信したら，計算に必要なさまざまなデータを復元※2する。ただし，ことなる舞台間で通信と復元を行うと，必ずひずみが生じる。そこでIUT理論では，最後に復元によってどれだけのひずみが生じたかを計測する。

ひずみの大きさを計測することによって，最終的に前述の等式（形式的に左右が等しいとみなしていた式）を，通常の数学であつかえるような不等式に変換することができる。その結果，二つのことなる舞台にあるピースの大小関係を，通常の数学で比較できるようになる。

こうして，足し算（手に持った凸型ピース）の大きさを固定し，かけ算（凹型ピース）の大きさだけをかえても，最終的にその大小関係を比較できるというわけだ。

IUT理論の威力を，理解いただけただろうか。興味がわいた人はぜひ，本格的なABC予想とIUT理論の世界に挑戦してみてほしい。

※1：対称性の例として，回転しても図形の性質がかわらない「回転対称性」や，1本の直線を軸に左右を入れかえてもかわらない「鏡像対称性」などがある。
※2：情報の復元には「遠アーベル幾何学（えんアーベルきかがく）」とよばれる数学が利用される。

礒田正美／いそだ・まさみ
筑波大学人間系教授。博士(教育学)。筑波大学大学院修士課程教育研究科修了。埼玉県立狭山高等学校教諭，筑波大学附属駒場中・高等学校教諭，北海道教育大学助教授を経て現職。専門は数学教育学。主な著書に『曲線の事典―性質・歴史・作図法―』（著・編）などがある。

加藤文元／かとう・ふみはる
東京工業大学名誉教授。博士(理学)。1968年，宮城県生まれ。京都大学理学部卒業。専門は代数幾何学・数論幾何学。現在の研究テーマは非アルキメデス的幾何学。著書に『宇宙と宇宙をつなぐ数学』『数学する精神』『ガロア』などがある。

木村俊一／きむら・しゅんいち
広島大学大学院 先進理工系科学研究科教授。Ph.D.。1963年，大阪府生まれ。東京大学理学部数学科卒業。専門は代数幾何。主な研究テーマはモチーフ理論。著書に『数学の魔術師たち』『天才数学者はこう解いた、こう生きた』『数術師伝説』などがある。

黒川信重／くろかわ・のぶしげ
東京工業大学名誉教授。博士(理学)。1952年，栃木県生まれ。東京工業大学理学部数学科卒業。専門は数論・ゼータ関数論・絶対数学といった純粋数学。現在は絶対ゼータ関数論の研究を行う。著書に『リーマンの夢』『ラマヌジャン探検』『絶対数学の世界』などがある。

小山信也／こやま・しんや
東洋大学理工学部教授。博士(理学)。東京大学理学部数学科卒業。専門分野は整数論，ゼータ関数論。主な著書に『数学をするってどういうこと？』『日本一わかりやすいABC予想』などがある。

吉村 仁／よしむら・じん
静岡大学名誉教授。Ph.D.。1954年，神奈川県生まれ。千葉大学理学部生物学科卒業。ニューヨーク州立大学環境科学林学校博士課程修了。専門は，生物の進化と生態，理論生物学。研究テーマは，素数ゼミの進化。著書に『素数ゼミの謎』『強い者は生き残れない』などがある。

和田純夫／わだ・すみお
元・東京大学総合文化研究科専任講師。理学博士。東京大学理学部物理学科卒業。専門は理論物理。研究テーマは，素粒子物理学，宇宙論，量子論（多世界解釈），科学論など。

Photograph

012	Bridgeman Images/アフロ
018	AKG/PPS通信社
020	AKG/PPS通信社
028	京都大学 曽田貞滋
044	Oronoz/PPS通信社
049	ケンイチ オオシマ/stock.adobe.com
052—053	Akio Mukunoki/stock.adobe.com
065	Public domain
072—073	(ヴェイト) Public domain, (ブラウンカー) Public domain
078—079	(ラマヌジャン) Public domain, (背景) releon8211/stock.adobe.com
094	Niccolo Tartaglia. Line engraving after P. Galle. Credit: Wellcome Collection. CC BY
098	Alamy/PPS通信社
100	akg-images/Cynet Photo
104	©Granger Collection/Cynet Photo
116—117	Sirichai/stock.adobe.com
122—123	Maren Winter/stock.adobe.com
127	De Agostini Picture Library/PPS通信社
128—129	tonefotografia/stock.adobe.com
130—131	slowmotiongli/stock.adobe.com
140—141	Alta Oosthuizen/stock.adobe.com
142—143	NASA
144	feliks/shutterstock.com
146—147	Vlad G/shutterstock.com
150—151	(カサ・ミラの屋根裏部屋) YUTAKA/アフロ, (サグラダ・ファミリア) TTstudio/shutterstock.com
152—153	(サイクロイド) Chuck Grimmett - https://cagrimmett.com, (サイクロイド歯形) MIGUEL GARCIA SAAVED/stock.adobe.com
154—155	(オウムガイ) feliks/shutterstock.com, (ロマネスコ) k--k/stock.adobe.com, (銀河) NASA, ESA and the Hubble Heritage (STScI/AURA)-ESA/Hubble Collaboration; Acknowledgment: R. Chandar (University of Toledo) and J. Miller (University of Michigan)
156—157	JaiFotomania/Shutterstock.com
158—159	日本ガイシ株式会社 NGKサイエンスサイト (https://site.ngk.co.jp/lab/no66/)
163	AKG/PPS通信社
166—167	(背景・波紋) makieni/stock.adobe.com
168—169	(背景) BrAt82/stock.adobe.com, (無限解析序説) Lebrecht/アフロ
176—177	mimadeo/stock.adobe.com
186—187	(ディリクレ，クンマー) Alamy/PPS通信社, (ラメ) Public domain
189	SPL/PPS通信社
192	tostphoto/stock.adobe.com
206	tostphoto/stock.adobe.com

Staff

Editorial Management	中村真哉	**DTP Operation**	亀山富弘	**Writer**	山田久美
Editorial Staff	上島俊秀	**Design Format**	岩本陽一		
		Cover Design	岩本陽一		

Illustration

004	Newton Press
006—007	(ネコ)hisa-nishiya/stock.adobe.com, (数字)SAMYA/shutterstock.com
008—011	Newton Press
013	吉原成行
014—025	Newton Press, (020)SAMYA/shutterstock.com
026—027	木下真一郎
029	Handies Peak/stock.adobe.com
030—033	Newton Press, (032)blue93/stock.adobe.com
034—035	Newton Press (地図データ：Reto Stockli, NASA Earth Observatory)
036—051	Newton Press, (041, 043)hisa-nishiya/stock.adobe.com
052—055	Newton Press
056	岡田香澄
058—061	Newton Press
062—063	岡田香澄
064—085	Newton Press, (067)d1sk/stock.adobe.com, (072—073)Pierell/stock.adobe.com, (082)Martyshova/stock.adobe.com
086—123	Newton Press, (092)小﨑哲太郎
124	Hurca!/stock.adobe.com
126—133	Newton Press, (126)Alfmaler/stock.adobe.com
134—135	岡田香澄
136—137	buravleva_stock/stock.adobe.com
138—141	Newton Press
148—173	Newton Press
174—175	Newton Press, (ヘッドホン)sabelskaya/stock.adobe.com
177	Newton Press
178	Newton Press (作画資料：Diophantus "Arithmetica"1621 edition)
180—181	(ピタゴラス)小﨑哲太郎, 吉原成行
182—183	Newton Press・佐藤蘭名
184—187	Newton Press (作画資料：Diophantus "Arithmetica"1621 edition), (フェルマー, オイラー)小﨑哲太郎
188—199	Newton Press
200—201	木下真一郎
202—203	NADARAKA Inc.
204—205	木下真一郎

初出(内容は一部更新のうえ, 掲載しています)

虚数がよくわかる(Newton 2008年12月号)
素数の神秘(Newton 2017年8月号)
√と無理数の不思議(Newton 2017年9月号)
世界一美しいオイラーの等式(Newton 2017年10月号)
美しき無限の数式(Newton 2018年2月号)
美しき曲線の世界(Newton 2018年8月号)
ゼロからわかる フェルマーの最終定理(Newton 2019年2月号)
中高の数学(Newton 2021年3月号)
ABC予想とIUT理論(Newton 2021年8月号)
円周率 π(Newton 2021年12月号)
数学教養教室 指数・対数編(Newton 2022年6月号)
虚数がよくわかる(Newton別冊 2022年6月) ほか

Newtonプレミア保存版シリーズ
数と数式の不思議な世界, そして神秘にせまる!
数学の世界 数と数式編

本書はニュートン別冊『数学の世界 数と数式編 改訂第2版』を増補・再編集し, 書籍化したものです。

2023年3月20日

発行人 高森康雄
編集人 中村真哉
発行所 株式会社ニュートンプレス
〒112-0012東京都文京区大塚3-11-6
https://www.newtonpress.co.jp